JN049944

Gakken

きめる! KIMERU SERIES

BG

［ きめる! 共通テスト ］

地学基礎 改訂版

Basic Geoscience

著＝田島一成（河合塾・NPO 地球倶楽部代表） 監修＝岡口雅子（河合塾）

introduction

はじめに

地学とは，地球科学（Geoscience／Earth Science）の略で，地球をさまざまな視点から学んでいく教科です。学校に行く途中，まわりに目を向けてください。足元を見れば石ころが，空に目を向けるとまばゆい太陽や白い雲が，もしかしたら雨や雪が降っているかもしれません。そして晴れた日の夜空を見上げれば，都会でも月や星が見えるでしょう。これらを学ぶのが地学です。

地学基礎では，地震などの地球内部で起こっている現象からスタートし，岩石・地層や恐竜の時代などの地球の歴史をあつかう地球表面の現象，そして大気中で起こる天気の変化，さらに太陽をはじめとした地球を取り巻く数多くの天体をあつかう宇宙へと学ぶ範囲を広げていきます。

私たちの身のまわりで起きている地球温暖化などの環境問題や，地震，火山噴火，台風などの自然災害についても，地学基礎では学んでいきますよ。

本書は，地学を初めて学ぶ人，理科が不得意な人でも読みやすいように，写真や図・表を多く使って，目で見てわかる地学の本になっています。「地学基礎は暗記科目だから，どんどん用語などを覚えていきさえすれば，共通テストで高得点がとれるよ」と思っていませんか？　用語や現象を暗記するのであっても，それに理由がともなわないと時間がたつと忘れてしまったり，ちょっとした応用問題になるととたんに解けなくなってしまったりするものです。本書では，それを解決するために地学現象が起きる理由や，受験生が悩む疑問についてもしっかりと答えられるようにつくりました。

本書を使って，テーマごとに地学の重要な用語を覚え，地学の現象を理解して，頭の中にある知識の引き出しを満たしていきましょう（input)。その後，各テーマの過去問を解くことによって，知識の引き出しの使いかたに慣れていきます（output)。このようなくり返しを行うことによって，共通テストで高得点を狙う学力がどんどんついていきます。

私が予備校で講義するときは，みなさんが地学を楽しく学習できるように心がけています。本書の製作においてもその精神を大切にしたので，楽しく地学を学べる「地楽」の参考書になっていると思います。地学を好きになること，これが得点を伸ばす最大の原動力です。本書を通じて，みなさんが地学大好きな受験生になってもらえることを切に願います。

河合塾　田島 一成

how to use this book

本書の特長と使い方

1 基礎からはじめて共通テスト対策

本書は，はじめて地学基礎を学ぶ人にもわかりやすいように，キホンから手を抜かずに解説をしています。キャラクターと先生の解説の掛け合いを読みながら，スラスラ学習を進めることができます。
さらに，「POINT」や「ここできめる！」では，地学基礎の超重要な公式や用語，知っていると差がつく考えかたなどをまとめています。

2 重要ポイントが一目でわかるビジュアル

知識の理解と記憶の定着を助けるため，本書はフルカラーで，図や表をふんだんに盛り込んでつくりました。
文章だけではわかりにくい内容も，図を見ながら学ぶことで，イメージがふくらみ，理解することができます。また，図を使って覚えたことは記憶から抜け落ちにくく，試験場で重要事項と図がリンクして思い出されることもあるでしょう。

3 過去問で共通テストに対応する力がつく

本書のところどころには，共通テストやセンター試験の過去問が掲載されています。本書では，共通テストに合わせた実験や観察をテーマとした問題を多く出題しました。そこまでで学んだ知識・解きかたを実践して，問題に取り組んでみましょう。そうすることで，“解く力”が養われていることに気づくはずです。
間違えたらしっかりと解答・解説を確認して，次回は自力で解けるようにしましょう。

4 取り外し可能な別冊で，要点をチェック＆復習

別冊には，本冊で学んだ重要事項をまとめてあります。取り外して持ち運びが可能なので，通学途中やちょっとしたすきま時間など，利用できる時間をフル活用して知識の整理をしてください。

contents

もくじ

SECTION 3 宇宙と太陽系

SECTION 4 地表の変化と古生物の変遷

SECTION 5 地球の環境

巻頭特集

共通テスト 特徴と対策はこれだ！

共通テストってどんなテスト？

共通テストについて，どれくらいのことを知っていますか？

国公立大学を受ける人用の**マークシート式のテスト**ですよね。あと1月に実施されることくらいは知っています。

そうですね。国公立大学はもちろんですが，多くの私立大学で共通テストの成績を利用できる入試も行われています。

へー。**国公立大学と私立大学を併願**するときには，便利ですね。

共通テストの点数のみで合否が決まる**「単独型」**と，共通テストと個別試験の合計点で合否が決まる**「併用型」**があるので，受ける大学のホームページなどを確認しましょう。

次に，**共通テスト理科①**の実施について次の表にまとめました。

問題選択	物理基礎／化学基礎／生物基礎／地学基礎から2科目選択
日程	1月中旬の土日に実施　　理科①は2日目の9：30～10：30
時間	2科目合わせて60分　時間配分は自由
配点	各50点の計100点満点

そもそも理科①ってなんですか？

物理基礎／化学基礎／生物基礎／地学基礎のことで，この**4つのうちから2科目を選び**ます。解答用紙に選択科目をマークする欄があるので，解く科目のマークを間違えないように気をつけてください。

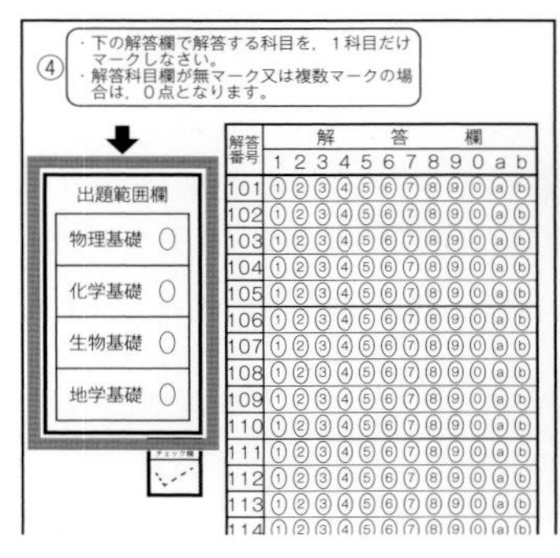
④
・下の解答欄で解答する科目を，1科目だけマークしなさい。
・解答科目欄が無マーク又は複数マークの場合は，0点となります。

出題範囲欄
- 物理基礎 ◯
- 化学基礎 ◯
- 生物基礎 ◯
- 地学基礎 ◯

解答番号	解答欄											
	1	2	3	4	5	6	7	8	9	0	a	b
101	①	②	③	④	⑤	⑥	⑦	⑧	⑨	⓪	ⓐ	ⓑ
102	①	②	③	④	⑤	⑥	⑦	⑧	⑨	⓪	ⓐ	ⓑ
103	①	②	③	④	⑤	⑥	⑦	⑧	⑨	⓪	ⓐ	ⓑ
104	①	②	③	④	⑤	⑥	⑦	⑧	⑨	⓪	ⓐ	ⓑ
105	①	②	③	④	⑤	⑥	⑦	⑧	⑨	⓪	ⓐ	ⓑ
106	①	②	③	④	⑤	⑥	⑦	⑧	⑨	⓪	ⓐ	ⓑ
107	①	②	③	④	⑤	⑥	⑦	⑧	⑨	⓪	ⓐ	ⓑ
108	①	②	③	④	⑤	⑥	⑦	⑧	⑨	⓪	ⓐ	ⓑ
109	①	②	③	④	⑤	⑥	⑦	⑧	⑨	⓪	ⓐ	ⓑ
110	①	②	③	④	⑤	⑥	⑦	⑧	⑨	⓪	ⓐ	ⓑ
111	①	②	③	④	⑤	⑥	⑦	⑧	⑨	⓪	ⓐ	ⓑ
112	①	②	③	④	⑤	⑥	⑦	⑧	⑨	⓪	ⓐ	ⓑ
113	①	②	③	④	⑤	⑥	⑦	⑧	⑨	⓪	ⓐ	ⓑ
114	①	②	③	④	⑤	⑥	⑦	⑧	⑨	⓪	ⓐ	ⓑ

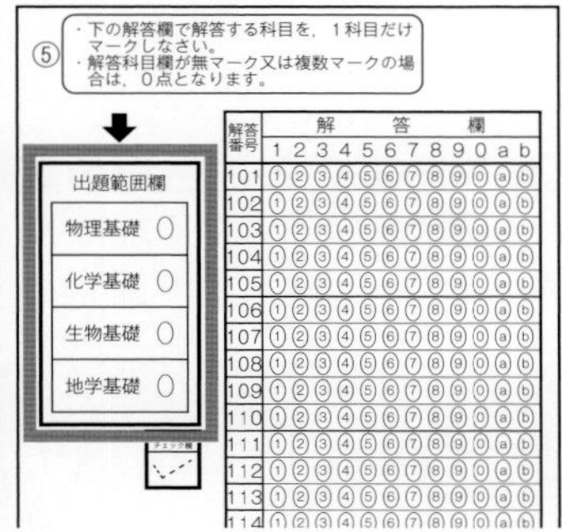
⑤
・下の解答欄で解答する科目を，1科目だけマークしなさい。
・解答科目欄が無マーク又は複数マークの場合は，0点となります。

出題範囲欄
- 物理基礎 ◯
- 化学基礎 ◯
- 生物基礎 ◯
- 地学基礎 ◯

解答番号	解答欄											
	1	2	3	4	5	6	7	8	9	0	a	b
101	①	②	③	④	⑤	⑥	⑦	⑧	⑨	⓪	ⓐ	ⓑ
102	①	②	③	④	⑤	⑥	⑦	⑧	⑨	⓪	ⓐ	ⓑ
103	①	②	③	④	⑤	⑥	⑦	⑧	⑨	⓪	ⓐ	ⓑ
104	①	②	③	④	⑤	⑥	⑦	⑧	⑨	⓪	ⓐ	ⓑ
105	①	②	③	④	⑤	⑥	⑦	⑧	⑨	⓪	ⓐ	ⓑ
106	①	②	③	④	⑤	⑥	⑦	⑧	⑨	⓪	ⓐ	ⓑ
107	①	②	③	④	⑤	⑥	⑦	⑧	⑨	⓪	ⓐ	ⓑ
108	①	②	③	④	⑤	⑥	⑦	⑧	⑨	⓪	ⓐ	ⓑ
109	①	②	③	④	⑤	⑥	⑦	⑧	⑨	⓪	ⓐ	ⓑ
110	①	②	③	④	⑤	⑥	⑦	⑧	⑨	⓪	ⓐ	ⓑ
111	①	②	③	④	⑤	⑥	⑦	⑧	⑨	⓪	ⓐ	ⓑ
112	①	②	③	④	⑤	⑥	⑦	⑧	⑨	⓪	ⓐ	ⓑ
113	①	②	③	④	⑤	⑥	⑦	⑧	⑨	⓪	ⓐ	ⓑ
114	①	②	③	④	⑤	⑥	⑦	⑧	⑨	⓪	ⓐ	ⓑ

理科を２つ選んで解くときに順番はありますか？

どちらからやっても構いません。**2科目で合計60分間**を使えます。地学基礎を20分間，生物基礎を40分間のように，時間配分は自由です。

地学基礎ってどんな科目？

地学は，地球科学の略で，地球や宇宙，環境などを学ぶすごく大きなスケールの科学なんです。地学基礎は**「地球とその活動」**，**「地表の変化と古生物の変遷」**，**「大気と海洋」**，**「宇宙と太陽系」**，**「地球の環境」**の5分野から構成されています。地球の内部から表面，空，そして宇宙に広がっていく感じです。

なんか，壮大でワクワクしてきました。

「地球とその活動」は，**地球の形**や**地球の内部**について扱います。たとえば，地球の内部の構造や，**地震**や**火山の発生**のメカニズムなどを学びます。

地震によるダムの崩壊

火山の噴火

地震も火山も日本では多いので，どうして起こるのかを知っておきたいです！

「地表の変化と古生物の変遷」では，地球表面を作っている**岩石**や**地層**のできかたや，**地層中の化石**から地球の歴史を紐解いていきます。

地層の積もりかた

恐竜（ティラノサウルス）

恐竜も出てくるんですね！　楽しみです。

次の**「大気と海洋」**は，空や海がテーマです。どうして**雨が降るのか**，どうして**海流**は流れているのか，などを学んでいきます。

積雲の写真

台風の気象衛星画像（気象庁）

自分で天気予報ができるようになると楽しいですね。

「宇宙と太陽系」は，**太陽**や**惑星**，そして**銀河系**，さらには宇宙の始まりまで学んでいきます。

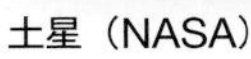
土星（NASA）

アンドロメダ銀河（NASA）

地学基礎ってすごく大きなスケールなんですね。

最後の**「地球の環境」**は，近年，問題になっている**地球温暖化**や**酸性雨**，**エルニーニョ現象**などの気象現象，地震や火山，気象による**災害**などについて学んでいきます。

液状化現象

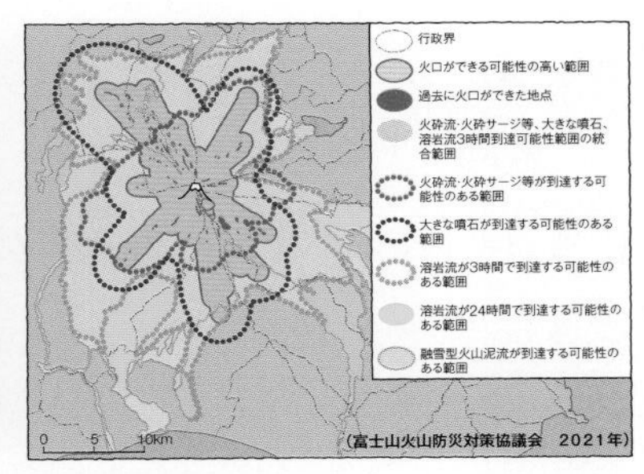

富士山ハザードマップ
(富士山火山防災対策協議会）

ハザードマップ，聞いたことがあります。私たちの身を守ることにも役立ちそうですね！

地学基礎は，身の回りのできごとや題材を扱うことが多いため，そのようなことに興味を持つことが力を伸ばすコツの１つになりますよ。

地学基礎の受験の準備

地学基礎の覚えなければいけない範囲や，勉強方法などを教えてほしいです。

共通テストは，**教科書に掲載されている範囲から出題**されます。教科書を越えるような知識は必要ありません。

なんだ！　受験対策は教科書だけで済むんですね。地学基礎は暗記科目なので，高得点を狙えるようにしっかり覚えて，がんばります！　心配して損しちゃった。

えっ？　地学基礎が暗記科目とは，初耳です……。
共通テストでは，**知識問題と考察問題が，ほぼ同じ割合**で出題されますよ。

うわぁ～，考察問題が多いんですね。計算嫌いです！　どうしよう。

慌てないでください。共通テストで出題される**計算問題は，1問か2問**です。

ほっ。では手持ちの教科書を勉強すれば，高得点が期待できますね。

実は，地学基礎の教科書は5社あって，そのうち多くの教科書に掲載されている用語などから出題される傾向があるんです。

えっ？　それだと全部の教科書を勉強するんですか？　大変～！

大丈夫です。この**「きめる！共通テスト　地学基礎　改訂版」**では，教科書の過半数に掲載されている用語や実験などを取り入れています。また，共通テストで出題されそうな図表の読み取りや考察もしっかりと解説してあります。

では，この本を使って，受験勉強がんばります！

共通テストの傾向と対策

ここで，学習対策を**「知識問題」**と**「考察問題」**に分けて説明していきます。共通テストのいろいろな出題形式に合わせて紹介しますね。

よろしくお願いします。

ではまず，**知識問題**を見てみましょう。
この問いは新傾向で，１つの問いで正しい文を２つ選択するタイプです。

過去問にチャレンジ

火山岩について述べた文として適当なものを，次の①～⑤のうちから二つ選べ。ただし，解答の順序は問わない。

① 岩石中に含まれる Al_2O_3 量（質量％）で火山岩の分類は行われる。
SiO_2 の間違い（p.114参照）

② ガラス質の物質が含まれることがある。

③ 大きさのほぼそろった結晶からなる等粒状組織（とうりゅうじょう）をもつものが多い。
深成岩の特徴を表す（p.108参照）

④ 粗粒な結晶と細粒な結晶などからなる斑状組織（はんじょう）をもつものが多い。

⑤ 底盤（ていばん）（バソリス）と呼ばれる大規模な岩体をつくることがある。
深成岩の産状を示す（p.117参照）

（2023年共通テスト追試験）
p.118に解説があります。

へ～。文章をちゃんと読まなきゃ。何か良い解きかたのコツはありますか？

誤っている部分には線などを引いて，その**誤り部分を正しいものに置き換えられるようにしましょう**。1つの問題演習でも多くの知識を確認することができ，効率的に力をつけることができます。このほかにも，選択肢の正誤について，正しい組み合わせを問うような問題も出題されますが，同じようにして，落ち着いて正確に文章を読み取れば大丈夫です。

POINT **知識問題の対策**

- **本書に掲載されている地学用語や地学現象を正確に覚えて，理解していく。**
- **各選択肢の文章について，誤った部分を正しく置き換えることができるようにする。**

次に3つのタイプの**考察問題**を紹介します。図やグラフ，計算問題なども出てきます。

難しそうですね。ドキドキ……。

1つ目は計算問題です。共通テストでよく出題されるグラフを読み取るタイプです。どのように対応すればよいか，しっかりと身につけましょう。テーマは，地球環境問題でよく話題に上がる，地球温暖化です。

過去問にチャレンジ

次の図1は沖縄県の与那国島(よなぐにじま)における大気中の二酸化炭素濃度の変化を表したものである。この15年間の変化傾向のまま二酸化炭素濃度が増加し続けるとすると，2100年の年平均濃度は何ppmになるか。最も適当な数値を，下の①～④のうちから一つ選べ。［　　］ppm

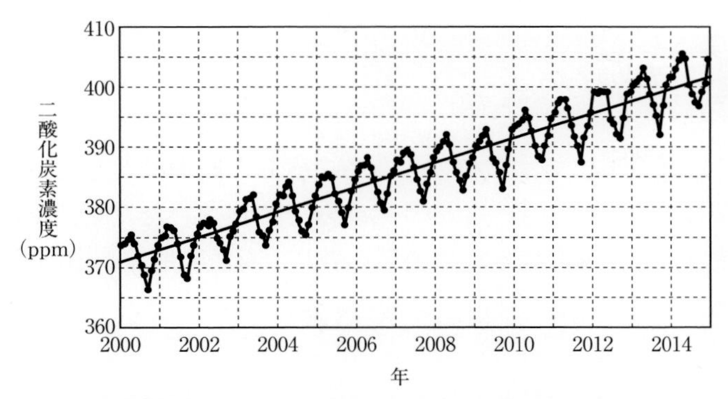

図1　与那国島における2000年1月から2014年12月までの大気中の二酸化炭素濃度の変化
図中の黒点は月平均値，直線は15年間の変化傾向を表す。

①　530　　②　580　　③　630　　④　680

（2020年センター追試験 改題）

p.350に解説があります。

2000年が371 ppm，2015年が402 ppmくらいかな？　15年間に402－371＝31 ppm増えていて，2000年と2100年の100年間だから，100年÷15年＝6.6666…　割り切れません。どうしよう…

2000年が370 ppmくらい，15年後の2015年が400 ppmくらいで30ppmの増加，そして，2000年から2100年の100年後をx（ppm）とすると…
一番近い値の選択肢を選べば，大丈夫です。

きっちり計算しなくていいのですか？

この問いは選択肢を見ると，数値は十の単位になっているので，小数のような細かい計算は必要ありません。グラフの読み取りなどの場合，まず大まかな値で計算してみて，選択肢が絞れなかったら細かい計算をするといいですよ。

2つ目は，図を選択するタイプの問題です。よく似た図を比較することが多いので，的確に違いに気づかないといけません。

過去問にチャレンジ

地球全体に対する核の大きさを表した断面図として最も適当なものを，次の①～④のうちから一つ選べ。ただし，灰色の領域は核を，実線は地球の表面を表し，断面は地球の中心を通る。

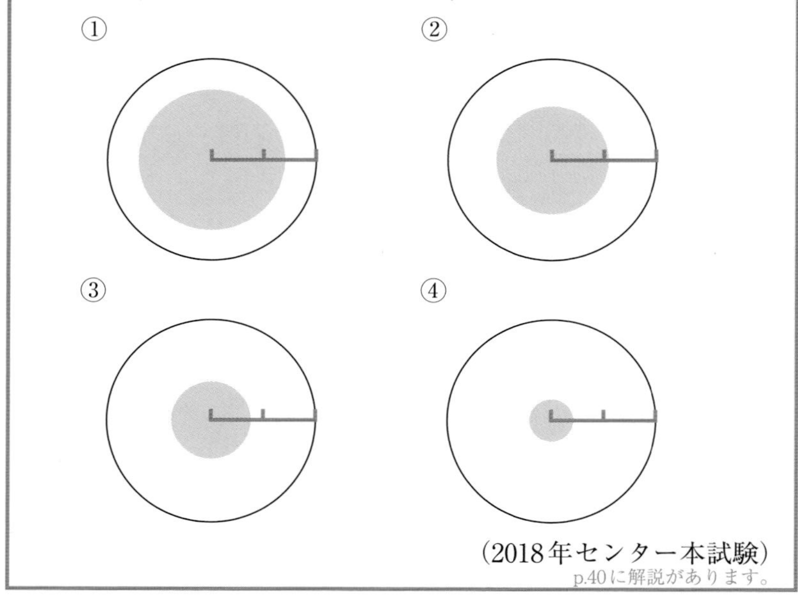

（2018年センター本試験）

p.40に解説があります。

どうやって解けばいいんですか？

図にどんどん知っている情報を書き込んでいきましょう。地球の半径の半分くらいのところに，印をつけてみました。核の半径は，地球の半径のだいたい半分くらいのところなので，②を選ぶことができます。

へ～。あまり細かく考えなくても大丈夫なんですね！

では，最後に実習をテーマにした出題です。共通テストでは実験，実習などを想定した問題がレポート，会話文などの形式で出題されることが多いです。

過去問にチャレンジ

高校生のSさんは，次の方法a～cを用いて，花こう岩と石灰岩，チャート，斑(はん)れい岩の四つの岩石標本を特定する課題に取り組んだ。下の図1は，その手順を模式的に示したものである。図1中の ア ～ ウ に入れる方法a～cの組合せとして最も適当なものを，下の①～⑥のうちから一つ選べ。

〈方法〉

石灰岩の特徴なので，ウ になります。

a　希塩酸をかけて，発泡がみられるかどうかを確認する。

b　ルーペを使って，粗粒の長石が観察できるかどうかを確認する。

火成岩の性質なので，ア になります。

c　質量と体積を測定して，密度の大きさを比較する。

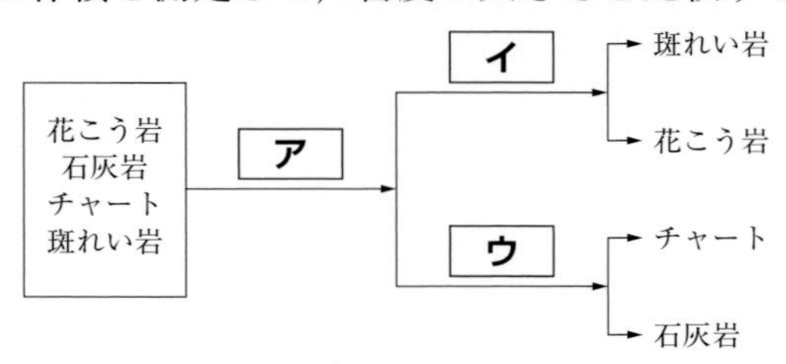

図1　四つの岩石標本の特定の手順

（2021年共通テスト本試験）

p.252に解説があります。

aの塩酸をかけて泡が出るって，中学の理科で勉強しました。

そうですね。石灰石（石灰岩）の性質のところです。地学基礎の教科書にはあまり掲載されていませんが，出題されることがあります。

わ～。中学で勉強した範囲も出題されるんですね。いっぱい勉強しないといけないから不安です。

安心してください。本書では，中学の内容もちゃんと解説していますよ。

よかった！　bは粗い長石があるかどうかですね。

チャートと石灰岩には長石が入っていないという知識が必要で，本書に載っていますよ。

なんか，パズル合わせみたいですね。

そうですね。いろいろな知識を組合せて，解答につなげて行くんです。

POINT **思考が必要な問題の対策**

- 基本公式や重要事項を正確に運用できるようにする。
- 地学現象が起こる原理を，図やグラフを利用して理解できるようにする。

いろいろな問題を見てみて，用語をただ暗記していくだけでは，点数が取れないことがわかってきました。具体的に，この本をどんなふうにやっていけばいいですか？

本書では，THEMEごとの丁寧な解説，その後に知識，考察，そして新傾向の過去問をセレクトしています。

新傾向の対策もバッチリですね！

本書の解説をしっかりと読んで，覚えること，理解することを整理しましょう。そして，その後にある過去問を使って，知識や理解したことを問題で生かす練習をしていきましょう。これを繰り返していくことによって，どんどん力がついていきますよ。

わかりました。がんばります！

SECTION 1

地球とその活動

1　地球の形と大きさ
2　地球の内部構造
3　プレートの運動
4　地震
5　火山と火成岩

SECTION 1で学ぶこと

地球の形や測定方法に関する問題が頻出！プレート運動や火成岩に関する知識もおさえておきましょう。

各THEMEの必修ポイント

1 地球の形と大きさ

・地球の形が球として認識された3つの証拠
・エラトステネスによる地球の大きさの測定方法
・地球楕円体の形状の特徴と，測定方法

2 地球の内部構造

・地表から地殻・マントル・外核・内核の境界までの深さ
・各層を構成する物質や化学組成

3 プレートの運動

・3種類のプレート境界でのプレートの動きかたと地形の特徴の違い
・プレートの移動方向と，移動速度の求めかた
・世界のプレート分布と地震分布の関係

4 地震

・正断層，逆断層，横ずれ断層の地盤の動き
・震源距離の求めかた（大森公式）
・3つの観測点の震源距離から震源の位置を決定する方法
・マグニチュードと震度の違い
・日本列島で起こる3つのタイプの地震の特徴

5　火山と火成岩

・火山噴火のメカニズムと火山の特徴
・世界のプレート分布と火山分布の関係
・鉱物や火成岩の名称と特徴

頻出用語と解きかたのコツ

・地球の全周：約4万km
・地球の全周x〔km〕の測定法：弧の長さl〔km〕と中心角$\theta°$の比例式から求める

$\theta°$：l〔km〕＝360°：x〔km〕　より，

$$x=\frac{360l}{\theta}$$

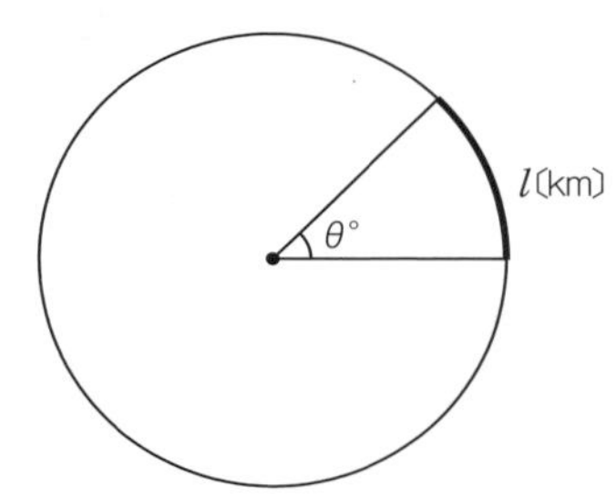

・大森公式：$D=kT$
（D：震源距離，T：初期微動継続時間，k：比例定数）
・マグニチュード：地震によって放出されるエネルギーの大きさであり，1大きくなるとエネルギーは約32倍，2大きくなると1000倍になる
・震度：揺れの強さの強度であり，0～7の10階級
・岩石の密度：密度〔g/cm^3〕＝岩石の質量〔g〕÷岩石の体積〔cm^3〕

知識問題だけでなく，計算問題もよく出題される単元です。どちらにも対応できるよう対策していきましょう！

THEME

1 地球の形と大きさ

ここで畄きめる!

- 地球が球形の場合に見られる３つの観測事実を覚える。
- 地球の全周は，南北に並んだ２地点間の距離と太陽の南中高度の差から求めることができる。
- 地球の形は，赤道方向に膨らんだ回転楕円体の形に近い。

1 地球の形

宇宙船がなかった時代の人々は，地球の形が丸いことをどうやって知ったのですか？

紀元前四世紀ごろの大昔の人が，次の❶～❸のようなできごとから推定したんですよ。

❶ 船から見た景色の変化

船が海から陸地に向かうとき，船から陸地にある山を見ると，**陸から遠いうちは山頂部分だけが見えます**。そして，**だんだん近づくにつれて，徐々に山全体が見える**ようになります（図１－１）。

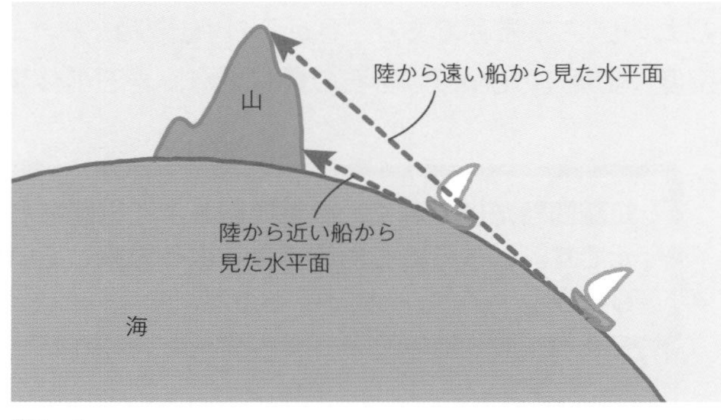

図１－１

もし，地球が平坦(へいたん)だったら，遠くにある船から見ても山全体が見えるはずです。しかし実際は，山頂からだんだん見えるようになります。なぜなら，地球は丸く，水平面より下が見えないからです。

船に乗って旅行する機会があったら，双眼鏡を持って，観察してみよっと。

② 星の高度の変化

いろいろな地点で，夜空に見える同じ星を同じ時刻に観察すると，見える高さ（高度）が異なります（図1－2は北極星を例にしたもの）。星は非常に遠方にあるので，星からの光は平行光線と考えられます。そのため，地点Aの北極では最も高く頭の真上に，地点Cでは最も低く，地平線上に北極星が見えます。

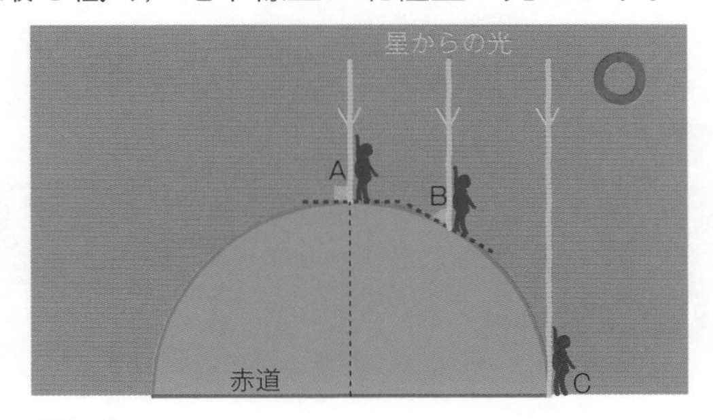

図1－2

もし地球が平坦だったら，夜空に見える星は，**図1－3**のように地点A，B，Cで同じ高さに見えるはずです。しかし，実際には地球は丸いので，見上げる星の高度は，場所によって変わるのです。

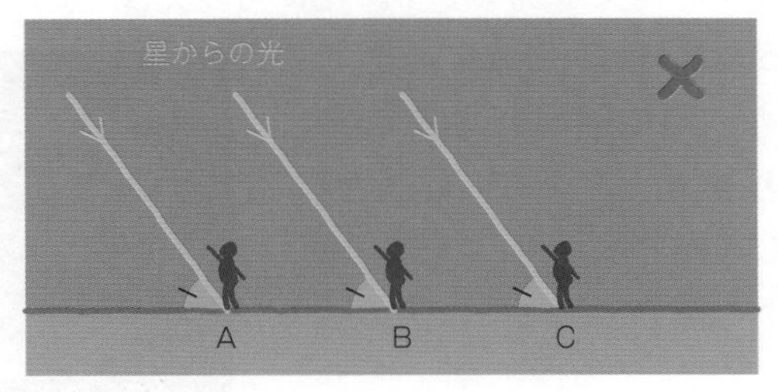

図1－3

いつか海外に行く機会があったら，日本で見たときと海外で見たときの星の高度を比べてみようかな？

場所による高度を比べるなら，北極星に注目するといいですよ。

北極星は，ほぼ自転軸の延長線上にあるので，どこにいても真北の方向に見えます。北極星は北に行く（高緯度）ほど，高度は高くなります。ただし，北半球でしか見えないので，南半球への旅行では使えません。

❸ 月食のときの地球の影の形

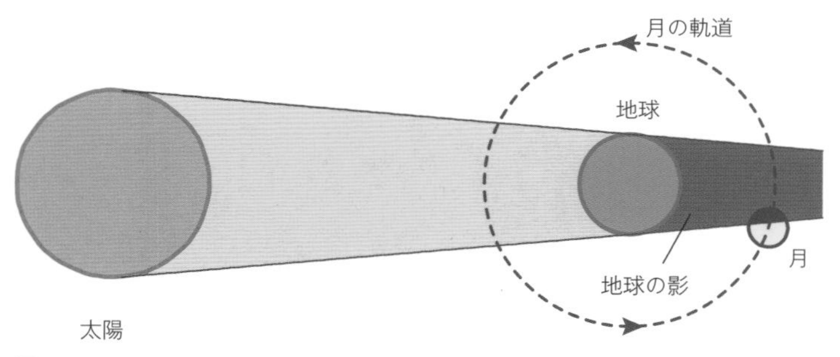

図1－4

図1－4のように，月は地球のまわりを回っています。月食は，月が地球を挟(はさ)んで太陽の反対側の地球の影に入ったとき，地球から見て，月が欠けて見える現象です。逆に月が太陽と同じ側にきて，太陽と重なったときは，日食になります。

月食のとき，**月に映った地球の影は円形になります**。図1－5は，月食のときの月の写真です。月の右側を覆う影の形をよく見てください。円の弧に見えます。これは地球の影ですから，地球が丸い証拠になります。

写真提供：国立天文台

図1－5

また，月の半径と影の半径を比較すると，影の半径のほうがかなり大きいことから月よりも地球のほうが大きいことがわかります。

②と③のできごとから，地球が球形であると考えた人物は，古代ギリシアの人物の**アリストテレス**です。

POINT **地球は球形である**

- **アリストテレス**：月食のときの地球の影の形などから，地球が球形であることを唱えた古代ギリシアの人物
- 月食が起こるとき：**太陽－地球－月**が一直線上に並ぶ

ここで少し注意してほしいことがあります。『地球』，『太陽』，『月』，『夜空に見える星』というように天体名がたくさん出てきました。これらの特徴をきっちり分けて考えられるようにしましょう。

天体の特徴

・**『地球』**：**太陽のまわりを１年で回っている惑星**（恒星(こうせい)のまわりを回る天体を惑星という）。

・**『太陽』**：自らの光で輝いている天体（**恒星**）。

・**『月』**：地球のまわりを回っている**衛星**（惑星のまわりを回る天体を衛星という）。

・**『夜空に見える星』**：太陽と同じ恒星。星座を形づくっている恒星は，地球からは非常に遠くにあるため，星どうしの間隔が変わらないように見える。プラネタリウムの天井に星が張りついているイメージ。

地球が丸い証拠について考える問題を解いてみましょう。共通テストでは，教科書に書いてある事実を丸暗記さえしていれば，すべて解けるわけではありません。先ほど学習したアリストテレスたちが説明した❶～❸の事実と照らし合わせながら考えましょう。

過去問にチャレンジ

地球が球形であることは，いくつかの経験的事実から知られる。その例として**適当でないもの**を，次の①～④のうちから一つ選べ。

① 月食のときに月に映る地球の影が円形である。

② 船で沖合から陸地へ向かうと，高い山の山頂から見えてくる。

③ 北極星の高度が北から南へ行くほど低くなる。

④ 岬の先端から海を見渡すと，水平線が丸く見える。

（2019年センター本試験）

共通テストの問いかたとして，「最も適当なもの」を選択する以外に，「適当でないもの」または，「誤っているもの」を選択させる問題がしばしば出題されます。問題文で太文字で書かれていますが，見落としてしまって，適当なものを選択してしまう場合があるので，注意しましょう。

① これは，p.22❸の「月食のときの地球の影の形」の内容に合っています。

② これは，p.20❶の「船から見た景色の変化」の内容に合っています。

③ これは，p.21❷の「星の高度の変化」の内容に合っています。

④ 地表からは水平線は直線に見えます。したがって，この選択肢は誤りです。

以上のことから，**答え ④**です。

2　地球の大きさ

地球を1周できるような大きな船や飛行機がなかった時代に，どうやって地球の大きさがわかったんですか？

太陽の南中高度の違いから計算したんですよ。

紀元前230年頃，ギリシア人の**エラトステネス**は，エジプトの2つの都市，アレクサンドリアとその南にあるシエネ（現在のアスワン）で見られる現象から，地球の周囲の長さをかなり正確に計算しました。その方法を順を追って説明します。

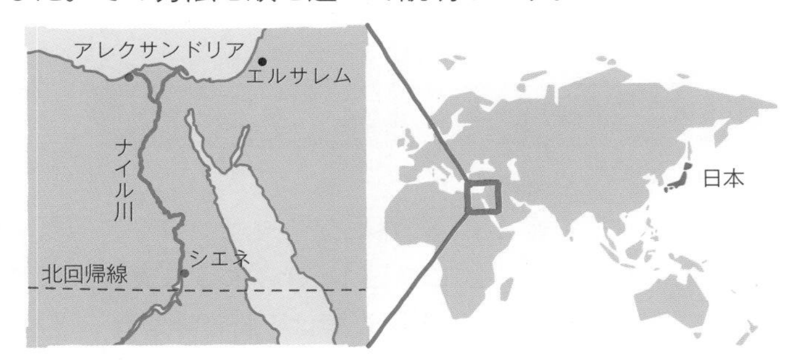

図1−6

(1)　エラトステネスは，シエネで**夏至（げし）の日（6月20日前後）の正午に，深井戸の底まで太陽の光が届く**ことを文献で知りました。

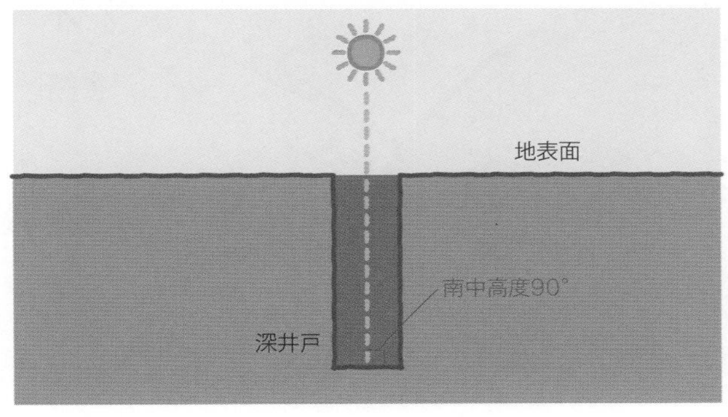

図1−7

シエネでは，夏至の日の正午に**太陽が頭の真上にきます**。すなわち，太陽の南中高度が90°になることがわかりました。

(2) シエネの北にあるアレクサンドリアで，夏至の日の正午に，地面に垂直に棒を立てて太陽の南中高度を測定しました。その結果，アレクサンドリアでの南中高度は，82.8°とわかりました。太陽の光線は，**頭の真上方向から南に7.2°傾いていたのです**。

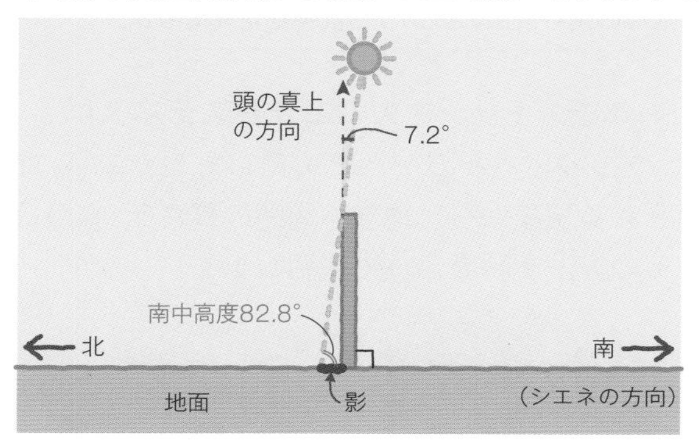

図1−8

(3) 地球を球と仮定すると，シエネとアレクサンドリアの夏至の日の太陽の南中高度の差7.2°は，図1−9のように表されます。太陽は非常に遠方にあるため，太陽光線は平行とみなせることから，2地点がつくる円弧(こ)に対する中心角も7.2°となります。

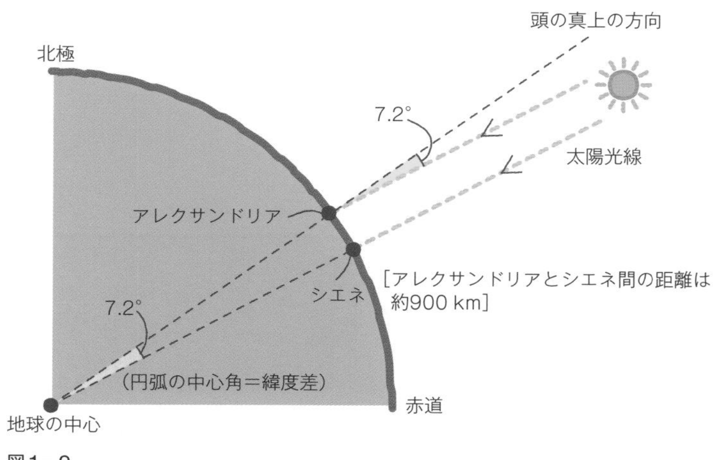

図1−9

2地点がつくる円弧に対する地球の中心角は，その2地点の緯度の差になります。これにより，シエネとアレクサンドリアの緯度の差は，7.2°と推定されました。

⑷　アレクサンドリアとシエネの間の距離を測定すると，約900 kmでした。

円弧に対する中心角と弧の長さは比例します。**図1－9**より，弧の長さが900 kmのときの円弧に対する中心角は7.2°ということです。地球1周の長さをx〔km〕とすると，円の中心角は360°ですから，比の計算は次のようになります。

外側×外側

$$7.2° : 900〔km〕= 360° : x〔km〕$$

内側×内側

$$7.2 \times x = 900 \times 360$$
$$x = 45000〔km〕$$

円周の長さの求めかた

円弧に対する中心角：円弧の長さ＝360°：円周の長さ

20世紀半ばには，人工衛星の軌道(きどう)から地球の形が測定できるようになり，実際の地球1周の長さは**約40000 km**，地球の半径は**約6400 km**とわかりました。エラトステネスが求めた45000 kmは，実際の地球の周囲の長さ40000 kmよりも，12.5%大きいということですね。

$$\frac{45000-40000}{40000} \times 100 = 12.5〔\%〕$$

どうして，大きな値になっちゃったのかな？

それは，シエネとアレクサンドリアの距離が正確でなかったことなどが理由です。

でも，精密な機械などがない2000年以上前に求めた値にしては，かなり正確ですね。

太陽などの高度を測る２地点は**南北**に並んでいることが必要です。

POINT
地球の大きさ

- **エラトステネス**：初めて地球の大きさを測った人物
- 地球の半径：**約6400 km**
- 地球の周囲の長さ：**約40000 km**

共通テストでは，教科書に書かれている測定や観察について，実際に作業を行って確認するような出題がされることが特徴です。では，エラトステネスの測定法を利用して，住んでいる地域の太陽高度の差から地球の全周を求める過去問を解いてみましょう。

過去問にチャレンジ

次の文章中の ア に入れる数値として最も適当なものを，後の①～④のうちから一つ選べ。

エラトステネスの方法にならって，X市に住むAさんはY市に住むBさんと共同で地球の大きさを求めることにした。X市とY市はほぼ南北に位置している。同じ日に太陽の南中高度を測定すると，Aさんは57.6°，Bさんは53.1°という結果を得た。X市とY市はほぼ真っ直ぐの高速道路で結ばれている。そこで，AさんはBさんを訪問するときに，自動車の距離計で距離を測定したところ，550 kmであった。これらのデータから地球全周の長さを計算すると ア kmとなった。実際の地球全周の長さよりは少し長くなったが，近い値を得ることができた。

① 10500　② 11000　③ 42000　④ 44000

（2023年共通テスト本試験）

p.26の(3)と同じように，南北に並んだX市とY市の太陽の南中高度の差は，2地点がつくる円弧に対する中心角になります。その角度は57.6−53.1＝4.5°です。2地点がつくる円弧に対する地球の中心角は，2地点の緯度の差になります。よって，2地点の緯度の差が4.5°となり，その円弧の長さは550 kmです。地球一周の長さをx〔km〕とすると，地球一周の中心角は360°となることから，
4.5°：550〔km〕＝360°：x〔km〕となり，
550×360＝4.5×xより，x＝44000となることから，答え ④
となります。なお，地球の一周の長さが約40000 kmであると知っていれば，①，②は即座に誤りであることがわかります。

3 地球楕円体

子どものころから地球の形は球だと思っていたけど，本当は真ん丸ではないんですよね？

そうです。地球は完全な球ではありません。それは❷で説明するので，❶では地球を完全な球体として考えてください。

❶ 地球の子午線と緯度

・極：自転軸と地表が交わった交点。北側が北極，南側が南極です。
・**子午線**（経線）：赤道に直角に交差する，北極と南極を通る大円のこと。
・**緯度**：地表のある地点と赤道面のなす角度。赤道は0°，北極は北緯90°，南極は南緯90°，日本は北緯およそ20°～45°にあります。同じ緯度を結んだ線を緯線といいます。

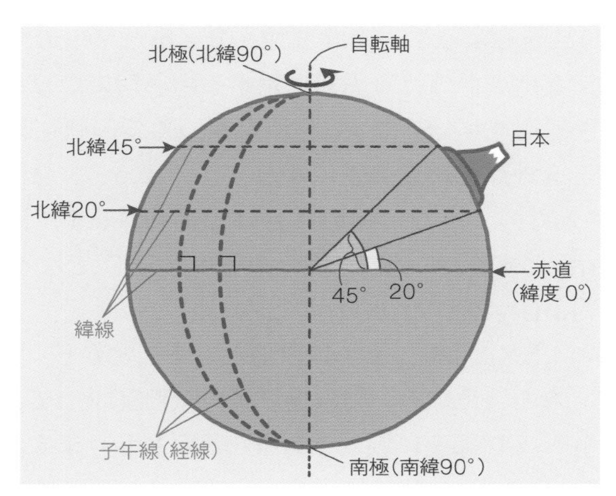

図1－10　　※地球を球と仮定した図

緯度の差については，シエネとアレクサンドリアの緯度の差7.2°（p.26図1－9）を思い出してください。**2つの都市地点がつくる円弧に対しての地球の中心角の大きさが，その2つの地点の緯度の差**になります。図1－10でも，緯度0°（赤道）の地点と日本の北緯45°（もしくは北緯20°）の地点がつくる円弧に対しての地球の中心角が，45°（もしくは20°）になっていることを確認しましょう。

② 地球の形と緯度

では，ここからは「地球は完全な球ではない」という話をしていきます。地球は自転軸を中心に回転しています。その回転による遠心力（回転するときに，回転軸に対して外向きにはたらく力）のため，地球は赤道方向に膨らんだ**回転楕円体**（楕円を回転させた立体のこと）になっています。これを予想したのは，あの有名な**ニュートン**で，17世紀後半のことです。

完全な球の場合，緯度は地球の中心に線を下ろしたときの中心角でしたよね。
完全な球ではないとき，緯度はどうやって調べられるの？

地球が完全な球ではないため，ある地点の緯度はその地点の鉛直線（水平面に対する垂線）と赤道面のなす角になります。

鉛直線とは，おもりを糸でつるしたときの糸が示す方向，すなわち重力の方向です。真下の方向（重力の方向）に線を下ろしても，**図1－11**のように，地球の中心からずれてしまいます。

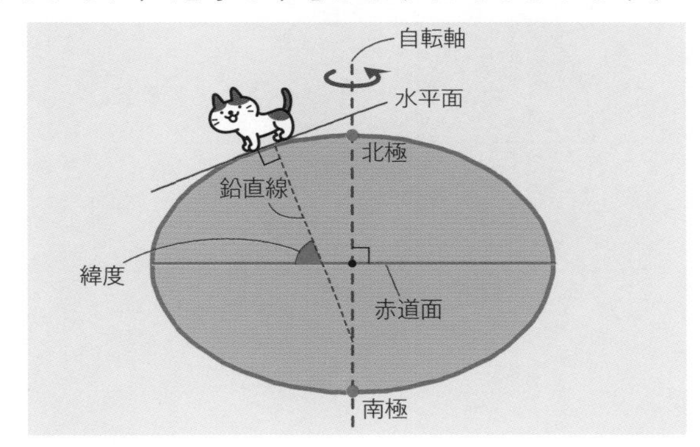

図1－11

③ 緯度の差と子午線の長さの関係

地球は赤道方向に膨らんだ回転楕円体なので，北極付近と赤道付近の緯度の差$x°$は図1－12のようになります。**この図から緯度の差$x°$あたりの子午線の長さは，赤道付近（低緯度）より極付近（高緯度）のほうが長くなる**とわかります。

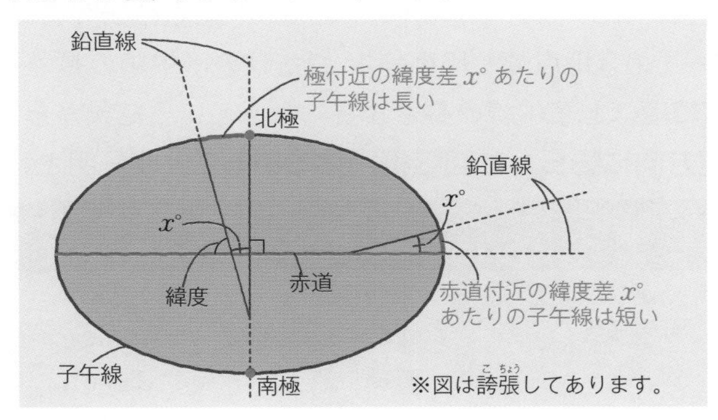

図1－12

もし地球が完全な球の場合，どの地点の鉛直線も地球の中心へ向かうため，北極付近と赤道付近の緯度の差x°は**図1ー13**のようになります。この場合，緯度の差x°あたりの子午線の長さは，低緯度でも高緯度でも同じになります。

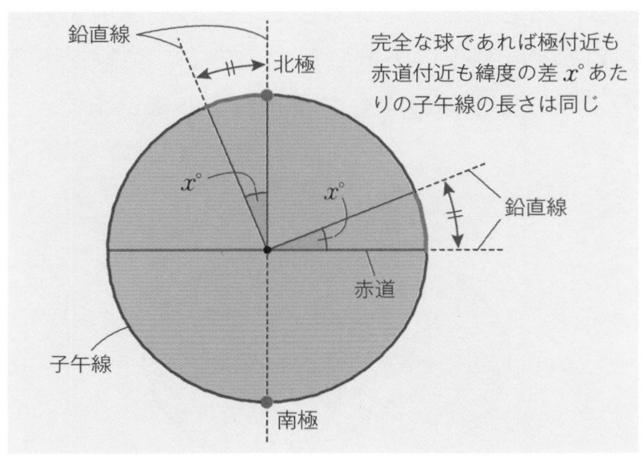

図1ー13

④ 子午線の長さの実測

低緯度と高緯度では，同じ緯度の差で，子午線の長さはどれくらい違うんですか？

表1ー1を見てください。

18世紀前半にフランス学士院（フランス国立の研究者の集まり）が，**表1ー1**の3地点で，緯度差1°あたりの子午線の長さを調べました。高緯度ほど子午線の長さが長くなるという結果から，**地球の形が赤道方向に膨らんだ回転楕円体である**ことが証明されました。

場　所	緯　度	緯度差1°あたりの子午線の長さ
ラップランド	北緯66°	111.9 km
フランス	北緯45°	111.2 km
ペルー	南緯　2°	110.6 km

表1ー1　緯度差1°あたりの子午線の長さ

⑤ 地球楕円体

・**地球楕円体**：地球の形と大きさに最も近い回転楕円体のこと。
・**偏平率**(へんぺいりつ)：回転楕円体のつぶれの度合い。

図1－14のように赤道半径をa，極半径をbとすると，偏平率fは次のように表されます。

$$f=\frac{a-b}{a}$$

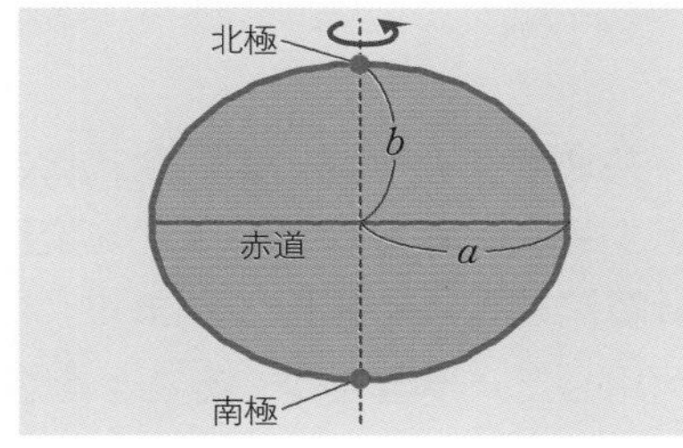

図1－14

完全な球の場合，$a=b$となるので，偏平率は0（$a-b=0$）です。よって，偏平率の値が大きいほど，球からかけ離れたつぶれた形になります。地球の偏平率は約$\frac{1}{298}$と，とても小さい値です。

この$\frac{1}{298}$という偏平率の値から地球の形を考えてみましょう。赤道半径aが298 cmの地球儀(ぎ)で考えると，極半径bは約297 cmになるということです。ほぼ真ん丸の球だと思いませんか？298 cmや297 cmということは，約3 mのうちのたった1 cmの差ということです。

$$\frac{1}{298}=\frac{298-297}{298}$$

地球のつぶれの度合いはすごく小さいから，「地球は球である」と教わってきたんですね。

そうですね。ちなみに土星の偏平率は約$\frac{1}{10}$なんですよ。これくらいの値だと見た目でつぶれて見えるはずです。p.231の図3－23の土星の写真を見てください。

SECTION 1 地球とその活動

POINT **地球楕円体**

- 緯度の差1°あたりの子午線の長さ：低緯度＜高緯度
- **地球楕円体**：極半径＜赤道半径で，偏平率は約 $\frac{1}{298}$

共通テストでは，大切な式をただ暗記するだけでなく，その式が示す意味を考えながら，式を変形して数値を当てはめていくような計算問題がよく出題されます。今回は，地球楕円体の偏平率の式を利用して，模型をつくることを想定した過去問を解いてみましょう。

過去問にチャレンジ

高校生のSさんは，文化祭で展示するために，直径1.3 mの大きな地球儀を，偏平率まで考慮して作ろうとした。地球を偏平率約 $\frac{1}{300}$ の回転だ円体とすると，赤道半径に比べて，極半径をどのようにすればよいか。最も適当なものを，次の①～④のうちから一つ選べ。

① 約2 mm短くする　　② 約2 mm長くする
③ 約2 cm短くする　　④ 約2 cm長くする

（2022年共通テスト追試験）

偏平率が $\frac{1}{300}$ であることは問題文中に与えられています。そして，偏平率は赤道半径を a，極半径を b とすると，$\frac{a-b}{a}$ で表されることを利用して解いていきます。

まず計算をする前に，地球楕円体では，赤道方向に膨らんでいるので，赤道半径＞極半径となります。よって，極半径のほうが長い②と④は誤りになります。

次に，赤道半径は1.3÷2＝0.65 m＝65 cmとなるので，偏平率の式に代入すると，$\frac{a-b}{65}=\frac{1}{300}$ より，$a-b=\frac{65}{300}\fallingdotseq 0.22$ cmとなります。したがって，答え ① です。

4 地球の表面

① 地球表面の様子

地球の表面は，**海洋が約70%，陸地が約30%**を占めています。

・陸地で最も標高が高いところ
ヒマラヤ山脈のエベレスト山頂で標高8848 m

・海洋で水深が最も深いところ
マリアナ海溝（かいこう）のチャレンジャー海淵（かいえん）で水深10920 m

地球表面で最も高いところと低いところの高低差は約20 km（8848＋10920＝19768 m）です。

そんなに凹凸（おうとつ）があると，実際の地球は地球楕円体からは，ほど遠い形だということですか？

そうではありません。最大20 kmの高低差は大きく感じるかもしれませんが，地球の半径6400 kmに対しては，$\frac{20}{6400}=\frac{1}{320}$ でとても小さいんです。だから**地球の形は地球楕円体から大きくはずれてはいない**ことになります。

ヒマラヤ山脈の“山脈”はわかりますけどマリアナ海溝の“海溝”ってなんですか？

海溝は海底にある谷のような場所のことです。

海底の地形について説明をしましょう。**図1−15**を見てください。

・海底の地形

⑴　大陸棚（たいりくだな）：陸地に接する海底で，水深が約140 mまでの比較的平坦な海底。

⑵　海洋底：深海における平坦な海底で，海底の面積の大部分を占める。平均水深は4000 m以上ある。

⑶　大陸斜面：大陸棚の縁から水深4000 mくらいまで続く斜面。

⑷　海溝：水深6000 m以上の細長い谷状の地形。

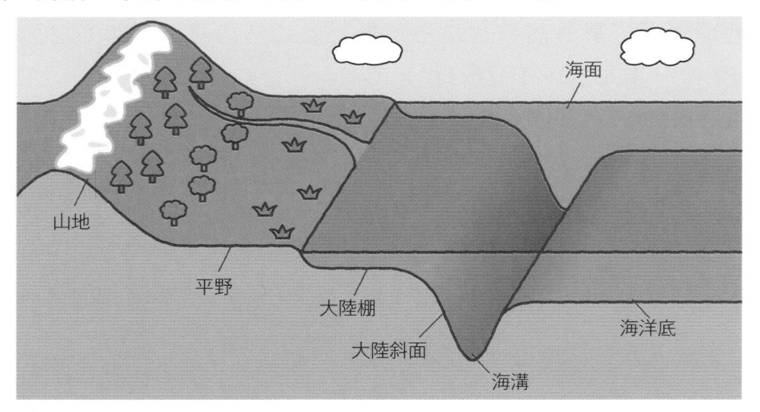

図1−15

❷ 陸地の高さと水深の分布

図1−16は地球の全表面積に対して，「どの高度の面積がどれだけの割合を占めるか」を表したものです。高度1000 mごとに示してあります。これを見ると**海面から高さ0〜1000 m，水深4000〜5000 mの2つの高度帯が多くの面積を占めています。**

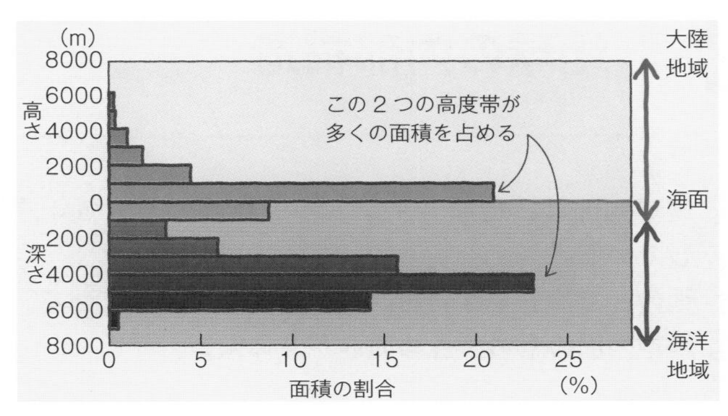

図1－16

図1－16は，水深1000 mを境に色分けしてありますね。これより高い地域を大陸地域，低い地域を海洋地域とよびます。

どうして，分布が2つに分かれるんですか？

それは，この2つの地域では岩盤を構成する岩石の種類が違うからです。

大陸地域はおもに花こう岩という岩石，海洋地域はおもに玄武岩という岩石からできていて，玄武岩のほうが花こう岩よりも密度が大きく，性質が異なるからと考えるとわかりやすいでしょう。これについてはTHEME 2でくわしく解説します。

POINT **地球の表面**

- 海洋と陸地の割合　：およそ7：3
- 地表の最大高低差：約20 km
- 高度分布：高さ0～1000 m，水深4000～5000 mに2つのピーク

THEME

2 地球の内部構造

ここで覚める！

- 地球内部は，地殻・マントル・外核・内核の４層構造をしている。
- 地殻・マントルは岩石，核は金属からできている。
- 地球内部のうち，外核のみが液体領域。

1 地球内部の層構造

地球の中身ってどんなふうになっているの？

層構造をしているんですよ。

① 層構造

地球は図1−17のように，表面から**地殻**（ちかく）・**マントル**・**核**（かく）の３層に分かれています。地殻の厚さは数〜数十km，マントルはその下の深さ2900 kmまで，核は，**外核**（がいかく）・**内核**（ないかく）に分けられ，外核は深さ2900 kmから5100 kmまで，内核は深さ5100 kmから地球の中心まで続きます。

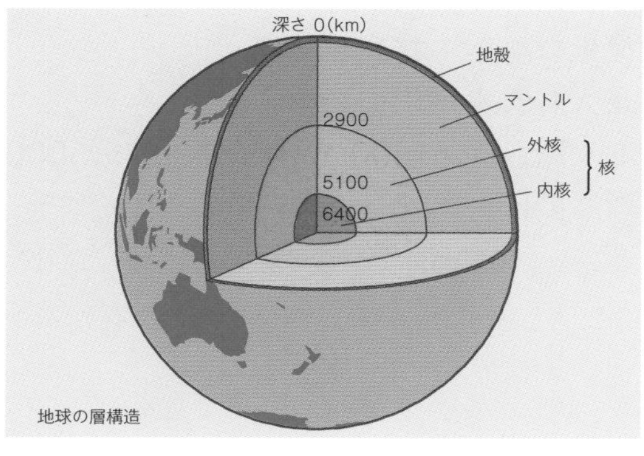

図1−17

地球の内部はゆで卵にたとえることができます。卵の殻を地殻，白身をマントル，黄身の部分を核と考えるとわかりやすいです。私たちの足元にある地殻は，地球の半径を考えると，非常に薄いことがわかります。

② 構成物質と化学組成

地殻・マントルは岩石，外核・内核は金属からできています。

地球全体の化学組成は表1－2のようになっています。これは**地殻・マントルを構成している岩石がおもにSi（ケイ素）とO（酸素）からなっており，核を構成している金属がおもにFe（鉄）である**ことから，このような化学組成になります。

元　素	Fe	O	Si	Mg	その他
質量%	34	30	15	13	8

表1－2　地球全体の化学組成　　※数値は質量の割合（質量%）で示してある

地球の層構造の境界の数値を覚えることは大切ですが，それを図形で表す問題もあります。自分で一度図をかいてみると納得して解けるようになります。では，過去問を解いてみましょう。

過 去 問 にチャレンジ

地球全体に対する核の大きさを表した断面図として最も適当なものを，次の①～④のうちから一つ選べ。ただし，灰色の領域は核を，実線は地球の表面を表し，断面は地球の中心を通る。

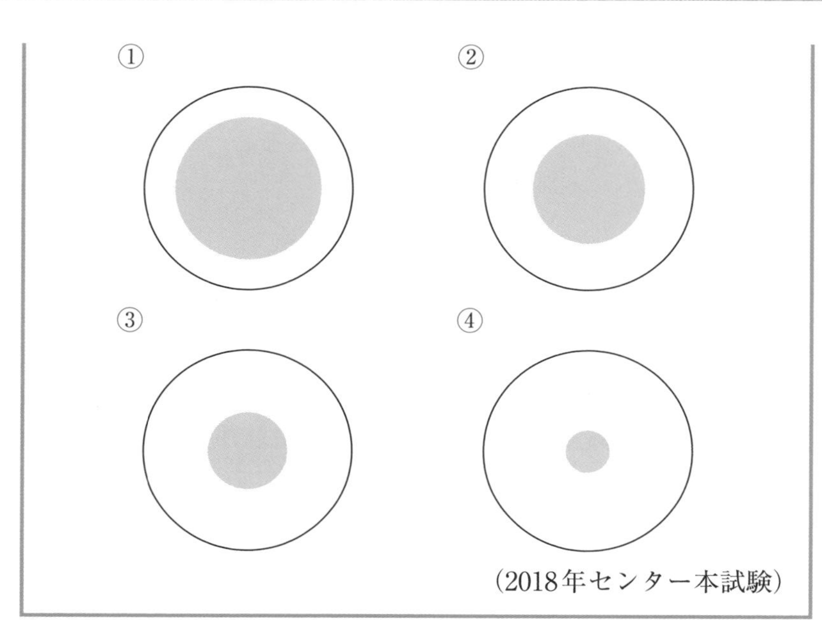

地球の半径は約6400 kmで，核とマントルの境界の深さは約2900 kmです。このことから核の半径は6400－2900＝3500 kmであり，地球の半径の半分よりも少し大きい程度と考えることができます。よって，**答え ②**となります。

2 地殻

私たちが住んでいる地殻の中はどんなふうになっているの？

地殻の厚さは数～数十kmでしたね。地殻の内部構造は大陸と海洋で大きく異なっています。

●大陸地殻と構成物質

図1－18のように，大陸地殻は2層構造をしており，厚さは約30～60 kmです。上部はおもに**花こう岩質岩石**，下部はおもに**玄武岩質岩石**(げんぶがん)から構成されています。花こう岩や玄武岩については，THEME 5でくわしくあつかいます。

●海洋地殻と構成物質

図1−19のように，海洋地殻は1層構造をしており，厚さは約5〜10 kmと，大陸地殻より薄いです。おもに**玄武岩質岩石**から構成されています。

●モホロビチッチ不連続面（モホ面）

地殻とマントルの境界を**モホロビチッチ不連続面（モホ面）**といいます。この面より上が地殻，下がマントルになっています。モホ面までの深さは大陸で深く，海洋で浅くなります。

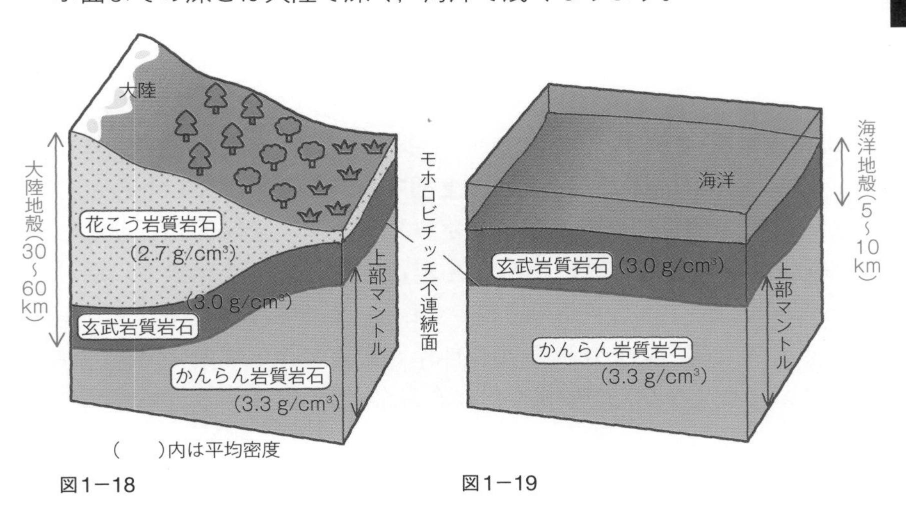

図1−18　　図1−19

●地殻の化学組成

地殻の化学組成は，SiO_2（二酸化ケイ素）が非常に多く，次いで多いのはAl_2O_3（酸化アルミニウム）です。そのため，**表1−3**のように元素としては，**O（酸素）＞Si（ケイ素）＞Al（アルミニウム）**の順になります。表中の8つの元素で，地殻の元素の98%以上を占めています。

元素	O	Si	Al	Fe	Ca	Mg	Na	K
質量%	46	28	8	5	5	3	2	1

表1−3　地殻の化学組成

3 マントル

地殻の下のマントルは，地殻と同じように岩石からできているんですよね。地殻とはどんな違いがあるんですか？

では，マントルの特徴についてまとめていきましょう。

●マントルの範囲

モホロビチッチ不連続面から深さ2900 kmの範囲で，地球の全体積の約80%を占めています。

●構成物質

マントルは固体です。大きく**上部マントル**と**下部マントル**に分かれており，上部マントルはモホロビチッチ不連続面から深さ約660 kmの範囲でおもに**かんらん岩質岩石**でできています。かんらん岩については，THEME 5でくわしく説明します。下部マントルは，深さ約660 kmから2900 kmの範囲で深い場所ほど圧力が高くなるため，高圧で安定な，かんらん岩質岩石とは異なる種類の岩石に変化しています。

●岩石の密度

上部マントルを構成するかんらん岩質岩石は，地殻を構成する花こう岩質岩石や玄武岩質岩石より密度が大きいです。一般に，**地下深くにある物質ほど，密度は大きくなります**。

密度ってどういうものですか？　また岩石の密度は，どうやって求めるんですか？

地学で学習する密度の単位はおもにg/cm^3で，これは1 cm^3あたりの物体の質量〔g〕を表しています。

たとえば，発泡スチロールでできた球と鉄球では，同じ体積でも鉄球のほうが質量が大きくなります。これは鉄のほうが発泡スチロールより密度が大きいからです。

密度の求めかたは，単位で覚えておくと便利です。g/cm^3は分数を意味していて，$\frac{g}{cm^3}$となります。だから，岩石の質量〔g〕とその体積〔cm^3〕から，次の式で密度を求めることができます。

密度＝岩石の質量÷岩石の体積

密度が大きいほうが重たい（1 cm^3あたりの質量が大きい）ので，地下深くに沈むと考えることができます。

4 核

●核の範囲

深さ2900 kmから地球の中心までの領域が核です（p.38図1ー17）。地球の半径が6400 km，マントルと核の境界が，深さ2900 kmなので，6400－2900＝3500〔km〕から，核の半径は3500 kmと求められます。

●核の構成物質と元素組成

核は金属から構成されており，**表1ー4**のように，元素としては**Fe（鉄）**が最も多く，次いで**Ni（ニッケル）**が多くなっています。

元素	Fe	Ni	その他
質量%	90	5	5

表1ー4　核の化学組成

●核の構造

核は**液体の外核**と**固体の内核**に分かれています。深さ2900～5100 kmまでが外核，深さ5100 kmから中心までが内核です。

●核の密度

金属のFeは，岩石より数倍密度が大きいです。また固体のFeは，液体のFeより密度が大きくなるので，地球の密度は，深くなるほど大きくなっています。

POINT 地球の構成と密度

● 地表からの深さ

地殻	マントル	外核	内核
数km～数十km	2900 km	5100 km	6400 km

● 地殻の化学組成

O（お） Si（し） Al（あ） Fe（て） Ca（かる） Mg（まぐ） Na（な） K（か）（押しあって刈る真ん中）

● 密度

花こう岩質岩石＜玄武岩質岩石＜かんらん岩質岩石＜鉄
（大陸地殻上部）（大陸地殻下部 海洋地殻）（マントル）（核）

共通テストでは思考力が必要な問題が注目されますが，ほぼ半分はオーソドックスな知識問題です。今回は，地球内部構造の知識をしっかり持っているのかを試す過去問です。

過去問にチャレンジ

地球のマントルや核について述べた文として最も適当なものを，次の①～④のうちから一つ選べ。

① マントルは液体であり，対流している。

② マントルはおもに金属でできている。

③ 内核は高温のために液体となっている。

④ 外核と内核を構成するおもな元素は同じである。

（2018年センター追試験）

① マントルは，上部の一部分は融けている場所もありますが，全体的には固体です。したがって，この選択肢は誤りです。なお，マントルはゆっくり時間をかけて対流しているのは事実です。

② マントルは岩石からできています。金属からできているのは核です。したがって，この選択肢は誤りです。

③ 内核は固体からできています。液体からできているのは外核です。したがって，この選択肢は誤りです。

④ 外核・内核ともに金属からできていて，その主成分は鉄です。したがって，答え ④ です。

THEME

3 プレートの運動

ここで働きめる!

- プレート境界は，拡大する境界，収束する境界，すれ違う境界の3つ。
- プレート境界で，地震や火山活動が起こる。
- プレート運動は，マントル内の対流が原因。

1 プレートテクトニクス

① 地球表層の構造

図1−20のように，低温で硬(かた)い岩盤であるプレートの下には，高温でやわらかく流動しやすい**アセノスフェア**が存在します。プレートは**リソスフェア**ともよばれ，地殻と，マントルの最上部からなります。その厚さは，大陸部では100～250 km程度，海洋部では数十～100 km程度です。リソスフェア（プレート）はやわらかいアセノスフェアの上を移動しています。

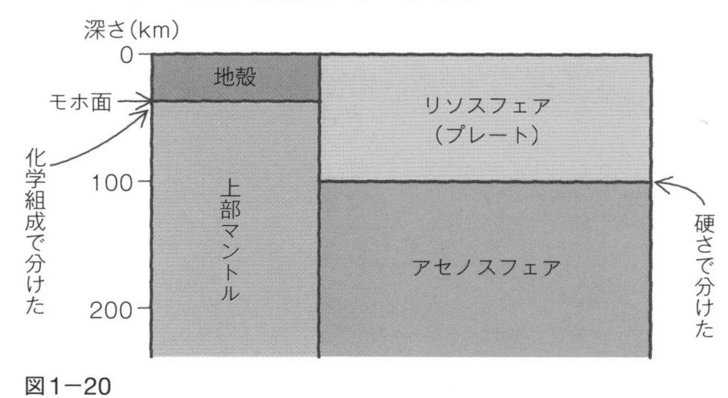

図1−20

ちょっと待ってください！　地殻とマントル，リソスフェアとアセノスフェア，何が違うの？

地殻とマントルの境界（モホ面）は，岩石の種類（化学組成）が異なる境界を表しています。

地殻が花こう岩質岩石や玄武岩質岩石からできているのに対し，マントルがかんらん岩質岩石からできていることは，p.41の図1－18や図1－19で説明しました。

一方，**リソスフェア（プレート），アセノスフェアの境界は，硬さの異なる境界を表しています。**

分けかたを変えただけですか。リソスフェア（プレート）は，地殻とマントルのすごく上の部分のことをさしているんですね。

プレートと地殻

プレート＝地殻＋マントル最上部＝リソスフェア
（地殻＝プレート，マントル＝アセノスフェアではない！）

地球表層の分けかたについては，「地殻とマントル」と「リソスフェアとアセノスフェア」の違いを問う問題がよく出題されます。

過去問にチャレンジ

次の図1は，地球の表面から深さ数百kmまでの内部を，流動のしやすさの違いと物質の違いとでそれぞれ区分したものである。図1中の**a**～**d**に入れる語の組合せとして最も適当なものを，後の①～④のうちから一つ選べ。

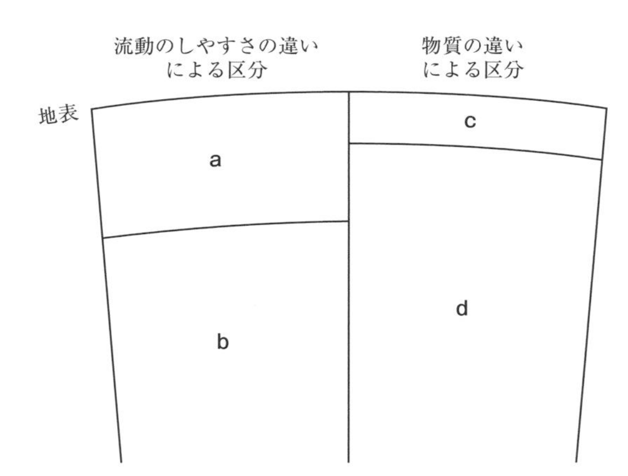

図1　地球の表面から深さ数百kmまでの内部の区分

	a	b	c	d
①	地　殻	マントル	リソスフェア	アセノスフェア
②	地　殻	マントル	アセノスフェア	リソスフェア
③	リソスフェア	アセノスフェア	地　殻	マントル
④	アセノスフェア	リソスフェア	地　殻	マントル

（2022年共通テスト本試験）

「流動のしやすさの違いによる区分」は物質が「硬い，やわらかい」の違いを表しており，リソスフェア（硬い）とアセノスフェア（やわらかい）があてはまります。上部にリソスフェア，下部にアセノスフェアが存在しています。「物質の違いによる区分」は構成物質である「岩石」の違いを表しており，地殻（花こう岩や玄武岩）とマントル（かんらん岩）があてはまります。上部に地殻，下部にマントルが存在します。また，リソスフェアの厚さは地殻よりも厚いことも覚えておきましょう。以上のことから，答え ③となります。

② プレート

英語で**プレート**（plate）とは，変形しにくい硬い板という意味があります。**地球の表面は十数枚の硬い岩盤（がんばん）であるプレートによって覆われていて**，それが右の**図1－21**の矢印のように動いているとします。

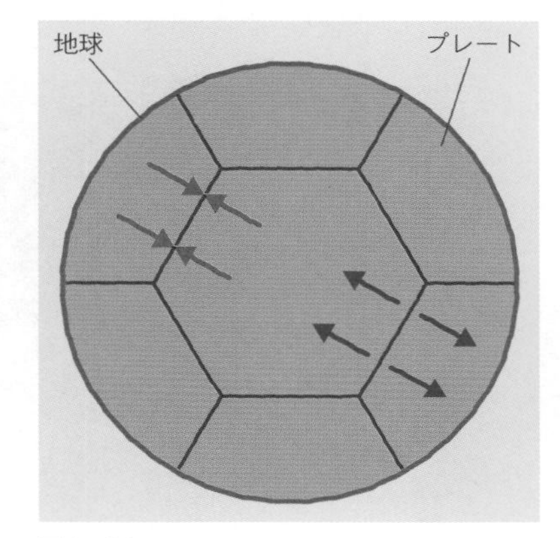

図1－21

図1－21では，青い矢印のところでプレートが足りなくてハゲてしまわないんですか？

プレートが生産されているため，足らなくなることはないんです。

プレートはぶつかり合うところ（赤い矢印のところ）で沈み込んで消滅し，離れ合うところ（青い矢印のところ）で生産されているので，足らなくなることはありません。そのようなプレートの境界で，さまざまな地学現象（地震や火山活動など）が起こっています。

補足

図1－21はわかりやすくかいたものです。
実際のプレートの形は六角形ではないことに注意してください。

地震や火山活動などの地学現象をプレートの動きから説明する考えかたを，**プレートテクトニクス**とよびます。

③ 3つのプレート境界

次の**図1－22**をよく見てください。（A）ではプレートが生産されて離れていき，（B）ではプレートどうしが近づいて消滅していきます。(C) ではプレートどうしがすれ違っています。このようなプレート境界には特徴的な地形ができます。

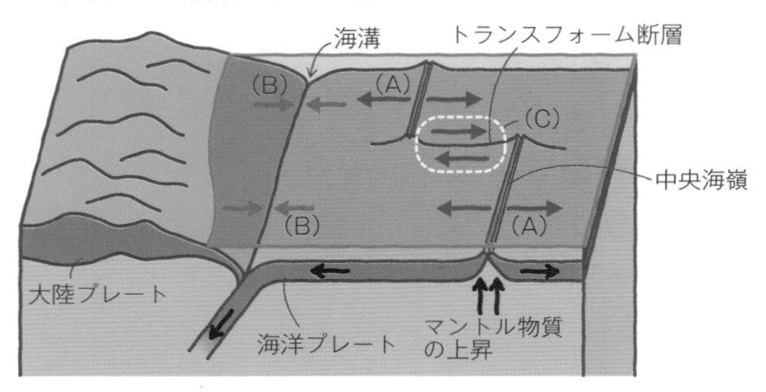

図1−22

●拡大する境界：プレートが離れる境界

プレートどうしが離れていく境界では，海底に**中央海嶺**（かいれい）とよばれる海底山脈（**図1−22**の (A)）が形成されています。中央海嶺の直下では**マグマがつねに形成**され，それが冷えて固まるとき，硬い岩盤であるプレートが形成されるため，**プレートの生産境界**になっています。

中央海嶺では，プレートを引き離すような力がはたらいており，プレートが海嶺を挟（はさ）んで左右に広がっていきます。そのとき岩盤にかかる力の影響で，**震源の浅い地震が発生**します。

海洋ではなく，大陸に拡大する境界がある場合，**図1−23**のような**地溝帯**（ちこうたい）という，大規模な谷状の地形をつくります。

アイスランドは大西洋中央海嶺上にあり，プレートの拡大によって，ギャオとよばれる地面の裂け目が見られます。

株式会社フォトライブラリー

図1−23　アフリカの地溝帯

株式会社ピクスタ

図1−24　アイスランドのギャオ

●収束する境界：プレートが近づく境界

プレートが生産される境界があれば，当然プレートが消滅する境界もあります。それが**図1－22**の（B）です。その場所で，プレートが地下に沈み込んだり，ぶつかって上にのし上がったりしています。

・海洋プレートと大陸プレートが収束する境界（図1－22の（B））

近づくプレートの密度が異なる場合，**密度の大きいプレートが，密度の小さいプレートの下に沈み込みます**。その結果，海底に深い谷状の地形である**海溝**（かいこう）やトラフを形成します。

プレートの密度が異なる場合ってどんな場合なんですか？

海洋地殻をのせているプレート（**海洋プレート**）のほうが，大陸地殻をのせているプレート（**大陸プレート**）より重たいんです。

これは，**海底を形成している玄武岩（げんぶがん）の密度が，大陸に存在する花こう岩の密度より大きい**ことが影響しています。p.41の図1－18，1－19に密度が示してありますので，確認しましょう。

もう1つ，中央海嶺で生まれた海洋プレートが，移動していく間に冷えていって，密度が大きくなることも原因です。これにより，中央海嶺から離れるほど，海底の水深は深くなっています。

図1－25のように，密度の小さい大陸プレートは，密度の大きい海洋プレートの上にのし上がって，日本列島のように，海溝に沿って弓なりに島が並ぶ**島弧**（とうこ）を形成します。このようなプレート境界にできる地域のことを，島弧―海溝系といいます。

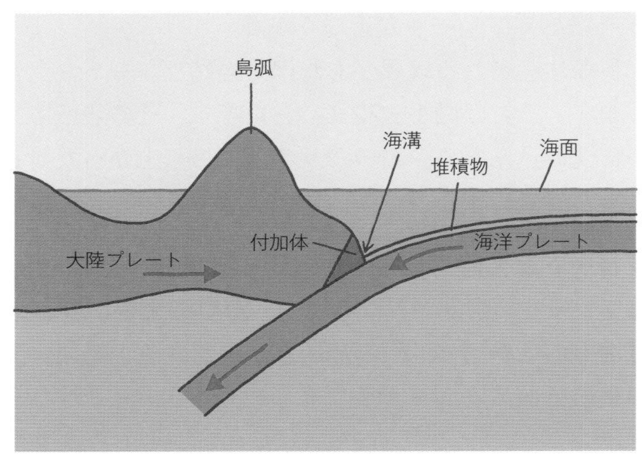

図1－25

図1－25の中にある付加体ってなんです？

付加体とは，海溝に積もっている陸からの堆積物（砂や泥）と，海洋プレートにのって運ばれてきた堆積物（枕状溶岩，チャート，石灰岩など）が合わさったものが，海洋プレートが沈み込むとき，それらの一部がはぎとられて，陸側に付け加わったものです。

付加体って，実際に見ることはできるんですか？

日本では，内陸部でサンゴの化石が産出することがあります。サンゴは暖かい海にしか生息しておらず，海洋プレートにのってはるかかなたから運ばれてきたことを物語っています。

・大陸プレートと大陸プレートが収束する境界

大陸をのせたプレートどうしが近づいた場合，どちらも深く沈み込むことができません。その結果，上にのし上がって，ヒマラヤ山脈のような**大山脈**（図1－26）を形成します。

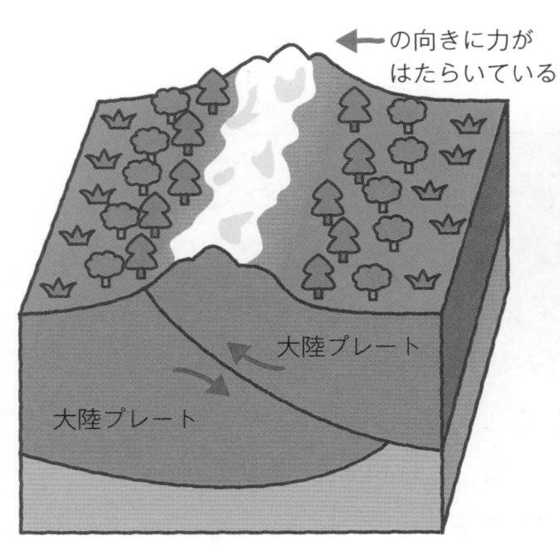

ヒマラヤ山脈

図1－26

島弧や大山脈が形成される地域を**造山帯**とよびます。プレートが収束する境界では，プレートどうしがぶつかり，圧縮力がはたらきます。そのために岩盤が破壊されて，**さまざまなタイプの地震が発生**します。また，島弧では地下にマグマが形成されて，**火山**ができます。地震についてはTHEME 4，火山についてはTHEME 5でくわしく説明します。

プレートが収束する境界

・海洋プレートと大陸プレート：島弧ー海溝系

・大陸をのせたプレートどうし：大山脈

●すれ違う境界：プレートがすれ違う境界

中央海嶺などのプレートが拡大する境界（プレートの生産境界）では，境界が1本の線ではつながらず，横にずれることがあります。そうすると，p.50の**図1－22**の（C）のように，プレートどうしがすれ違う境界が生じます。このような境界には，**トランスフォーム断層**とよばれる地形が現れます。

図1－22の（C）のどこからどこまでがトランスフォーム断層なんですか？

図1－22の（C）の周辺部分を拡大したものを，
図1－27に示しますね。

この図から，プレートどうしがすれ違っている部分は，ずれてしまった2つの中央海嶺（かいれい）と中央海嶺の間，つまり（D)－(D′）間だけ（プレートXとプレートYが接する太線のところ）だとわかります。（D）より左側や（D′）より右側の破線の部分（断裂帯といいます）では，接するプレートが同じ方向に動いていて，すれ違っていません。だからトランスフォーム断層は（D)－(D′）間になります。この部分では，**震源が浅い地震が発生**します。

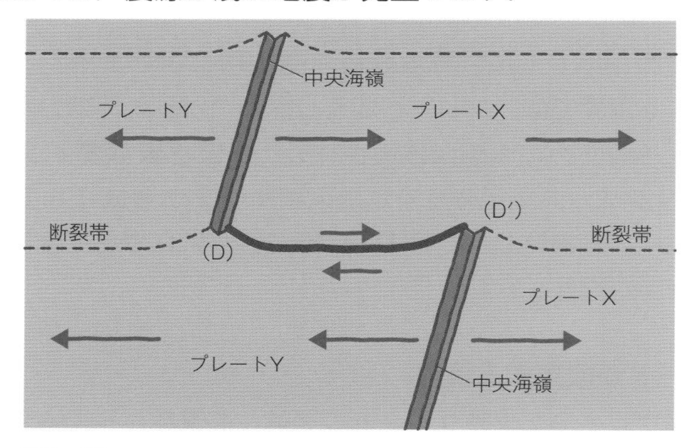

図1－27

トランスフォーム断層の具体例として，アメリカ・サンフランシスコの近くにある**サンアンドレアス断層**を覚えておきましょう。

図1－28　アメリカのサンアンドレアス断層

❹ プレート境界と地震

環太平洋地震帯や，環太平洋火山帯という用語を聞いたことはありませんか？　この「環」という言葉は輪っかを表しており，それがちょうど1枚のプレートの境界になります。では，世界のプレート分布図（**図1－29**）と世界の地震分布（**図1－30**）の関係を見比べてみましょう。

世界のプレート分布図

図1－29

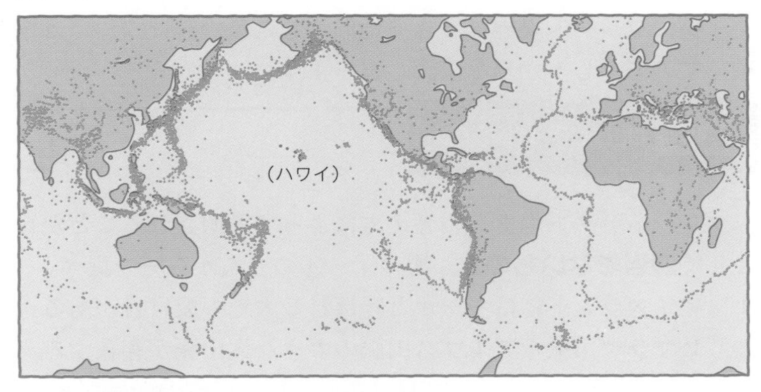

世界の地震分布(震源が100 kmより浅い地震)

図1－30

プレート境界と地震の分布はすごく一致していますね。地図中の日本は地震の点でつぶれてしまってる……。

日本列島は，プレート境界に位置していることが原因なんです。

日本列島付近には，4枚のプレートがあって，世界でも有数の複雑なプレート境界に位置しています。大陸プレートでは**ユーラシアプレート**と**北アメリカプレート**が，海洋プレートでは**太平洋プレート**と**フィリピン海プレート**があり，4枚のプレートが互いにぶつかり合っています。プレートの境界でなぜ地震が多いのかは，THEME 4でくわしく解説します。

POINT **プレートの境界と地形**

- **プレートが拡大する境界**：中央海嶺，地溝帯
- **プレートが収束する境界**：島弧ー海溝系，大山脈
- **プレートがすれ違う境界**：トランスフォーム断層

3つのプレート境界についての知識問題は，共通テストでは頻出です。特にプレート境界にできる地形や起こる地震については重要事項ですので，しっかりと確認しましょう。

過去問にチャレンジ

プレートテクトニクスの考え方によって説明されることがらとして**適当でないもの**を，次の①～④のうちから一つ選べ。

① アイスランドにはギャオと呼ばれる大地の裂け目がある。
② ヒマラヤ山脈やアルプス山脈のような大山脈が存在する。
③ 日本列島のような島弧では地震や火山の活動が活発である。
④ ハワイ島のようなホットスポットが形成される。

（2020年センター本試験）

「適当でないもの」を選ぶ問題なので，注意しましょう。

① アイスランドのギャオは，中央海嶺上の拡大する境界にある地面の裂け目です。したがって，この選択肢は正しく，選択してはいけません。

② これらの大山脈は，プレートが収束する境界のうち，大陸プレートどうしが衝突する境界に形成された地形です。したがって，この選択肢は正しく，選択してはいけません。

③ 日本列島は複雑なプレート境界にあり，地震や火山活動が活発に起こっている場所です。したがって，この選択肢は正しく，選択してはいけません。

④ ホットスポットについては，まだ習っていないところですが，プレート境界ではありません。この問いでは，①から③が正しいので，消去法で 答え ④ であると考えることができます。

2 プレートの動き

① ホットスポット

プレートが動く方向は，どういうことからわかるのですか？

ホットスポットやGPSなどを利用して知ることができます。

マントルの深部から高温物質が上昇してきて，点状に火山活動が起こっている場所があります。これを**ホットスポット**とよびます。ホットスポットは地下深くに，固定されたマグマ源を形成するため，プレートとともに移動しません。ホットスポットがプレート境界ではない場所にある場合，**プレートがホットスポットを通過するとき，図1－31のように火山が次々と形成され列状に並びます**。プレートが移動したことで，マグマの供給からずれた火山は火山活動が停止して，火山島や海山（かいざん）になるのです。つまり，**ホットスポットにおいて活動している火山と，その付近にある火山島や海山の列が，プレートの動いている方向を示します。**

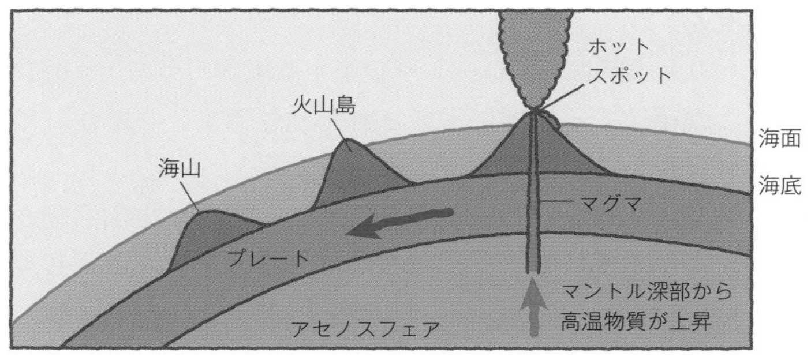

図1－31

ホットスポットが目印で，火山や海山の並んでいる向きがプレートの動いている方向なんですね。
実際のホットスポットはどこにあるんですか？

特に有名なのは**ハワイ島**ですね。

ハワイ島は太平洋プレート内にあり（p.55の**図1－29**），**図1－32**を見ると，火山島と海山が列をなして続いています。ハワイ島から離れるほど火山島や海山の火山活動があった年代が古くなっていることがわかります。たとえば推古（すいこ）海山は，6470万年前には，現在のハワイ島の位置にあり，噴火していました。そしてプレートの移動とともに現在の位置まで運ばれました。

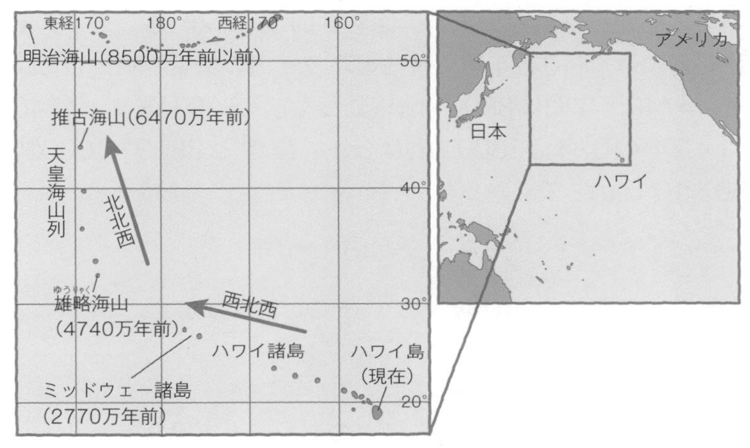

図1－32

図1－32を見ると，雄略(ゆうりゃく)海山あたりで，列の方向が変化しているように見えるんですけど，何でですか？

いい指摘ですね！　これは，プレートの移動方向が一定ではないことを表しているんです。

今から8500万年前（明治海山の活動）～4740万年前（雄略海山の活動）まではプレートは北北西に移動し，4740万年前～現在（ハワイ島の活動）にかけては方向が変わって西北西に移動しているということです。

プレートって，一定の方向に動いていないんですね。
プレートって，どれぐらいの速さで動いているんですか？

では，年間何cmの速さで移動したのか計算してみましょう。

ハワイ島から雄略海山までの距離は約3800 kmあります。そして雄略海山は4740万年前に現在のハワイ島の位置で噴火していたので，4740万年間に3800 km移動したことになります。4740万年は4.74×10^7年，3800 kmはcmに直すと$3800\times100000=3.80\times10^8$〔cm〕ですから

$$\frac{3.80\times10^8}{4.74\times10^7}\fallingdotseq 8〔cm/年〕$$

よって，年間約8 cm移動していることになります。

プレートの動く速さ

プレートの動く速さは，それぞれのプレートで異なるが，年間数cmの速さで移動している。

ホットスポットについては，ホットスポットから続く火山島が並んだ図の位置関係からプレートの移動速度や方向を求めるタイプの問題が，過去に何度も出題されてきました。今回は，問題文の条件から正しい火山島列の図を選択する過去問を解いていきましょう。

過去問にチャレンジ

ハワイ諸島は，プレート運動と特徴的な火山活動によって形成されたと考えられている。代表的な島A～Dの形成年代を，それぞれ約40万年前 (A)，約130万年前 (B)，約370万年前 (C)，約510万年前 (D) であるとする。現在における島A～Dのおおよその配置を示した図として最も適当なものを，次の①～④のうちから一つ選べ。ただし，プレートは一定の速さでほぼ西北西の方向に移動しているものとする。

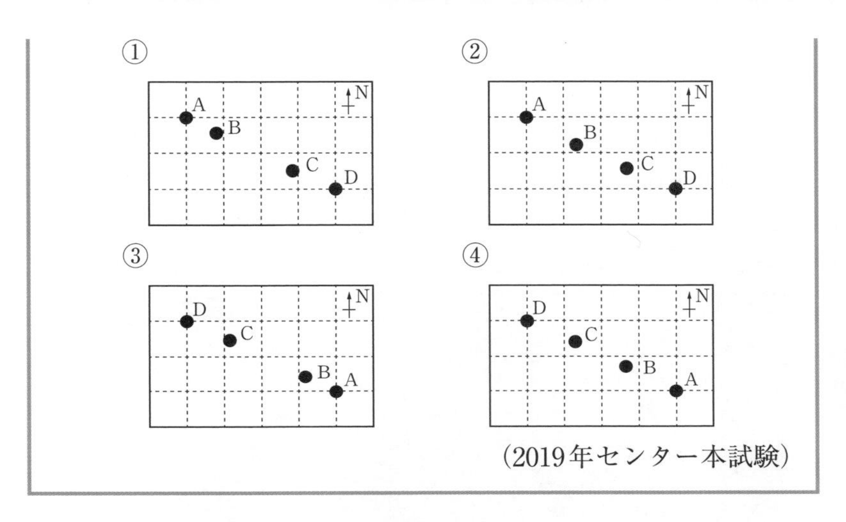

(2019年センター本試験)

ハワイ島はホットスポットでつくられた火山島であること，火山島（A）から（D）に向かうほど形成年代が古くなっていること，プレートの移動方向が西北西であることをヒントに正しい図を選んでいきましょう。

火山島はホットスポットでつくられるため，年代が新しい火山島ほどホットスポットに近く，プレートの移動方向が西北西であるため，東南東から西北西に向かって火山島の年代が古くなります。よって，東南東から西北西に向かって，（A）→（B）→（C）→（D）と並ぶため，①と②は誤りとなります。④は火山島が等間隔に並んでいますが，③は等間隔ではなく，（B）と（C）の間が最も開いています。火山島の形成年代の差をみると（A）と（B）は130－40＝90万年，（B）と（C）は370－130＝240万年，（C）と（D）は510－370＝140万年となっています。プレートの移動速度が一定であるため，火山島の間隔は形成年代の差が最も大きい（B）と（C）が最も広くなります。したがって，**答え ③** となります。

❷ 海底の年代

プレートは中央海嶺で生まれ，両側に移動していくことを学びました。図1－33は，海底が生まれてからの年代を色分けして示した地図です。この図からわかるように，**中央海嶺（かいれい）に近いほど海底の年代は新しく，離れるほど，だんだん古くなっていきます。**

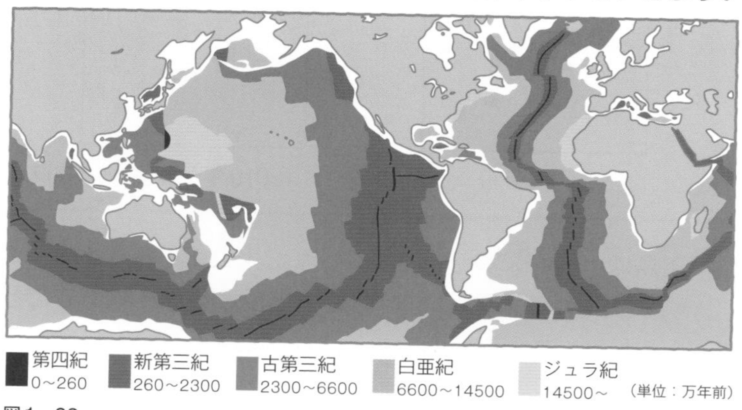

図1－33

中央海嶺の近くの海底は，できたてほやほやなんですね。

その通りです。図1－33の青色が濃い部分はいちばん新しい海底で，プレートが生産されている中央海嶺付近に相当するんですよ。

POINT　海底の年代

海底の年代は，中央海嶺付近で最も新しく，海溝に向かって古くなっている。

③ マントルの運動

近年では，人工衛星を使って，異なるプレート上にある2点間の距離を毎年測定することができます。これによって，プレートの移動速度や移動方向を正確に求めることができます。

具体的には，携帯電話やカーナビなどに利用されているGPS（全地球測位システム）などを使います。GPSを使えば，自分の位置を正確に求めることができます。

では，中央海嶺を挟んでプレートは離れていくこと，海溝を挟んでプレートは近づいていくことを利用して問題を解いてみましょう。

過去問にチャレンジ

中央海嶺（かいれい）付近の海洋プレート上にある地点Aと地点Bを調べたところ，地点Aの溶岩は地点Bの溶岩より古いこと，および地点Aと地点Bの間の距離は時間とともに変化しないことがわかった。2地点と中央海嶺の位置を模式的に示した平面図として最も適当なものを，次の①～④のうちから一つ選べ。ただし，この付近のプレートは，中央海嶺の両側に同じ速さで広がっているとし，中央海嶺以外での溶岩の噴出はないとする。

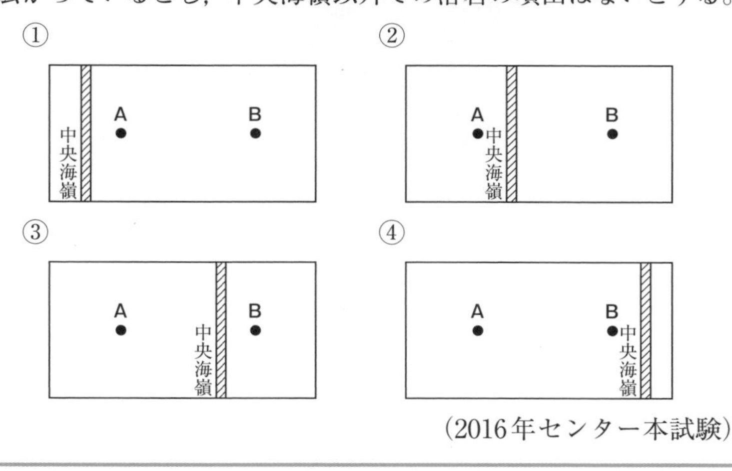

（2016年センター本試験）

中央海嶺でプレートは生産されるため，中央海嶺に近い海底ほど時代が新しいこと，中央海嶺を挟んだ２枚のプレート上にある２地点は離れていくこと，同じプレート上にある２地点の距離は変化しないことに注目して問題を解いていきましょう。

「地点Ａの溶岩は地点Ｂの溶岩より古い」ことから，地点Ａのほうが地点Ｂよりも中央海嶺から離れていることがわかります。よって，①と②は誤りです。「地点Ａと地点Ｂの間の距離は時間とともに変化しない」ことから，地点Ａと地点Ｂは同じプレート上に位置していることがわかります。したがって，**答え ④**となります。

❹ プルーム

マントルは長い期間で見ると，**図1−34**のように上下方向にゆっくりと対流しています。上昇する部分と下降する部分があり，とくに上昇流の部分を**プルーム（ホットプルーム）**（赤い矢印の部分）とよびます。プレート運動は，このような**マントル対流**の地表の部分を表しています。

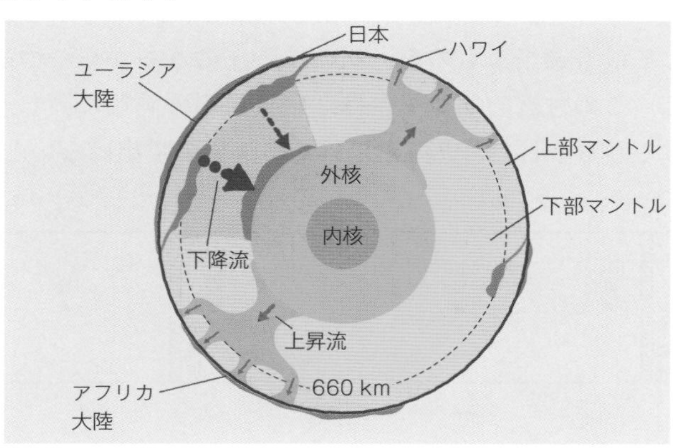

図1−34

マントルは，そもそもなんで対流するんですか？

温度の違いが対流の原因になっているんです。

マントル内はどこでも同じ温度ではなくて，表層ほど低温で深部ほど高温です。**低温の物質は密度が大きく，高温の物質は密度が小さくなります**。例としては，お風呂でお湯を沸かすとき，上が温かく，下が冷たくなります。これは温かいお湯のほうが，冷たい水より密度が小さいので，上に上がることから起こる現象です。だからマントル深部の熱い部分が上昇し，マントル表層の冷たい部分が下降して対流するようになります。

図1－34を見ると，下降する場所や上昇する場所は，何か限られているような気がするんですが……。

よく気づきましたね！

下降する場所を見てみると，日本のような島弧－海溝系で，プレートが沈み込んだ先に下降流ができていると考えられています。これは，低温で密度が大きなプレートがマントル内に沈んでいくことを表しています（p.51，52）。そして，上昇流が地表に達する場所ではホットスポットが形成されます。p.58，59でホットスポットの例にあげたハワイ島が，上昇流のところにあたります。

THEME 4

地震

ここで

押さえる!

- 断層はずれかたによって，正断層・逆断層・横ずれ断層の3つのタイプがある。
- 震源距離と初期微動継続時間は比例関係にある。
- 地震の大きさの表しかたは，マグニチュードと震度の2つ。
- 日本付近のプレートは太平洋プレート・フィリピン海プレート・北アメリカプレート・ユーラシアプレートの4枚。

1 地震と断層

① 地震の発生と断層

地震は，地下にある岩盤が破壊されることによって発生する大地の揺(ゆ)れです。岩盤が破壊されて，ずれを生じたものを**断層**といいます。では，次の図1－35で，断層が生じ，地震が起こるしくみを説明します。

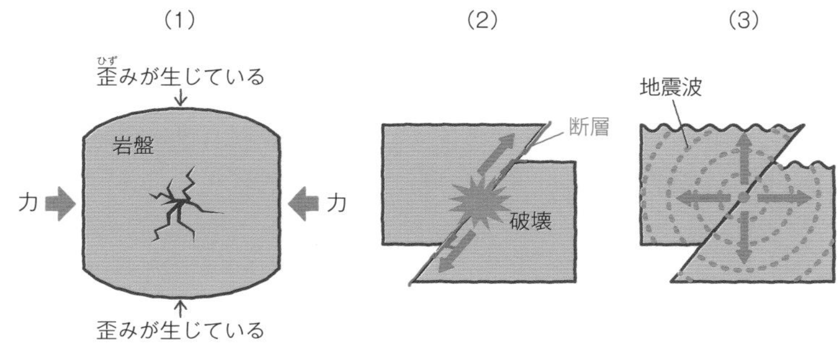

図1－35

(1) 地下にある岩盤が力を受けると，変形して歪(ひず)みが生じる。

(2) 歪みが限界に達すると岩盤が一気に破壊される。このとき**断層**が形成される。地震を発生させた断層を震源断層，震源断層が地表に現れたものを地震断層という。

(3) 破壊のときに放出されたエネルギーが**地震波**となって，地球内部を四方八方に伝わり，地面を揺らす。

地震波となって伝わるって，ピンとこないんですが……。

静かな水面に石を投げ込むと，波が同心円状に広がって水面の揺れが伝わりますよね。

そういうイメージです。石を投げ込んだところを，地震が起こった点（**震源**）と考えましょう。

② 断層の種類

断層は岩盤のずれかたによって，正断層，逆断層，横ずれ断層の3つに分類されます。それぞれをくわしく見ていきましょう。

● 正断層

岩盤に水平方向に伸長力（引っ張る力）がかかるとき生じる断層を**正断層**といい，**上盤**（うわばん）がずり下がり，**下盤**（したばん）はずり上がります（図1−36）。

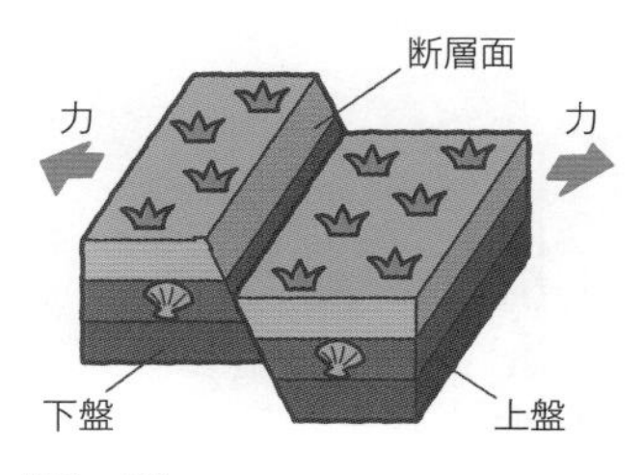

図1−36

「上盤が下がって，下盤は上がる」？
上盤とか下盤って，いったいなんですか？

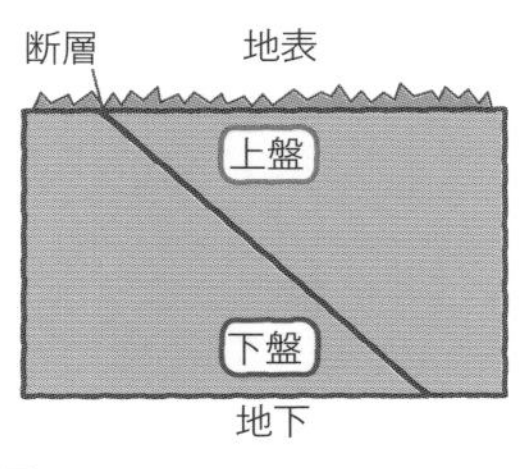

図1－37

わかりやすいように，断層面を一度，ずれる前に戻して，くっつけてみましょう。

岩盤は**図1－37**のように断層面を境に2枚に分かれています。断層を挟(はさ)んで，地表側にある岩盤を上盤，地下側にある岩盤を下盤といいます。

●逆断層

岩盤に水平方向に圧縮力（押し縮める力）がかかるとき生じる断層を**逆断層**といい，上盤がずり上がって，下盤はずり下がります（**図1－38**）。力の向き・岩盤のずれかたが，正断層の逆です。

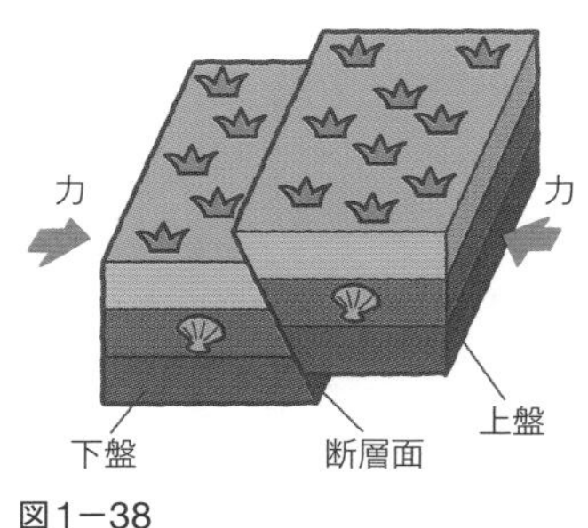

図1－38

POINT

正断層と逆断層

- 正断層：伸長力で，上盤がずり下がる
- 逆断層：圧縮力で，上盤がずり上がる

●横ずれ断層

水平方向に動く断層を**横ずれ断層**といい，圧縮力のはたらく方向に対して断層は約45°の方向に形成されます（図1－39）。

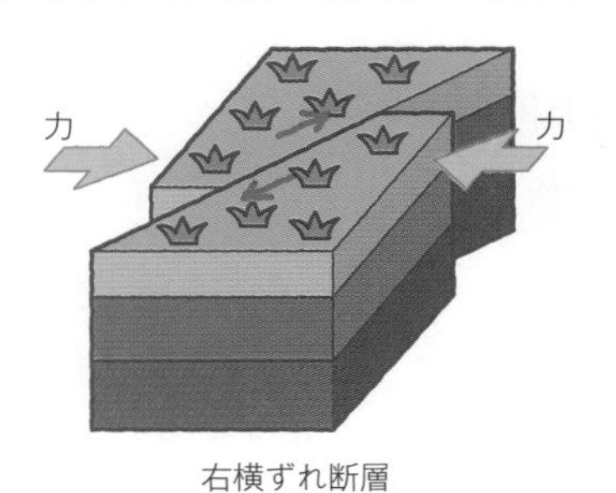

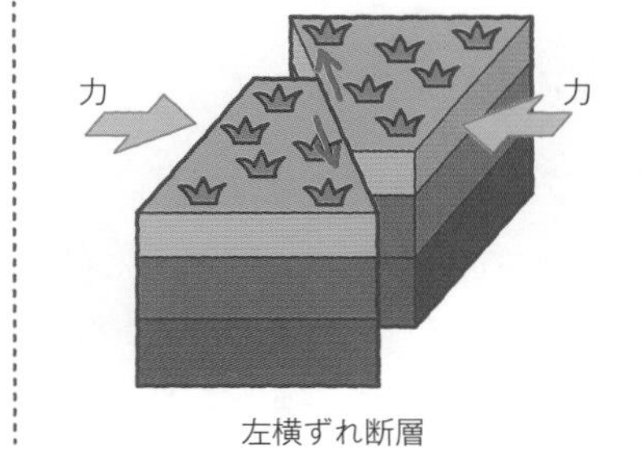

図1－39

図1－39の右横ずれ断層と左横ずれ断層の違いがよくわからないのですが……。

では，図を使って説明しますね。

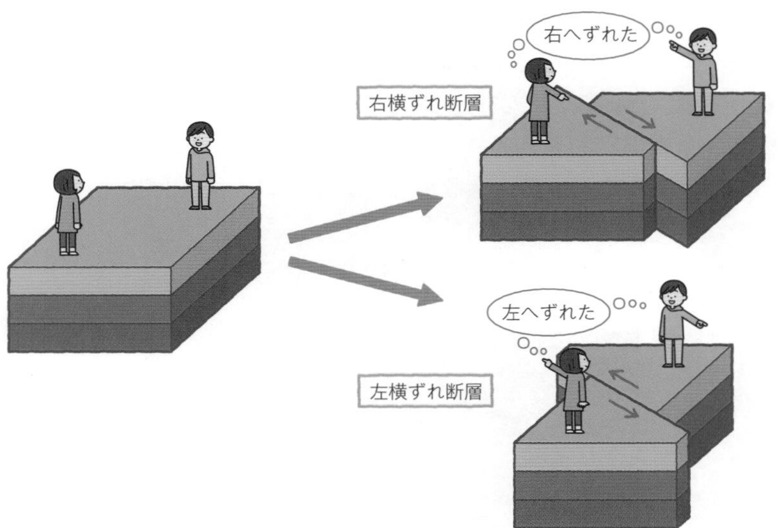

図1－40

図1－39を，少し回転させたのが**図1－40**です。

断層で分かれる2つの岩盤にそれぞれ人が立っていると考えてみましょう。横ずれ断層が起こったときに，その人が「向かい側の岩盤が右にずれた！」と見えたら，右横ずれ断層，「向かい側の岩盤が左にずれた！」と見えたら左横ずれ断層です。

③ プレート境界と地震

・拡大する境界：水平方向に伸長力がはたらき，浅いところで正断層による地震が発生します。

・すれ違う境界：横ずれ断層による地震が発生します。

・収束する境界：水平方向に圧縮力がはたらき，浅いところで逆断層や横ずれ断層による地震が発生します。また，深いところでは，沈み込んだ海洋プレートの表面や内部で，地震が発生します。

④ 余震域

規模の大きな地震（**本震**）が起こったあと，本震の起こった場所付近で数多く起こる，本震より規模の小さな地震が**余震**（よしん）です。

余震の起こった範囲を**余震域**といい，これは地震を起こした断層の領域（震源域）とよく一致します。したがって，余震の分布から震源断層の範囲を知ることができます。例として，1995年に起こった兵庫県南部地震の余震分布（**図1－41**）をあげます。

震源断層の領域がわかりますか？

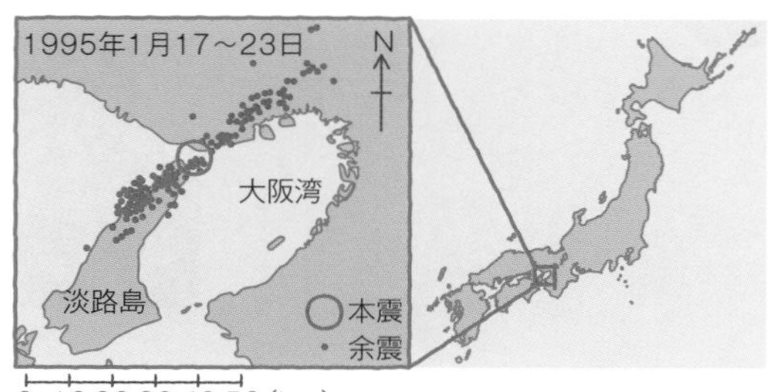

図1－41

北東から南西方向にかけて，
長さは50～60 kmくらいかな？

そうですね。よくできました！
余震の発生回数は，時間とともに急速に減少していきます。

図を使用した断層の問題については，上盤と下盤の決定，ずれの方向や量，力のはたらく向きなどに着目することがポイントです。これらを考えながら，共通テストの過去問を解いてみましょう。

過去問にチャレンジ

次の図1に模式的に示した断層の種類と，この断層の周辺の岩盤への力のはたらき方との組合せとして最も適当なものを，後の①～④のうちから一つ選べ。

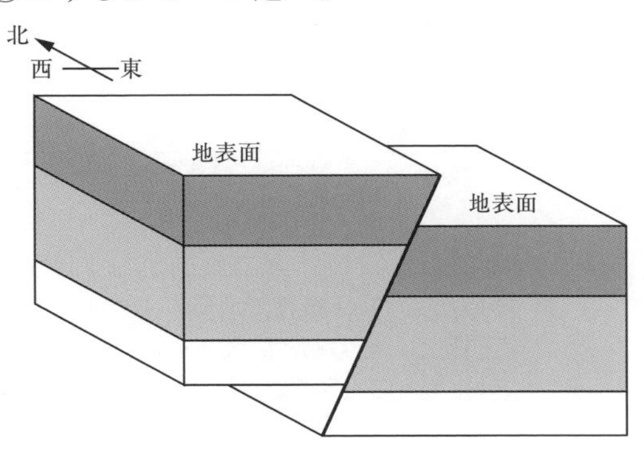

図1　断層の模式図

	断層の種類	力のはたらき方
①	正断層	東西方向の引っぱり
②	正断層	東西方向の圧縮
③	逆断層	東西方向の引っぱり
④	逆断層	東西方向の圧縮

（2022年共通テスト本試験）

断層を挟んで地表側にあるのは西側，地下側にあるのは東側なので，西側が上盤，東側が下盤になります。そして，真ん中の灰色の地層に注目すると，上盤が下盤に対してずり上がっていることがわかります。よって，この断層は逆断層になります。逆断層は岩盤に対し水平方向の圧縮力を受けることによって形成されます。したがって，**答え ④**です。

2 震源の決定

❶ 地球内部を伝わる地震波

図1－42のように，地震計の記録を見ると，地震の揺れは2種類あるとわかります。はじめに小さな揺れ（**初期微動**），そのあとに大きな揺れ（**主要動**）がやってきます。

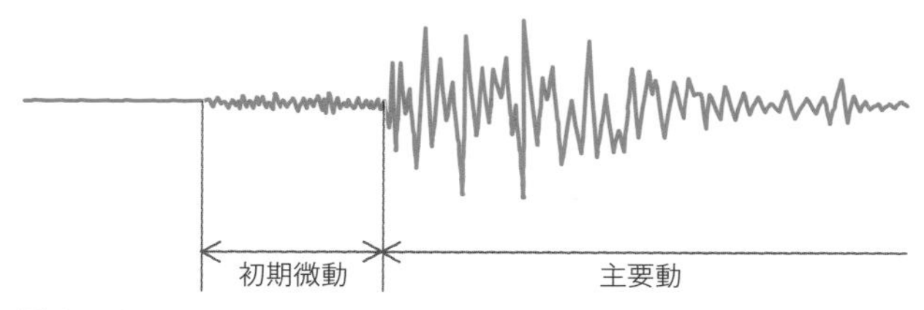

図1－42

たしかに！「あれ，地震かな？」と思っていると，そのあとに大きく揺れますよね。でも，なんで2種類の揺れがあるんですか？

地球内部を伝わる地震波は2種類あって，観測点にはじめに到達する波を**P波**，次に到達する波を**S波**といいます。

P波のほうがS波より速度が大きく，**初期微動を起こす地震波がP波，主要動を起こす地震波がS波**なんです。P波とS波の到着時刻の差を**初期微動継続時間（P－S時間）**といいます。参考としてP波とS波の特徴を表でまとめておきます。

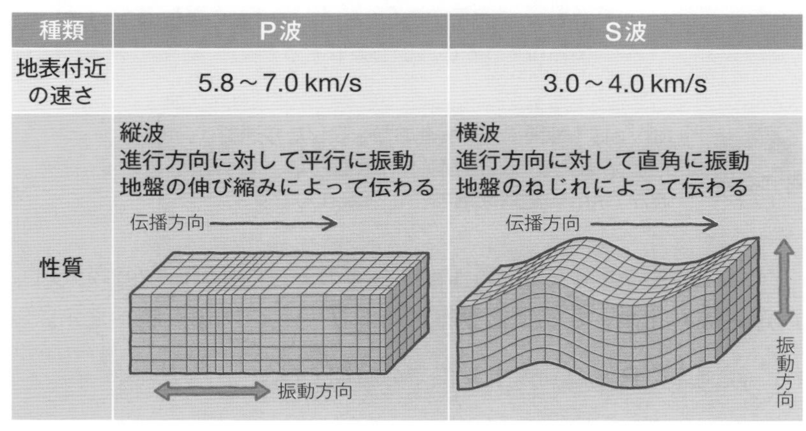

種類	P波	S波
地表付近の速さ	5.8～7.0 km/s	3.0～4.0 km/s
性質	縦波 進行方向に対して平行に振動 地盤の伸び縮みによって伝わる	横波 進行方向に対して直角に振動 地盤のねじれによって伝わる

表1－5

② 震源距離の決定

地震が発生した地下の点を**震源**，震源の真上の地表の点を**震央**とよびます。震源と震央の距離を**震源の深さ**，そして震源から観測点までの距離を**震源距離**，震央から観測点までの距離を**震央距離**といいます。

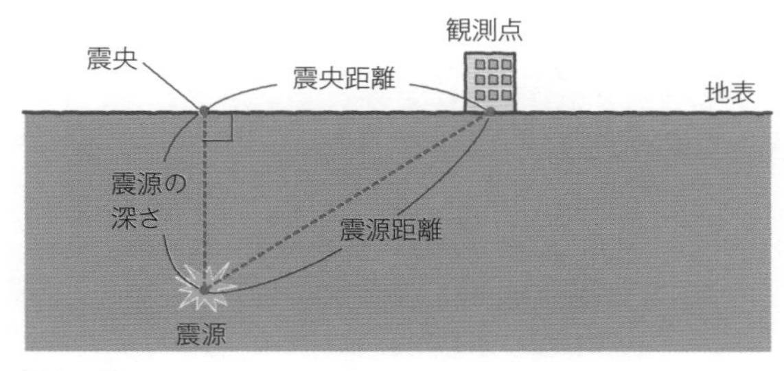

図1－43

ここで震源距離と初期微動継続時間の関係を調べてみましょう。

P波の速度を$V_{\rm p}$〔km/s〕，S波の速度を$V_{\rm s}$〔km/s〕，初期微動継続時間をT〔s〕として……

ちょっと待ってください！　速度の単位のkm/sってどういう意味ですか？

km/sは1秒間に何km進むかを表した秒速です。たとえばP波の速度が7 km/sならば，1秒間に波が7 kmの距離を進むことを表すんですよ。

では，P波の速度を$V_{\rm p}$〔km/s〕，S波の速度を$V_{\rm s}$〔km/s〕として，震源距離D〔km〕と初期微動継続時間T〔s〕の関係を調べます。

(1)　観測点にP波が到達するまでの時間$t_{\rm p}$〔s〕　　$t_{\rm p}=\dfrac{D}{V_{\rm p}}$

(2)　観測点にS波が到達するまでの時間$t_{\rm s}$〔s〕　　$t_{\rm s}=\dfrac{D}{V_{\rm s}}$

(3)　初期微動継続時間T（P波到達から，S波到達までの時間）

$$T=t_{\rm s}-t_{\rm p}=\frac{D}{V_{\rm s}}-\frac{D}{V_{\rm p}}$$

(4)　この式を変形すると

$$T=\frac{DV_{\rm p}-DV_{\rm s}}{V_{\rm p}\times V_{\rm s}}=\frac{V_{\rm p}-V_{\rm s}}{V_{\rm p}V_{\rm s}}D \qquad D=\frac{V_{\rm p}V_{\rm s}}{V_{\rm p}-V_{\rm s}}T$$

(5)　ここで$\dfrac{V_{\rm p}V_{\rm s}}{V_{\rm p}-V_{\rm s}}$を$k$とすると　$\boldsymbol{D=kT}$　となります。

この式を**大森公式**といいます。

(1)～(3)は，与えられた文字から，初期微動継続時間Tを求めていますよね。そこまではわかりました。
(4)，(5)で式を変形するのはなぜですか？

D（震源距離）とT（初期微動継続時間）が比例関係にあることを示したかったんです。

大森公式$D=kT$は，初期微動継続時間Tが長いほど，震源距離Dが長く，遠い場所で起こった地震であることを示しています。また，kの値は約6～8 km/sとわかっているので，初期微動継続時間がわかると震源距離を求めることができます。たとえば，ある地点での初期微動継続時間Tが8秒だったとすると，$D=kT$から，震源距離は48～64 kmとわかります。

kの値がわかっているなら，$D=kT$は計算がラクになっていいですね。

kが数値で与えられなくても，$k=\frac{V_p V_s}{V_p-V_s}$を覚えておくと問題をラクに解けますよ。「下（分母）は引き算，上（分子）はかけ算」と覚えましょう。

POINT　震源までの距離の公式

- 大森公式：$D=kT$

$$k=\frac{V_p V_s}{V_p-V_s}$$

- DとTは比例関係にある
- kは約6～8 km/s

D	震源距離
T	初期微動継続時間
V_p	P波の速度
V_s	S波の速度

❸ 震源の決定方法

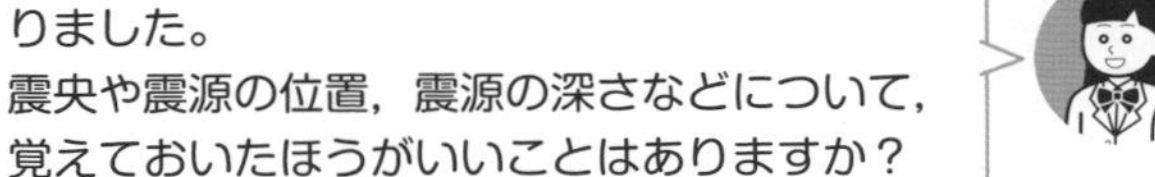

共通テストを受けるにあたり，知っておきたいのは，次の2つです。

(1) 震源距離・震央距離・震源の深さの関係

(2) 3つの観測点から図示する，震源の位置・震央の位置について

この2つを1つずつ見ていきましょう。

(1) 震源距離・震央距離・震源の深さの関係

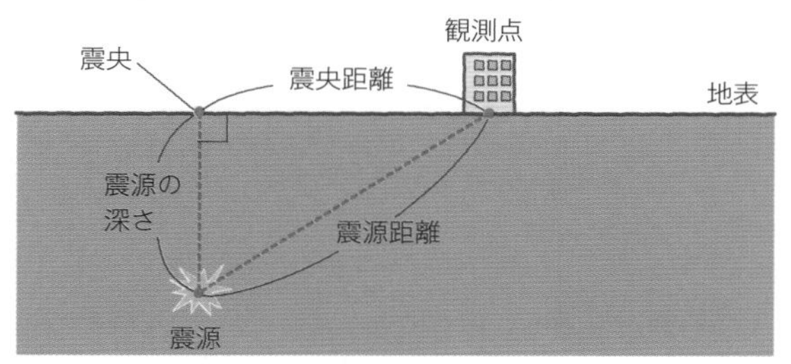

上の図はp.73の**図1−43**を再掲したものです。震央距離が40 km，初期微動継続時間が6.25秒のとき，震源距離と震源の深さは何kmでしょうか。ただし，大森公式$D=kT$において，$k=8.0$ km/sとします。

震源距離Dは大森公式からわかります。震源の深さは……，三平方の定理で求めるのですか？

その通りです。まずは震源距離を求めましょう。

$D=kT$で$k=8.0$ km/s，$T=6.25$ sなので

$D=kT=8.0\times6.25=50$〔km〕

次に三平方の定理から，震源の深さx〔km〕を求めます。

(震源距離)^2＝(震央距離)^2＋(震源の深さ)^{2}なので

$50^2=40^2+x^2$

$x=\sqrt{50^2-40^2}=\sqrt{900}$

$x>0$より　$x=30$〔km〕

だいたい地学基礎の計算問題に出る直角三角形は，3辺の比が5：12：13か3：4：5の，有名な直角三角形であることが多いです。今回の問題も“3：4：5”でした。

あ，本当だ！　30 km：40 km：50 km ＝3：4：5ですね。

直角三角形で，斜辺とほかの1辺の比が50：40＝5：4とわかったので，「残りの1辺は“3”にあたるから，30 kmだ！」と考えると早く解けますよ。

POINT

震源距離・震央距離・震源の深さ

- 大森公式：$D=kT$ から震源距離 D を求める。
- 震源の深さ（または震央距離）を求めるときは，三平方の定理を使う。

(2)　3つの観測点から図示する，震源の位置・震央の位置について

ここは少し難しいので，図をよく見ながら理解していきましょう。

観測点A，観測点B，観測点Cの3つの観測点で，それぞれ地震を感知し，初期微動継続時間を測定したとします。

まず，観測点Aでの初期微動継続時間から，大森公式を用いて震源距離 D_A を求めます。そして，立体的に考えて，観測点Aを中心に地下へ向けて，右のように半径 D_A の半球をかきます。そうすると，この半球の表面上のどこかが，震源ということになります。

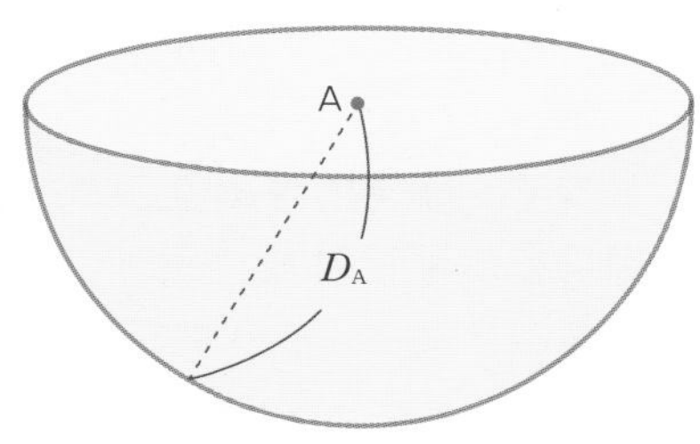

図1−44

次に，観測点Bでの初期微動継続時間から，大森公式を用いて震源距離D_Bを求め，同様に観測点Bを中心に半径D_Bの半球をかきます。すると，2つの半球が交わる部分（**図1－45**の赤い点線部分）ができます。この部分は観測点A，Bからの震源距離の条件をどちらも満たすので，この部分のどこかが，震源であるとわかります。

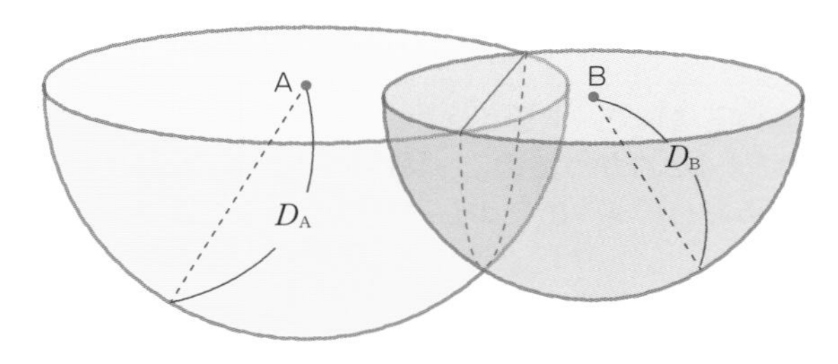

図1－45

さっきより少し震源の位置がしぼれてきましたね。

そうですね。震源の位置が球面上から円周上になりました。

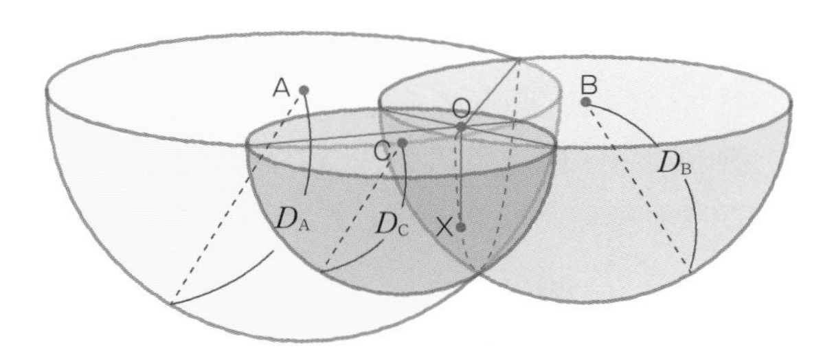

図1－46

そして，最後に観測点Cでの初期微動継続時間から，大森公式を用いて震源距離D_Cを求め，同様に観測点Cを中心に半径D_Cの半球をかきます。そうすると，3つの半球が交わるのは点Xだけになります。この点Xは観測点A，B，Cからの震源距離の条件をすべて満たすので，これが震源の位置です。

そして震源の真上の点Oが震央の位置になります。

図1－46の成り立ちを理解しておけばいいんですね。

そうですね。問題で立体図が与えられても驚かないようにしましょう。

震央の位置だけであれば，平面で円を3つかいても求められます。

図1－47の左の図は，観測点A，B，Cから，震源距離を半径とした円をかいたもので，それぞれ重なる部分があります。

右の図は2つの円が重なった部分の，弦を引いたものです。弦は3本引くことができますが，3本の弦は1点で交わり，その交わった点が震央Oの位置になります。

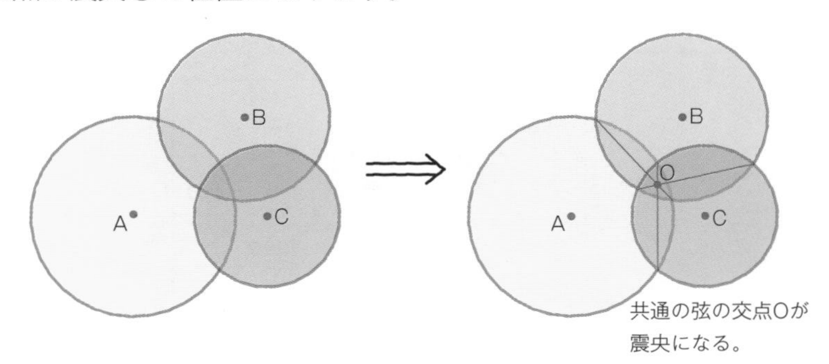

図1－47

POINT **震源・震央の決定**

- 3つの観測点から，それぞれの震源距離で半球をかくと，交点が震源の位置となる。
- 地表平面上で3つの円をかき，重なった部分に引ける3本の弦の交点が震央の位置となる。

震央の位置を，図をかいて求めていく新傾向の問題を解いてみましょう。共通テストでは，このような自ら図やグラフを作成していく問題が出題される可能性が高いため，慣れていく必要があります。

過去問にチャレンジ

震源が地表付近にあるとき，初期微動継続時間T〔秒〕と震央距離D〔km〕には，kを定数として$D=kT$という公式が成り立つ。震源が地表付近のある地震のP波到着時刻とS波到着時刻は，次の表1のとおりであった。この地震の震央は，下の図1のどの領域に含まれるか。最も適当なものを，下の①〜⑧のうちから一つ選べ。ただし，$k=7$ km/秒とする。

表1　観測地点A～CでのP波とS波の到着時刻

地　点	P波到着時刻	S波到着時刻
A	1時10分50秒	1時10分53秒
B	1時10分53秒	1時10分58秒
C	1時10分57秒	1時11分05秒

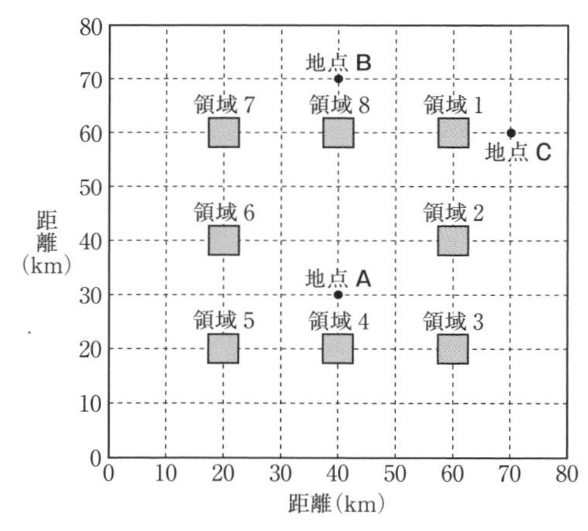

図1　領域1～8と観測地点A～Cを示す平面図

① 領域1　② 領域2　③ 領域3　④ 領域4
⑤ 領域5　⑥ 領域6　⑦ 領域7　⑧ 領域8

(2015年センター本試験)

表1より，地点AのTは3秒，地点BのTは5秒，地点CのTは8秒と計算できます。$k=7$ km/sと与えられているので，それぞれの値を$D=kT$に代入すると，地点Aの$D=21$ km，地点Bの

D＝35 km，地点CのD＝56 kmとなります。

p.79の**POINT**震源・震央の決定を思い出してください。震央を求めるためには，下の図のように，地点Aを中心に半径21 kmの円A，地点Bを中心に半径35 kmの円B，地点Cを中心に半径56 kmの円Cをかきます。黒線が円Aと円Bの共通弦，赤線が円Aと円Cの共通弦，青線が円Bと円Cの共通弦となります。3本の共通弦の交点は領域6に最も近いため，**答え ⑥**です。実際の共通テストではコンパスは使えませんので，おおよその図がかけるようにしましょう。

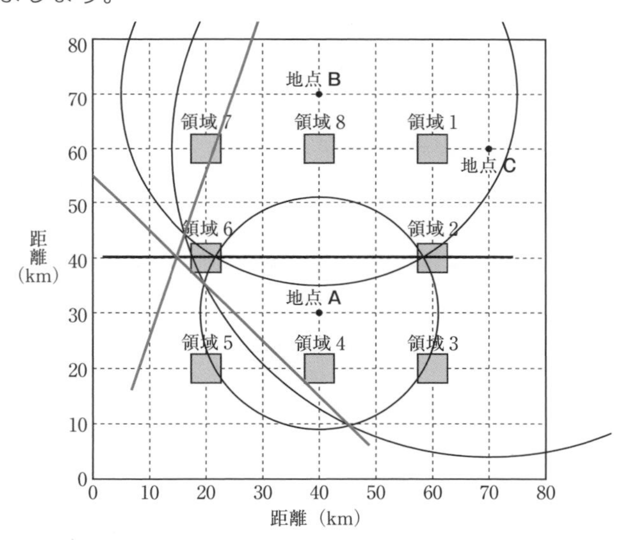

3 地震の大きさ

❶ マグニチュード

数値が大きいほど，大きな地震なのはわかるのですが，マグニチュードと震度はどう違うんですか？

まずはマグニチュードについて説明します。

地震によって放出されるエネルギーの大きさ（地震の規模）**の目安となる数値**を**マグニチュード**といいます。

現在では，地震のときの地面の動きから，直接地震のエネルギーを計算することで求めています。

マグニチュードMとエネルギーEの関係は，次のようになります。

POINT **マグニチュードMとエネルギーEの関係**

- Mが2大きくなるごとにEは1000倍
- Mが1大きくなるごとにEは約32倍

Mが1大きくなるごとに，Eは$\sqrt{1000}$倍（≒32倍）大きくなります。だからMが2大きくなると，Eは$\sqrt{1000}\times\sqrt{1000}=1000$倍大きくなります。

（例）　$M=5$　,　$M=6$　,　$M=7$

$\sqrt{1000}$倍　$\sqrt{1000}$倍

1000倍

② 震度

各地の揺れの強さの程度を**震度**といいます。日本では震度は気象庁によって定められており，**0～7の10段階に分けられます**。

震度は5と6がそれぞれ弱と強に分かれているので，次のように10段階になります。

(0，1，2，3，4，5弱，5強，6弱，6強，7)

では，マグニチュードについての過去問を解いてみましょう。

過去問にチャレンジ

一つの地震で放出されるエネルギーは，地震の規模（マグニチュード）とともに大きくなる。一方，マグニチュードが大きい地震ほど数が少ない。次の図1は，マグニチュードと地震の数の関係を示している。マグニチュード5.3の全地震で放出されたエネルギーの総和は，マグニチュード4.3の全地震で放出されたエネルギーの総和の約何倍か。最も適当な数値を，下の①～④のうちから一つ選べ。約□倍

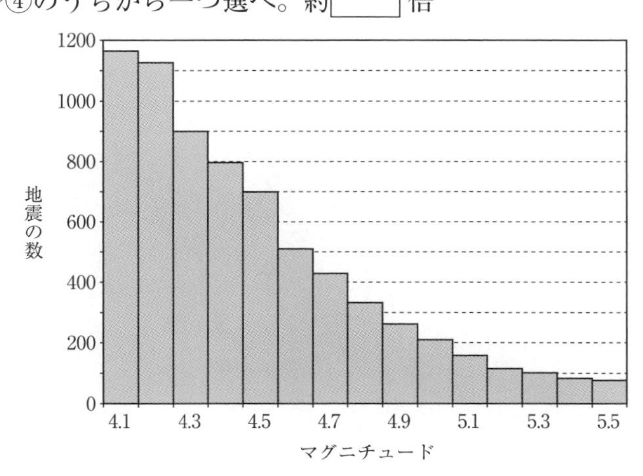

図1　マグニチュードと地震の数の関係
2000年から2016年までに日本周辺で発生した震源の深さが30 kmより浅い地震。

① 0.1　② 3.6　③ 32　④ 288

（2021年共通テスト本試験　第2日程）

マグニチュード（M）の差は5.3−4.3＝1です。Mが1大きくなると，放出されるエネルギーは32倍になります。また，図1からMが5.3の地震の回数は100回，Mが4.3の地震の回数は900回と読み取れます。M4.3のエネルギーを1とすると，M5.3のエネルギーは32になります。よって，M5.3の地震の100回分のエネルギーが，M4.3の地震の900回分のエネルギーの何倍になるかは，次の式で求めることができます。

$$\frac{32\times100}{1\times900}\fallingdotseq3.55\text{倍}$$

したがって，答え ②となります。

4 日本列島の地震

① 日本列島のプレート分布

日本列島付近には4枚のプレートが存在し，**図1−48**のようなプレート境界を形成しています。p.55の世界のプレート分布の**図1−29**も参照してください。

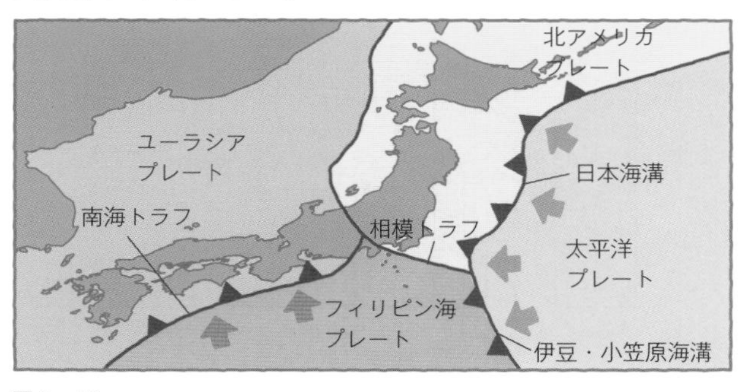

図1−48

この図から太平洋プレートが北アメリカプレートの下に，フィリピン海プレートがユーラシアプレートの下に沈み込んでいることがわかります。その境界に**海溝**が形成されています。p.51で説明したように，海洋プレートのほうが大陸プレートより密度が大きいことが原因で，沈み込みが起こります。

POINT

日本付近のプレート境界と海底地形

- 日本海溝：太平洋プレートが北アメリカプレートの下に沈み込んだ場所
- 伊豆・小笠原海溝：太平洋プレートがフィリピン海プレートの下に沈み込んだ場所
- 相模トラフ：フィリピン海プレートが北アメリカプレートの下に沈み込んだ場所
- 南海トラフ：フィリピン海プレートがユーラシアプレートの下に沈み込んだ場所

日本は複雑なプレート境界にあるんですね！図1−48の中のプレート境界に，トラフって言葉があるんですが，これはなんですか？

トラフとは，海溝より少し浅い（水深6000 mより浅い）海底のくぼ地のことです。

トラフは，海溝とほぼ同じように，プレートの沈み込みによってつくられた地形です。

② 地震の分布

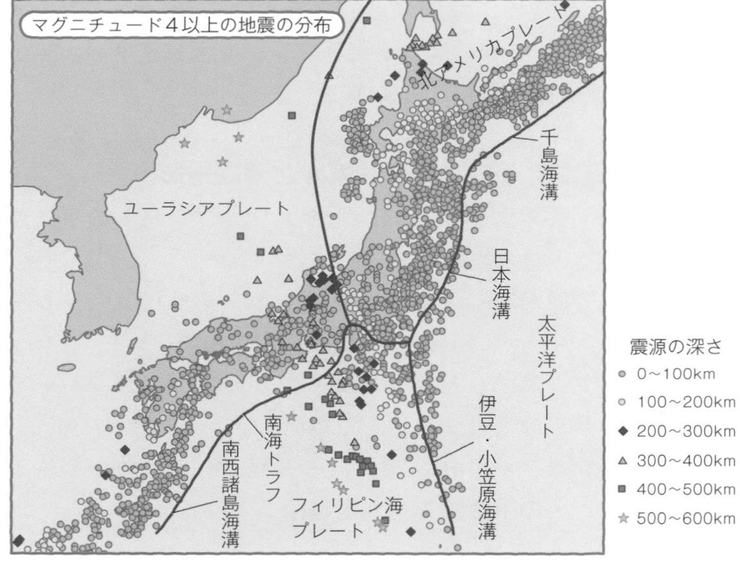

図1−49

プレート境界で地震が発生することはTHEME 3で学習しました。複雑なプレート境界にある日本列島付近で発生する，地震の分布と震源の深さは，**図1−49**のようになっています。**図1−49**から日本列島の地震のタイプは，次の3つに分けられます。

タイプA：海溝やトラフに沿って分布している震源の深さが浅い（0〜100 km）地震。

タイプB：海溝に平行に，少し陸側へ離れたところで起こる，震源の深さが深い（100 km以上）地震。

タイプC：日本列島全体に分布する，震源の深さが浅い（0〜100 km）地震。

それぞれのタイプの違いを次ページから説明していきますね。

③ 3つの地震のタイプ

●プレート境界地震

海溝やトラフ付近のプレート境界の陸側で起こる地震で，タイプAです。まず**沈み込む海洋プレートに引きずり込まれて陸側のプレートが変形**します。歪みが限界に達すると，海洋プレートと陸側のプレートの接触部に沿って破壊が生じ，地震が発生します。その時，陸側のプレートが反発して元に戻ります。このタイプの地震は規模が非常に大きく，マグニチュードが8を超える地震（巨大地震）もしばしば起こり，比較的短い周期で発生するのが特徴です。2011年に発生した東北地方太平洋沖地震もこのタイプの地震です。

図1－50

図1－51

プレート境界地震が発生すると海底が大きく変形するため，**津波**が発生しやすいことも覚えておいてください。

●地殻変動

大規模なプレート境界地震が発生すると地盤の急激な隆起が起こり，その後は緩やかに沈降を続けます。隆起する量は，地震の間の期間に沈降する量に比べて大きいため，地震が繰り返すことで地盤は隆起していきます。

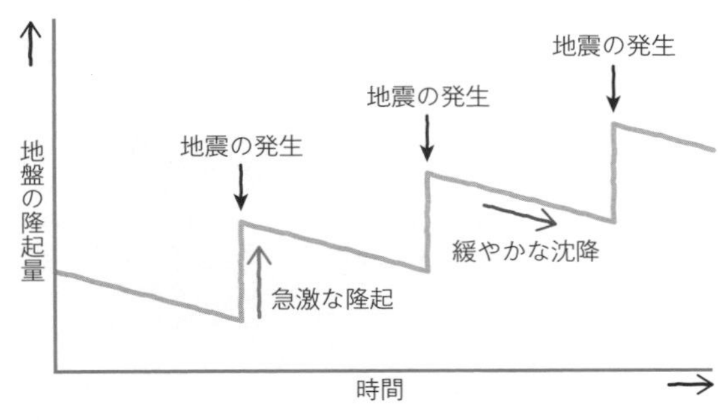

図1－52

●深発地震（海洋プレート内地震）

沈み込む海洋プレートの上面および内部で帯状に起こる，震源が深い地震です。タイプBの震源の深さが100 km以上の地震にあてはまります。海溝から大陸に向かって震源が深くなっていきます。この地震の震源は，深さ700 kmくらいまで続いています。

●内陸地殻内地震（大陸プレート内地震）

タイプCの日本列島全体に分布する震源の浅い地震です。海洋プレートからの圧縮力によって，**陸側のプレート内で岩盤が破壊されて起こります**。**活断層**がくり返し活動して発生する場合が多いです。都市の直下で発生したものを**直下型地震**といい，地震の規模はプレート境界地震より小さいことが多いのですが，2024年の能登半島地震のように大きな被害を出すことがあります。

日本には2000本以上の活断層が見つかっています。

活断層ってよく耳にするんですが，どんな断層なんですか？

最近数十万年間にくり返し活動した断層で，今後も活動する可能性の高い断層のことです。

図1−53は日本の東北地方付近の東西断面における震源分布を表したものです。3つのタイプの地震の発生場所を確認しましょう。

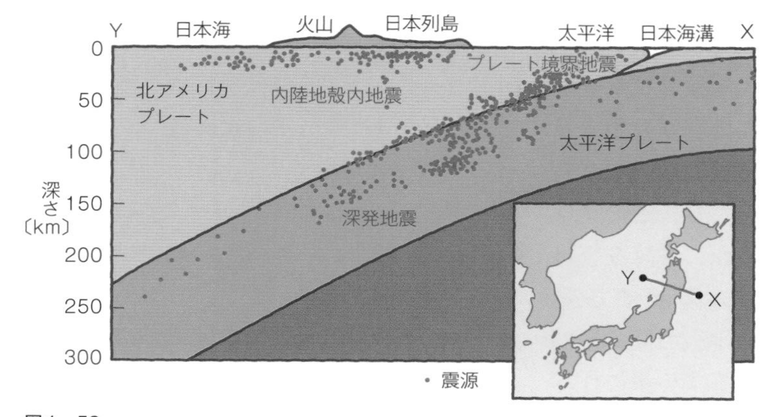

図1−53

POINT

地震の種類

日本の地震のタイプ：プレート境界地震，深発地震，内陸地殻内地震

深発地震について

地震は硬いプレート（リソスフェア）内で発生し，その下にあるやわらかいアセノスフェアでは起こりません。これは，硬いものに力が加わると破壊されて地震が発生するのに対して，やわらかいものは破壊されずに変形するだけだからです。

ここで，プレートの厚さを思い出してください。平均の厚さはp.46 の図 1−20 で学習した約 100 km でしたね。つまり，ふつうは深さ 100 km より深いところでは地震は起こりにくいことになります。

しかし，地球には深さ 100 km より深いところでも地震が起こる地域があります。**図 1−54** に世界の深発地震の分布を示しました。p.55 のプレート分布の図 1−29 や，震源が 100 km より浅い地震分布の**図 1−30** と見比べながら考えてみましょう。

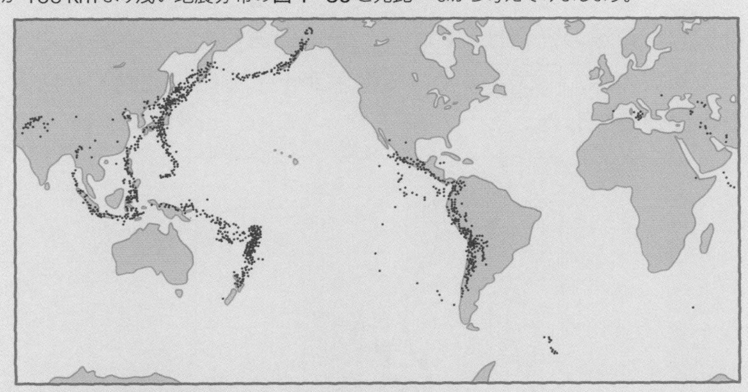

世界の地震分布（震源が100 kmより深い地震）

図1−54

図 1−30 より**図 1−54** のほうが，地震の数が少ないです。でも，地図中の日本は点でつぶれて見えません。そこで**図 1−29** と**図 1−54** を比較すると，**図 1−54** の深発地震分布は，**図 1−29** のプレートの収束する境界に一致しています。

プレートが収束する境界では，p.88 の図 1−53 のように，大陸プレートの下に海洋プレートが沈み込むことによって，ふつうアセノスフェアがある深さにも，硬いプレートが存在します。だから力がかかると岩盤が破壊されて，震源の深さが 100 km 以上の深発地震が発生します。

日本列島は地震活動が活発な地域で，実際に発生した地震を題材とした出題がされる場合があります。今回は，東北地方太平洋沖地震を題材とした過去問を解いてみましょう。

過去問にチャレンジ

次の文章中の ア ～ ウ に入れる語句と数値の組合せとして最も適当なものを，下の①～⑧のうちから一つ選べ。

東北沖では， ア プレートとその下に沈み込むプレートとの間に，断層のずれを引き起こす力が徐々に蓄積され，ある限界に達すると，断層が急激にずれて，地震が発生する。2011年東北地方太平洋沖地震は，このような原因で発生した地震である。次の図1は，この地震の直後1日間に発生した余震を含む地震の震央分布であり，ずれ動いた断層（震源域）を地表に投影した領域の面積は，約 イ km^2であったことがわかる。この地震の際， ウ によって海水が上下方向に変動し，巨大な津波が発生した。

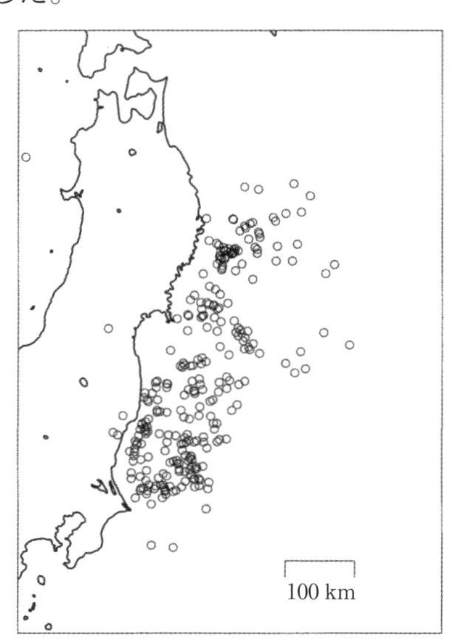

図1　東北地方太平洋沖地震発生後1日間のマグニチュード4.5以上の余震を含む地震の震央分布
○印は各地震の震央を示す。

	ア	イ	ウ
①	海　洋	10万	地震の揺れ
②	海　洋	10万	断層のずれ
③	海　洋	30万	地震の揺れ
④	海　洋	30万	断層のずれ
⑤	大　陸	10万	地震の揺れ
⑥	大　陸	10万	断層のずれ
⑦	大　陸	30万	地震の揺れ
⑧	大　陸	30万	断層のずれ

（2015年センター本試験）

ア については日本列島付近のプレートの分布を確認して，イ については図1の震央の分布の面積をスケールから読み取り，ウ については津波の発生の原理を確認しましょう。

ア：図1－48から図1の東北沖では，海洋プレートの太平洋プレートが，大陸プレートの北アメリカプレートの下に沈み込んでいます。よって，ア には「大陸」が入ります。

イ：震源断層に沿って余震が発生することから，震央の分布が広がっている面積が，ずれ動いた断層の領域の面積と考えることができます。図1の右下にあるスケールから，震央は北北東の方向にはおよそ500 km，西北西の方向にはおよそ200 km広がっていることが読み取れるので，ずれ動いた断層の領域の面積は，$500 \times 200 = 100000 \text{ km}^2$と計算できます。よって，イ には「10万」が入ります。

ウ：津波は海底の変形によって発生し，変形はおもに断層のずれが原因になります。よって，ウ には「断層のずれ」が入ります。

したがって，答え ⑥ となります。

THEME

5 火山と火成岩

ここで きめる!

- 火山噴火の激しさや火山地形は，マグマの粘性で決まる。
- マグマの粘性は，二酸化ケイ素（SiO_2）の質量%に影響される。
- 火成岩の造岩鉱物は，有色鉱物と無色鉱物に分類される。
- 火成岩は，マグマの冷却のしかたと色指数で分類される。

1 火山

❶ 火山噴火のメカニズム

火山噴火のとき，マグマが地下深くから上がってくるのはどういうしくみなんですか？

では，火山噴火の流れを説明します。図1－55や図1－56を見ながら読み進めてくださいね。

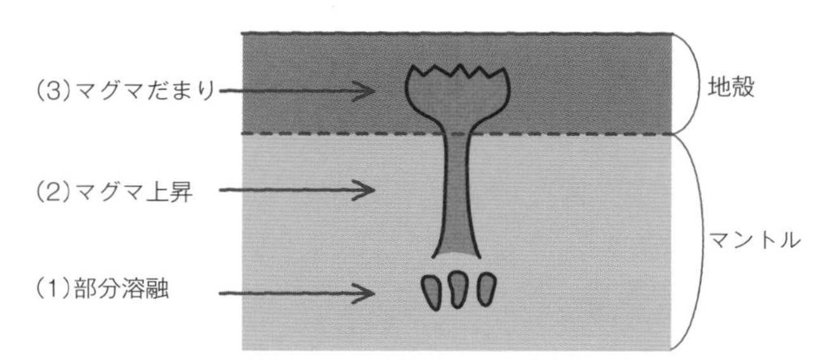

図1－55

(1) 地下深くで，マントルを構成しているかんらん岩が部分溶融(ぶぶんようゆう)してマグマが発生します。

部分溶融ってどういう意味ですか？

かんらん岩がすべて融けるのではなく，一部の成分のみが融けることをいうんです。

かんらん岩は，いろいろな成分（鉱物）が入り混じってできているので，その中で**融けやすい成分のみが融ける**ことになります。

(2) マントル内で発生したマグマは，まわりの岩石より密度が小さい（軽い）ため，浮力によって地下を上昇します。

(3) マグマが地下の浅いところ（地下数kmの地殻内）までくると，まわりの岩石と同じ密度になって上昇できなくなり，**マグマだまり**を形成します。

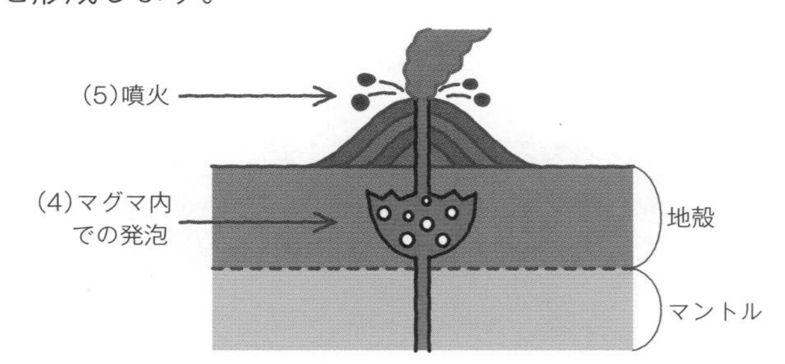

図1−56

(4) マグマだまりのなかでは，マグマにかかる周りの岩石からの圧力が低下するため，含まれていた**ガス成分がマグマから分離して発泡**します。

(5) 発泡したマグマは密度が小さくなり，マグマだまりから再び上昇し，噴火が起こります。マグマだまりにガスが充満すると，その圧力によってマグマだまりの上部の岩盤を割るため，噴火は爆発的になりやすいです。

(4)のマグマだまりでガス成分が発泡ってどういうことですか？

炭酸飲料の入ったペットボトルをイメージしてください。

炭酸飲料は水に圧力をかけて，二酸化炭素を多量に溶け込ませたものです。ペットボトルを開けると「プシュ！」っと音がして，泡が出ることがあります。これと同じように，マグマに溶けている気体が泡となって出る現象だと考えるといいでしょう。

② 火山噴出物

火山噴火によって地表に運ばれてきた物質を**火山噴出物**といい，以下の3種類があります。

●溶岩

地表に流れ出たマグマを**溶岩**とよびます。

マグマと溶岩

マグマ＝溶岩ではない！
マグマは地下にある岩石の溶融体で，液体。溶岩はマグマが地表に流れ出たもので，固体でも液体でもよい。

●火山砕屑物（火砕物）

噴火の際に飛び散る固体物を**火山砕屑物**（火砕物）といいます。これは粒子の直径によって大きい順に，**火山岩塊**＞**火山礫**＞**火山灰**に分類されます。また，その形状や性質によって，**火山弾**や**軽石**というように分類されることもあります。

火山砕屑物ってイメージしにくいんですが……。

漢字の意味で考えてみるといいですよ。

砕屑物の「砕」は「くだく」，「屑」は「くず」と読めます。だから火山噴火によって，溶岩や山の一部がバラバラに砕かれてできるものを火山砕屑物とよびます。

● 火山ガス

火山ガスには，おもに水蒸気（H_2O），その他の成分として二酸化炭素（CO_2），二酸化硫黄（SO_2），硫化水素（H_2S）なども含まれます。

③ 噴火活動の種類

噴火って，真っ赤な溶岩を流す場合もあれば，すごい音をたてて煙を噴き上げる場合もありますよね。
どうしてこのような違いがあるんですか？

これは，マグマの粘り気が大きく影響しています。

表1－6のように，火山活動はマグマの粘性（粘り気）によって変化しており，**マグマの粘性**は，**化学組成（二酸化ケイ素SiO_2の質量%），温度，ガスの量によって変化**します。

また，SiO_2の質量%が少ないものを**苦鉄質**（**玄武岩質**）マグマ，多いものを**ケイ長質**（**デイサイト質**や**流紋岩質**）マグマということも覚えておきましょう。

マグマ	粘性	低い（流れやすい）	<	高い（流れにくい）
	SiO_2質量%	少ない	<	多い
	温度	高い	>	低い
	ガスの量	少ない	<	多い
	種類	苦鉄質 玄武岩質	安山岩質	ケイ長質 デイサイト質・流紋岩質
	噴火の様子	穏やか	←→	激しい
	溶岩の量	多い	>	少ない
	火山砕屑物	少ない	<	多い
火山の傾斜		緩やかな傾斜	←→	急傾斜

表1－6　マグマの性質と噴火

●マグマの粘性

マグマの粘り気を表します。**SiO_2質量%が多く温度が低いほど粘性が高く**（ネバネバしている）なり，溶岩が流れにくくなります。逆に**SiO_2質量%が少なく温度が高いほど粘性が低く**（サラサラしている）なり，溶岩が流れやすくなります。

●ガスの量

マグマの粘性が高いほど，ガスが抜けにくくなるため，ガスの量が多くなります。

●噴火活動の違い

・マグマの粘性が低い場合：溶岩が流れやすくなるため，**溶岩流**を多量に出す**穏やかな噴火**となります。
・マグマの粘性が高い場合：溶岩が流れにくいため，噴火するのに大きな圧力が必要となり，噴出した溶岩が盛り上がることがあります。また，マグマ中に多量に含まれているガスが噴火のとき急に膨張して，**爆発的な噴火になります**。このとき火山砕屑物を大量に噴出します。

マグマの粘性が高いほど，地下でマグマは噴火するのを我慢するから，それが噴火すると爆発的になると考えていいんですね！

そう！　その通りです！

爆発的な噴火が起きた場合，**火山砕屑物と高温の火山ガスが一緒になって，山の斜面を高速で流れ下りる**ことがあります。この現象を**火砕流**（かさいりゅう）といいます。火砕流は溶岩流と比べて速度が速い（自動車ほどのスピードが出ます）ので，避難が遅れると多くの犠牲者が出ます。火山に登るときは，火砕流の兆候がないか注意しましょう。

それでは，マグマについてのデータが与えられ，マグマの性質を決めるために不足している条件を選び出す，新傾向の問題を解いてみましょう。しっかりと問題文と表を読み取っていきましょう。

過去問にチャレンジ

溶岩X～Zの性質（岩質，温度，粘度）について調べたところ，次の表1の結果が得られた。表1中の粘度（Pa･s）の値が大きいほど，溶岩の粘性は高い。この表に基づいて，「**SiO_2含有量が多い溶岩ほど，粘性は高い**」と予想した。この予想をより確かなものにするには，表1の溶岩に加えて，どのような溶岩を調べるとよいか。その溶岩として最も適当なものを，下の①～④のうちから一つ選べ。

表1　溶岩X～Zの性質

	岩　質	温度（℃）	粘度（Pa･s）
溶岩X	玄武岩質	1100	1×10^2
溶岩Y	デイサイト質	1000	1×10^8
溶岩Z	玄武岩質	1000	1×10^5

①　1050℃の玄武岩質の溶岩　　②　1000℃の安山岩質の溶岩
③　950℃の玄武岩質の溶岩　　④　900℃の安山岩質の溶岩

（2021年共通テスト本試験）

岩質がSiO_2含有量（質量%）に対応していて，SiO_2の含有量は，玄武岩質→安山岩質→デイサイト質や流紋岩質の順に多くなることを使います。表1には，玄武岩質とデイサイト質の間の「安山岩質」の条件が入っていないことにも注目しましょう。

粘性については，溶岩Yのデイサイト質の粘性は，溶岩Xや溶岩Zの玄武岩質の粘性よりも高くなっています。温度については，1100℃と1000℃がありますが，同じ玄武岩質で比較すると，1000℃の溶岩Zのほうが1100℃の溶岩Xよりも粘性が高くなって，温度が低いほうが粘性が高くなっています。問題の条件が「SiO_2

含有量が多いほど，粘性が高い」となっていて温度の条件がないため，同じ温度（1000℃）でSiO_2含有量を比較する必要があります。これらのことから，SiO_2含有量が玄武岩質とデイサイト質の間の「安山岩質」で，温度が1000℃の溶岩を調べる必要があります。したがって，**答え** ②となります。

4 火山地形

火山にはいろいろな形があるって聞いたんですが，どうして形が違うんですか？

これは，マグマの粘性と関係が深いんです。

p.95の表1−6に示したように，マグマの粘性が低いほど，噴出時の溶岩は流れやすく，大量になるため，緩やかな傾斜の巨大な火山になります。マグマの粘性が高いほど流れにくいため，急傾斜の火山が形成されます。ここでは代表的な火山地形を説明します。

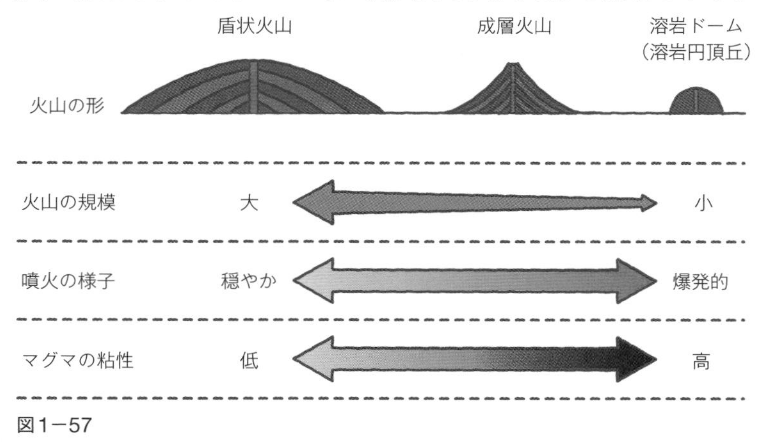

図1−57

・**盾状火山**（たてじょう）：粘性が低いマグマでは，溶岩流が広がって流れ，**傾斜の緩やかな大規模な火山**が形成されます。例としてはハワイ島にある，標高4205 mのマウナケア山（**図1−58**）や，標高4169 mのマウナロア山，キラウエア火山などがあります。

株式会社フォトライブラリー

図1－58　マウナケア山

富士山（標高3776 m）より高いんですよね？全然高く見えないんですが……。

火山の傾斜がすごく緩やかで傾斜角が数度しかないので，低く見えるんです。だからすごく山の幅が広くて，富士山の50倍以上の体積があるんですよ。

盾状火山がさらに低く，広い面積に広がって，台地をつくることがあります。これはもはや火山とはいわず，**溶岩台地**といいます。インドのデカン高原などが有名です。

・**成層火山**：粘性が中程度のマグマによる火山地形で，**火山砕屑物と溶岩流が交互に噴出して円錐（えんすい）形の火山を形成します**。例としては，富士山などがあります。

株式会社フォトライブラリー

図1－59　富士山

・**溶岩ドーム**（溶岩円頂丘（えんちょうきゅう））：マグマの粘性が高いと**溶岩が流れず，火口の上にドーム状に盛り上がって，小規模の火山が形成**されます。例としては，昭和新山などがあります。

株式会社フォトライブラリー

図1－60　昭和新山

・**カルデラ**：火山砕屑物や溶岩が多量に噴出したため，マグマだまりに空洞ができて，地表が凹型(おう)に陥没(かんぼつ)した火山地形をいいます(図1－61)。例としては，阿蘇山(あそさん)などがあります。

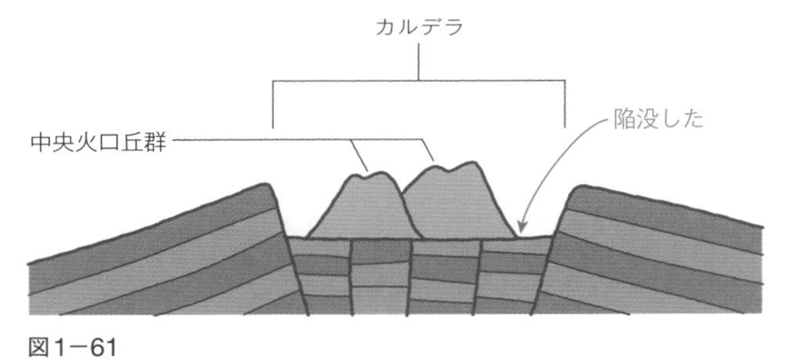

図1－61

POINT

マグマの性質と火山の関係

火山地形が急傾斜の場合
マグマの粘性が高い，温度が低い，ガス成分が多い，SiO_2質量%が多い

❺ 火山の分布

図1－62のように**約1500個ある世界の火山分布は，プレート境界**（p.55図1－29参照）**とよく一致します。**

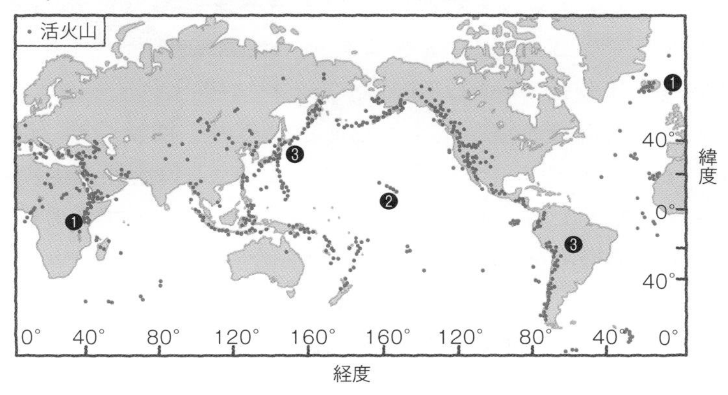

図1－62

でも，プレート境界ではない場所（図1－62中の❷）にも火山が存在していませんか？

よく気づきましたね。

これはp.57で学習したホットスポットを表しています。世界の火山分布は図1－63のように，**❶中央海嶺（かいれい）や地溝帯，❷ホットスポット，❸島弧（とうこ）や大陸縁（たいりくえん）の3つの領域に集中しています。**

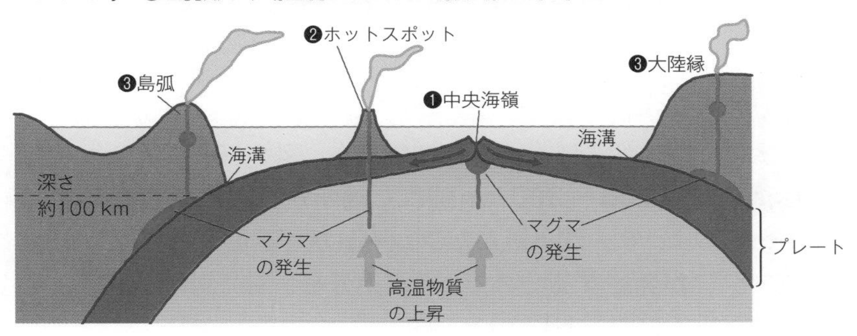

図1－63

写真提供：群馬大学

図1－64

❶　中央海嶺：プレートが拡大する境界にあたります。中央海嶺の直下でマグマが発生し，火山が数多く海底で活動しています。玄武岩質のマグマが海底で噴出すると，海水によって急冷されます。そうして固まった溶岩は，枕を積み重ねたような形となるので**枕状溶岩**（図1－64）といわれます。北大西洋のアイスランドは大西洋中央海嶺上にできた火山島です。また，大陸にある拡大する境界の東アフリカの地溝帯にも火山が見られます。

❷　ホットスポット：マントル深部から高温の物質が上昇する地点です。プレート内部に孤立した火山ができます。例としては，太平洋の中央部にあるハワイ島があげられます。ホットスポットは，位置が変わらないので，ホットスポットの上をプレートが移動するにしたがい，新しい火山が次々にできて，火山列ができます。

❸　島弧や大陸縁：太平洋をとり巻いて分布する，環太平洋火山帯などのプレートが収束する境界にあたります。海溝付近でマグマが発生し，火山が数多く分布しています。例としては，日本列島の火山帯があります。

火山の発生場所

中央海嶺，ホットスポット，島弧や大陸縁

・日本の火山分布

日本には111個の活火山が存在します。図1－65のように，**火山は海溝から200～300 km離れた場所から現れはじめます。**図1－63のように，**沈み込んだプレートが一定の深さに達した付近でマグマが発生する**ためです。火山分布の海溝側の限界線を**火山前線（火山フロント）**といいます。

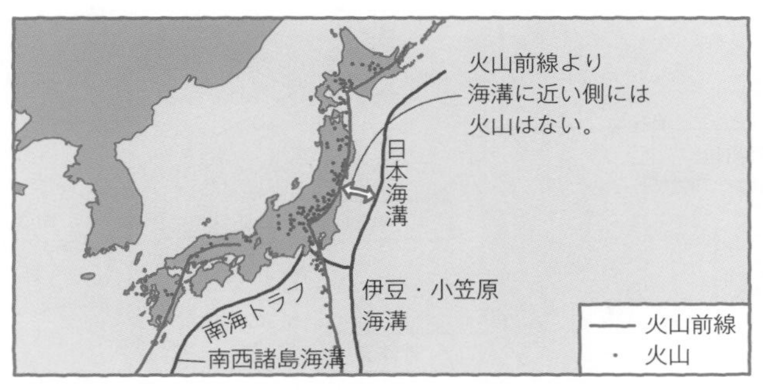

図1−65

POINT **火山前線（火山フロント）**

火山前線（火山フロント）は海溝やトラフと平行に分布する。
海溝と火山前線の間には火山は分布しない。

火山地形とマグマの種類，SiO_2 質量%，粘性は密接に関係しています。今回の過去問は，これらの関係をフローチャートのような図で結びつけたもので，誤りを見つける新傾向の問題です。火山の性質についての総合力が試される共通テストの問題を解いてみましょう。

過去問にチャレンジ

Nさんは，火山に関連する言葉をつないだ図を，**A**：火山の形，**B**：マグマの分類，**C**：マグマの粘性，**D**：マグマのSiO_2量の四つの項目に着目して描いてみた（図1）。Nさんは，図を見直して，**A**～**D**のうちの一つの項目について，言葉が上下入れ替わっていることに気づいた。どの項目の言葉を入れ替えると図1は正しくなるか。最も適当なものを，後の①～④のうちから一つ選べ。

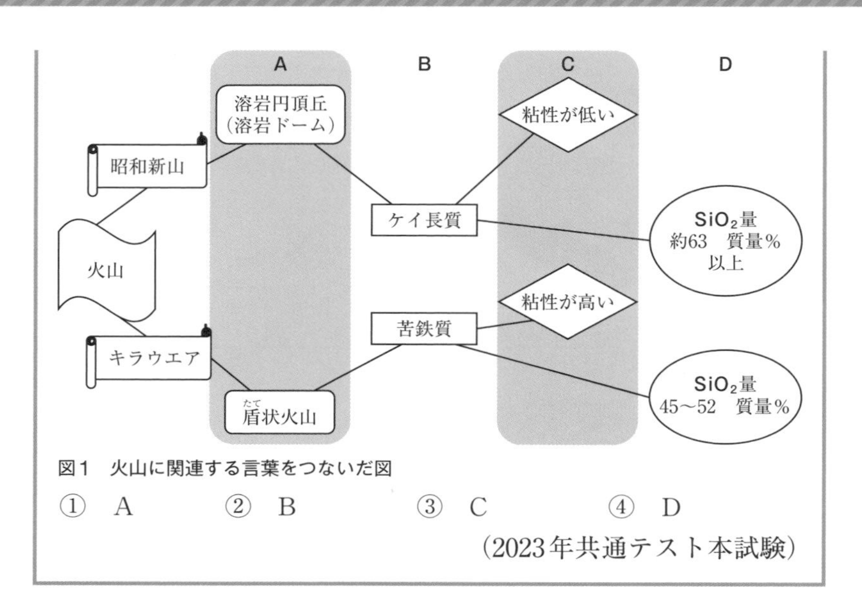

図1　火山に関連する言葉をつないだ図

① A　② B　③ C　④ D

（2023年共通テスト本試験）

火山については，昭和新山は溶岩ドーム（A）に分類され，SiO_2質量%が多い（D）ケイ長質（B）マグマによる火山活動です。キラウエア火山は盾状火山（A）に分類され，SiO_2質量%が少ない（D）苦鉄質（B）マグマによる火山活動です。粘性（C）については，ケイ長質マグマは粘性が高く，苦鉄質マグマは粘性が低くなります。したがって，**答え ③**となります。

2 火成岩

① 鉱物

鉱物（mineral［ミネラル］）とは，**岩石を構成している1つひとつの粒子**です。原子が規則正しく並んだ**結晶**（けっしょう）からなるものが多いです。

えっ！　ミネラルってミネラルウォーターの？？
鉱物って飲めるんですか？

鉱物の中には水に溶けやすいものもあって，鉱物の成分を多く含んだ水をミネラルウォーターというんですよ。

鉱物に関する用語を確認しておきましょう。

●造岩鉱物

岩石を構成する鉱物のことを**造岩鉱物**といいます。

●ケイ酸塩鉱物

ケイ素（Si）と酸素（O）を主成分とし，これにほかの元素が加わった化合物のことを**ケイ酸塩鉱物**といいます。造岩鉱物の大部分が，ケイ酸塩鉱物です。

●有色鉱物と無色鉱物

有色鉱物：黒っぽい鉱物で，SiやO以外にFe（鉄），Mg（マグネシウム）を含みます。

無色鉱物：無色透明または白っぽい鉱物で，FeやMgを含みません。

●SiO_4四面体

ケイ酸塩鉱物は図1−66のように，1個のケイ素が4個の酸素に囲まれた**四面体構造を，基本骨格**としており，これを**SiO_4四面体**といいます。

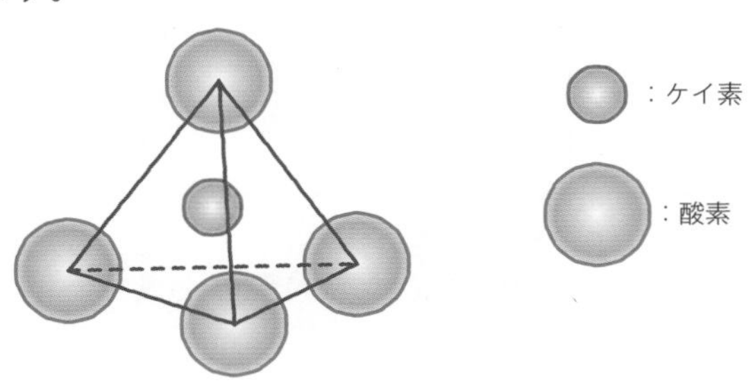

図1−66

● SiO_4四面体のつながりかたと鉱物

写真は代表的な造岩鉱物の石英（せきえい）（水晶）です。

石英
図1－67

何でこんなきれいな形になるんですか？

これは，規則正しく並んだSiO_4四面体が組み合わさってできた結果なんですよ。

造岩鉱物は種類によって，図1－68のようにSiO_4四面体のつながりかたに違いがあります。これと化学成分の2つの要素によって，鉱物の種類が決まります。

・有色鉱物

結晶ができる温度	← 高い			低い →
鉱物名	かんらん石	輝石	角閃石	黒雲母
SiO_4四面体の結合様式				
特徴	各四面体は互いに結びついていない。	各四面体は2個の酸素原子を共有している。	各四面体は2個または，3個の酸素原子を共有している。	各四面体は3個の酸素原子を共有している。

：SiO_4四面体（▲で表記）　◉：金属イオン（Mg^{2+}，Fe^{2+}など）

図1－68

・無色鉱物（斜長石，カリ長石，石英）

SiO_4四面体の結合様式

石英

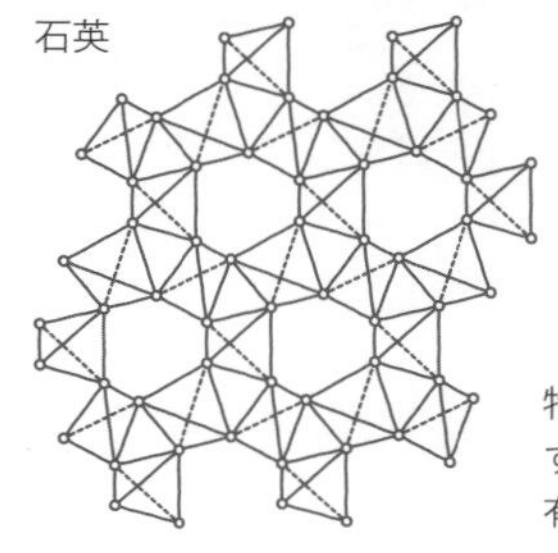

特徴：各四面体は４個すべての酸素原子を共有している。

図１－69

●へき開

鉱物が特定の面に沿って割れやすい性質。結合の方向に強弱があるとき，結合の弱い面に沿って割れる性質をいいます。

例　黒雲母

図１－70

なぜ，黒雲母は薄くペラペラとはがれるように割れるんですか？

p.106の黒雲母のSiO_4四面体のつながりかたを見てください。

シート状に各四面体が，３つの酸素原子を共有して，すべてつながっています。しかし，シートとシートの間は酸素の共有がないため結合が弱く，割れやすくなります。

重要な造岩鉱物をまとめておきます。しっかり覚えましょう。

POINT **重要な造岩鉱物**

有色鉱物：かんらん石，輝石，角閃石，黒雲母
無色鉱物：斜長石，カリ長石，石英

② 火成岩

火成岩ってどんな岩石なんですか？

「**火成岩**」は，「火（マグマ）」から「成」る「岩」という字からもわかるように，**高温のマグマが冷却されて固まった岩石**のことをいいます。

③ 火成岩の組織

岩石中の鉱物の大きさや並びかたなどを**岩石組織**といいます。火成岩は組織によって，**等粒状組織**と**斑状組織**に分類されます。

● 等粒状組織

マグマがマグマだまりなどの**地下深くでゆっくり冷却されると，鉱物がすべて大きく成長した組織ができます**（図1－71）。等粒状組織をもつ火成岩を**深成岩**といいます。

● 斑状組織

マグマが地下のマグマだまりでゆっくり冷却されると，比較的大きく成長した結晶（**斑晶**）ができます。そして，この斑晶を含んだマグマが**地表付近で急に冷えると**，細粒の結晶やガラス質の部分（**石基**）からなる組織ができます（図1－72）。斑状組織をもつ火成岩を**火山岩**といいます。

図1－71

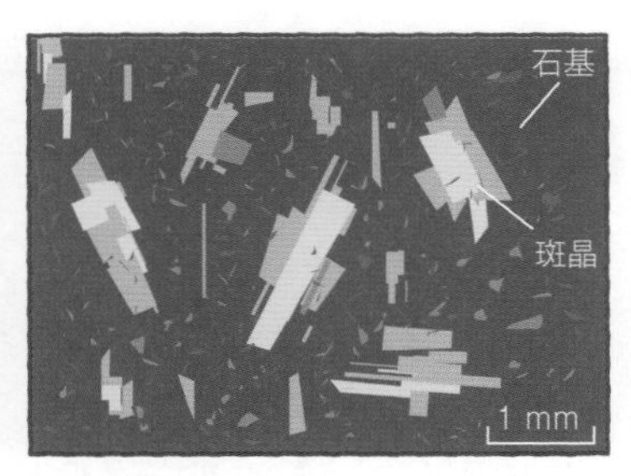

図1－72

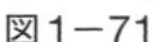

鉱物の形成順序

岩石中にある鉱物の組織から判断することができます。マグマから鉱物が形成されるとき，**自形**の鉱物が最も早期にマグマから形成され，**他形**の鉱物が末期に形成されます。

自形とか他形とかを，どうやって判断すればいいんですか？

自形とは，鉱物がすべて**固有の結晶面**で囲まれているものです。また，他形では本来の結晶面は発達していません。**図1－73**で見ると鉱物が角ばって，一番上に乗っかって見えるのが自形，隙間を埋めているように見える鉱物が他形になります。

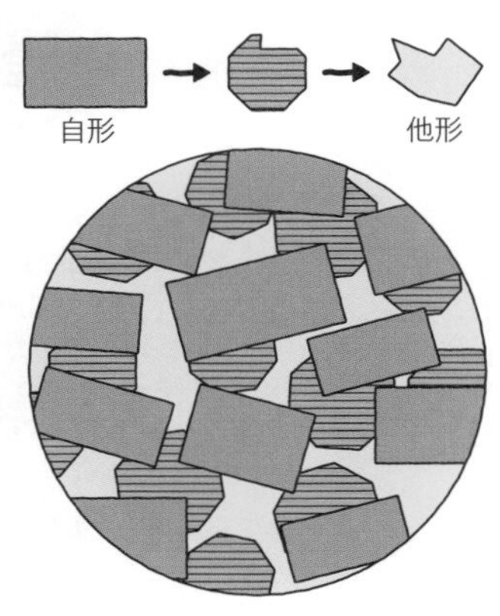

図1－73

鉱物の晶出順序に関する問題は，図を読み取る形が多いです。自形が初期，他形が晩期にマグマから晶出した鉱物になります。共通テストでよく出題される実験・観察についての形式なので，慣れていきましょう。

過去問にチャレンジ

次の文章を読み，［オ］・［カ］に入れる語と記号の組合せとして最も適当なものを，後の①～⑥のうちから一つ選べ。

次の図1は，ある深成岩Gのプレパラート（薄片）を偏光顕微鏡で観察したスケッチである。マグマの中からはじめに晶出（しょうしゅつ）する鉱物は，自由に成長することができる。したがって，その鉱物は結晶面で囲まれた鉱物本来の形になり，これを［オ］と呼ぶ。このことを考慮すると，この深成岩Gに見られる3種類の鉱物a～cのうち，一番はじめに晶出した鉱物は［カ］と考えられる。

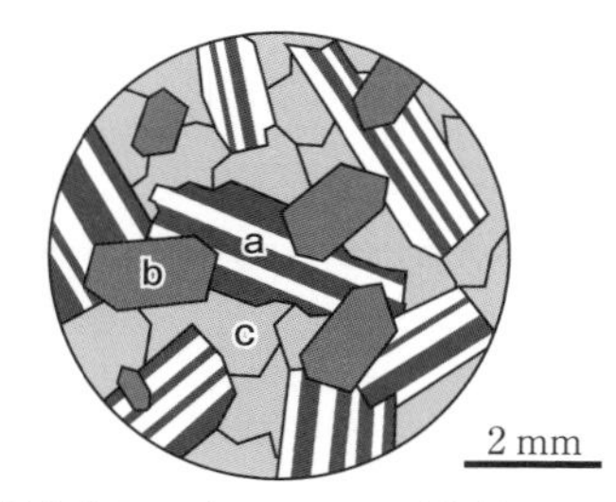

図1　深成岩Gのプレパラート（薄片）を偏光顕微鏡微鏡（直交ニコル）で観察したときのスケッチ

	オ	カ
①	自　形	a
②	自　形	b
③	自　形	c
④	他　形	a
⑤	他　形	b
⑥	他　形	c

（2023年共通テスト本試験）

［オ］：鉱物固有の結晶面で囲まれた鉱物の形状を自形といい，自形の鉱物の間を埋めて，鉱物本来の形をとれなくなった形状を他形といいます。

カ：自形はb，他形はaやcになります。また，aはcの上に乗っているように見えます。よって，晶出順序はb→a→cであり，一番初めに晶出したのはbになります。解法としては，薄片上で，最も上に乗っかって見える鉱物が，初めに晶出した鉱物になります。したがって，答え ②となります。

●偏光顕微鏡

図1－71や図1－72を見ると鉱物１つ１つがすごくきれいな色に見えていますね。どうやって観察しているんですか？

これは岩石をスライドガラスに貼りつけて，0.03 mmまで薄く削って光が通るようにします。これを薄片（プレパラート）といいます。

薄片に**図1－74**の偏光顕微鏡という装置を用いると，さまざまな鉱物の特徴を観察することができます。

・開放ニコル

(a)　上方ニコルを外し，下方ニコルのみで観察する。

(b)　多色性（たしきせい）：無色鉱物は無色透明を示すが，有色鉱物はステージを回転させるにつれて，色が変化する。

・直交ニコル

(a)　上方ニコルと下方ニコルをつけた状態で観察する。

(b)　干渉色：鉱物固有のさまざまな色が見られる。

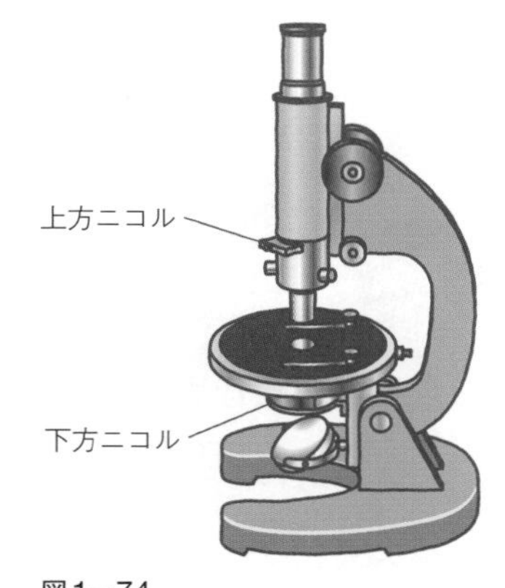

図1－74

④ 火成岩の鉱物組成

火成岩は有色鉱物の割合（色指数）によって，**表1－7**のように**超苦鉄質岩**，**苦鉄質岩**，**中間質岩**，**ケイ長質岩**に分類されます。

色指数（体積%）	火成岩の分類
～70	超苦鉄質岩
70～40	苦鉄質岩
40～20	中間質岩
20～	ケイ長質岩

表1－7　鉱物組成による火成岩の分類

下の写真はすべて深成岩で，左から順に苦鉄質岩の**斑**（はん）**れい岩**，中間質岩の**閃緑岩**，ケイ長質岩の**花こう岩**です。

図1－75　斑れい岩

図1－76　閃緑岩

図1－77　花こう岩

斑れい岩→閃緑岩→花こう岩になるにしたがって，色が**だんだん白っぽくなっている**のがわかると思います。これは，有色鉱物の量が減少し，無色鉱物の量が増加（色指数が減少）しているからです。

色指数ってなんですか？

しっかり説明していませんでしたね。

・**色指数**：火成岩中に占める有色鉱物の体積%

$$色指数=\frac{有色鉱物の体積}{岩石全体の体積}\times 100$$

色指数が大きくなるほど黒っぽく，小さいほど白っぽい岩石になります。

また，色指数は火成岩に含まれるSiO_2の質量%に対応しており，色指数が大きいほどSiO_2の質量%は小さく，色指数が小さいほどSiO_2の質量%は大きくなります（図1－78）。

色指数に関する図の読み取りの問題は，まず有色鉱物を判別し，その有色鉱物が全体に占める割合を計算することが解答の流れとなります。また，色指数から火成岩の名称を答える問題が出題されることもあるため，色指数と火成岩の種類の関係（**図1－78**）をチェックしておく必要があります。では，色指数についての共通テストの過去問を解いてみましょう。

過去問にチャレンジ

次の図1は，輝石，斜長石，角閃石（かくせんせき）から構成される，ある深成岩の組織の観察例である。直線と黒丸は，1 mm 間隔の格子線とそれらの交点を表す。図中の各鉱物内に含まれる黒丸の数（計25個）の比が，岩石の各鉱物の体積比を表すとするとき，この岩石の色指数として最も適当なものを，下の①～⑥のうちから一つ選べ。

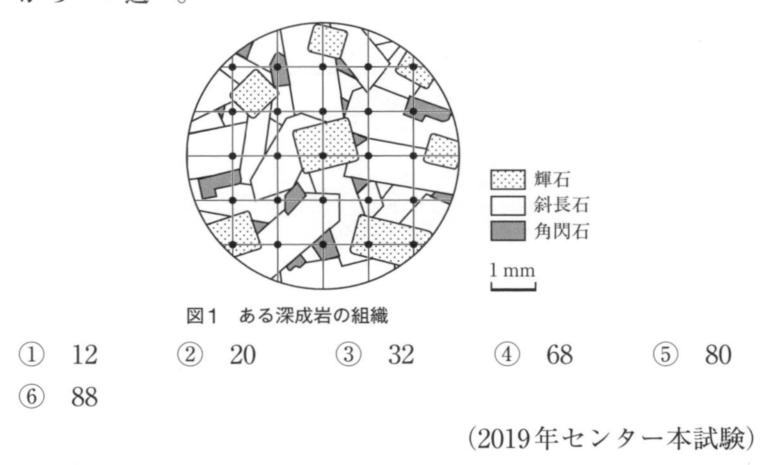

図1　ある深成岩の組織

① 12　② 20　③ 32　④ 68　⑤ 80　⑥ 88

（2019年センター本試験）

有色鉱物が格子点の上に何個あるかを数えます。その数を全体の格子点の数である25で割り，100をかければ答えになります。

図1の鉱物では，有色鉱物は輝石と角閃石です。有色鉱物の上にある格子点の数は8個です。よって，色指数は，$\frac{8}{25}\times100=32$になります。したがって，**答え ③**となります。なお，色指数が測定できるのは鉱物が大きく成長した深成岩です。この深成岩は**図1－78**から閃緑岩です。

なんかいろいろな鉱物名や火成岩名が出てきて混乱してきました！　整理してもらえますか？

わかりました。説明しましょう。

火成岩は冷却のされかたによって，深成岩と火山岩に分類されます。また，色指数によって超苦鉄質岩，苦鉄質岩，中間質岩，ケイ長質岩に分類されます。それに対応して**図1－78**のように火成岩名が決まります。

SiO_2（質量%）	45%	52%	66%	
色指数	（超苦鉄質岩）70	（苦鉄質岩）40	（中間質岩）20	（ケイ長質岩）
造岩鉱物 □無色鉱物 ■有色鉱物	かんらん石	輝石	斜長石 角閃石	石英 カリ長石 黒雲母
火山岩		玄武岩	安山岩	デイサイト・流紋岩
深成岩	かんらん岩	斑れい岩	閃緑岩	花こう岩

図1－78

難しそうですね……。
図1－78の見かたを教えてください。

では，例をあげて説明しましょう。

「マグマがゆっくり冷却して形成された火成岩の色指数は10であっ

た。この火成岩の名称とおもな造岩鉱物を答えよ。」という問題の場合

Ⅰ　マグマがゆっくり冷却して形成された火成岩は，深成岩である。

Ⅱ　色指数が10である火成岩は，ケイ長質岩である。

よって，火成岩名は花こう岩，含まれる造岩鉱物は，有色鉱物が黒雲母（くろうんも）・角閃石（かくせんせき），無色鉱物は石英（せきえい）・カリ長石（ちょうせき）・斜長石となります。**図1−78については，覚えるようにしましょう。**

偏光顕微鏡を用いた薄片の写真やスケッチから，火成岩の種類や鉱物の種類を判別する問題は共通テストでは頻出です。**図1−78**をしっかりと覚えているかどうかが試されます。

過去問にチャレンジ

ある安山岩質溶岩から岩石を採取して肉眼観察したところ，斑晶（はんしょう）として白色の鉱物Ａと黒色や暗緑色の鉱物Ｂを含んでいた。この岩石から作成した薄片（プレパラート）を偏光顕微鏡で観察したところ，次の図1のような組織であった。鉱物Ａおよび鉱物Ｂの組合せとして最も適当なものを，下の①〜④のうちから一つ選べ。

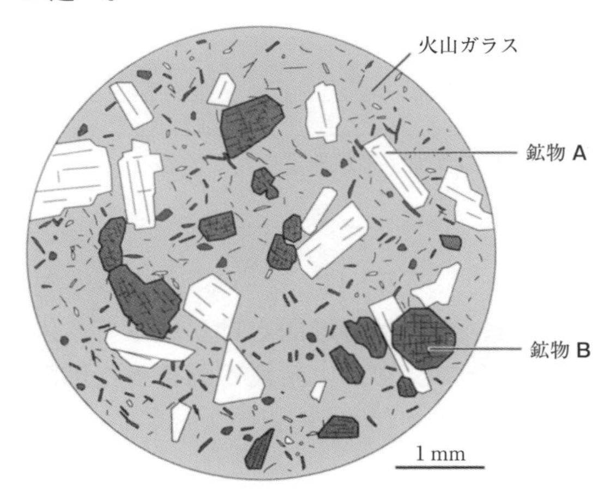

図1　ある安山岩質溶岩の組織のスケッチ
斑晶中の実線はへき開を表す。

	鉱物A	鉱物B
①	斜長石	輝　石
②	斜長石	かんらん石
③	石　英	輝　石
④	石　英	かんらん石

（2020年共通テスト本試験）

問題文で安山岩と与えられていることから，鉱物名を**図1－78**から選び出しましょう。

安山岩の造岩鉱物のうち，鉱物Aは白色の鉱物であることから無色鉱物の斜長石，鉱物Bは黒色や暗緑色であることから有色鉱物の輝石か角閃石であると判断できます。これらのことから，**答え** ①となります。

なお，有色鉱物のへき開について，不明瞭なものがかんらん石，へき開の線のなす角度が90°のものが輝石，120°のものが角閃石，へき開の線が一方向のみのものは黒雲母と判断できます。

⑤ 火成岩の産状

火成岩は地下で地層中にマグマが**貫入**（かんにゅう）して形成されたり，マグマが地表に噴出して形成されたりします。

貫入ってどういう意味ですか？

「貫入」という漢字の意味で考えてみるといいですよ。

「貫」は「つらぬく」，「入」は「はいる」と読めますから，**マグマが上昇するとき，まわりの地層を押し広げて，入り込むのが貫入です。貫入したマグマが，冷えて固まった形態**を**貫入岩体**といいます。

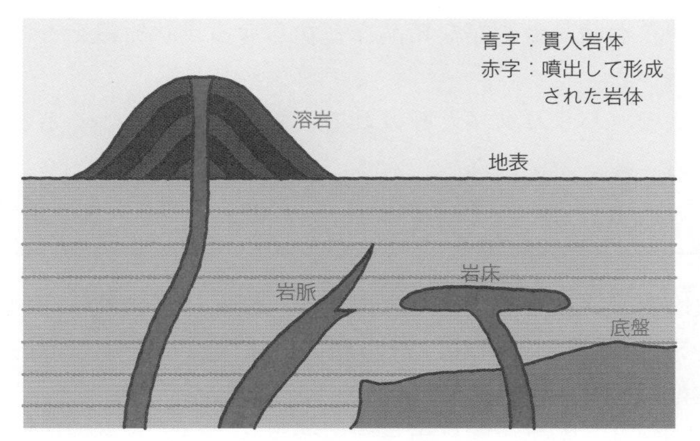

図1－79

・**溶岩**：マグマが地表に噴出した岩石で，すべて火山岩。
・**底盤（バソリス）**：地下深くに貫入した**大規模な深成岩体**をいう。
・**岩脈**：周囲の地層を切って貫入した，小規模の火成岩体をいう。
・**岩床**：周囲の地層に平行に貫入した小規模の火成岩体をいう。
※　地表近くで貫入するとマグマが急冷されるので火山岩，地下深い所に貫入するとゆっくり冷却されるので深成岩となる。

総復習という意味も含めて火成岩についての総合的な知識が必要な過去問を用意しました。正解を2つ選ぶというタイプの問題にも慣れておきましょう。

過去問にチャレンジ

火山岩について述べた文として適当なものを，次の①～⑤のうちから二つ選べ。ただし，解答の順序は問わない。

①　岩石中に含まれるAl_2O_3量（質量％）で火山岩の分類は行われる。
②　ガラス質の物質が含まれることがある。
③　大きさのほぼそろった結晶からなる等粒状（とうりゅうじょう）組織をもつものが多い。

④　粗粒な結晶と細粒な結晶などからなる斑状(はんじょう)組織をもつものが多い。
⑤　底盤(ていばん)（バソリス）と呼ばれる大規模な岩体をつくることがある。

（2023年共通テスト追試験）

①：火山岩，深成岩を含めた火成岩は，岩石に含まれる有色鉱物の量やSiO_2質量％で分類が行われています。したがって，この選択肢は誤りです。

②：火山岩は，石基の中にガラスが含まれていることが多いため，この選択肢は合っています。

③・④：火山岩はマグマが急冷して形成された火成岩であるため，斑晶（粗粒な結晶）と石基（細粒の結晶やガラス）からなる斑状組織をもちます。したがって，③は誤り，④は合っています。

⑤：底盤は地下深くで，マグマがゆっくりと冷却されて形成された岩体なので，深成岩になります。したがって，この選択肢は誤りです。

以上のことから，**答え　②，④**となります。

SECTION 2
大気と海洋

THEME

1　大気の構造
2　地球のエネルギー収支
3　地球表層の水と雲の形成
4　大気の大循環
5　海水の運動

SECTION 2で学ぶこと

エネルギー収支や飽和水蒸気量の計算問題がよく出題されます。大気の大循環や低気圧に関する知識もしっかり覚えましょう。

各THEMEの必修ポイント

1 大気の構造

・大気の組成

・地表から対流圏・成層圏・中間圏・熱圏の境界までの高さ

図1 株式会社フォトライブラリー

図2 イメージナビ株式会社

図3 イメージナビ株式会社

図1：エベレスト（高度8848 m）は対流圏，図2・3：流星の発光（高度約100 km）や国際宇宙ステーションが存在する（高度約400 kmくらい）のは熱圏

2 地球のエネルギー収支

・太陽放射と地球放射の違い

・エネルギー収支の計算方法

・温室効果の原理

3 地球表層の水と雲の形成

・飽和水蒸気量と湿度の関係

・低気圧と高気圧の特徴

4 大気の大循環

・低緯度，中緯度，高緯度の風の特徴

・温帯低気圧と熱帯低気圧の違い

5 海水の運動

・海水の塩類組成と塩分
・海洋の鉛直構造（表層混合層，水温躍層，深層）の特徴
・海流が流れる原理
・海水の深層循環の特徴

頻出用語と解きかたのコツ

・大気の組成：窒素（N_2）：酸素（O_2）＝4：1
※二酸化炭素（CO_2）は0.04％で徐々に増加している
・エネルギー収支の計算：
吸収するエネルギーの合計＝放出するエネルギーの合計
・飽和水蒸気量のグラフの見かた
①相対湿度の計算：A点の相対湿度h〔%〕，T〔℃〕の飽和水蒸気量P〔g/m³〕，T〔℃〕の水蒸気量Q〔g/m³〕とすると，

$$\frac{Q}{P}\times 100=h$$

②露点：水蒸気から水滴が生じ始める温度
A点の露点はt〔℃〕

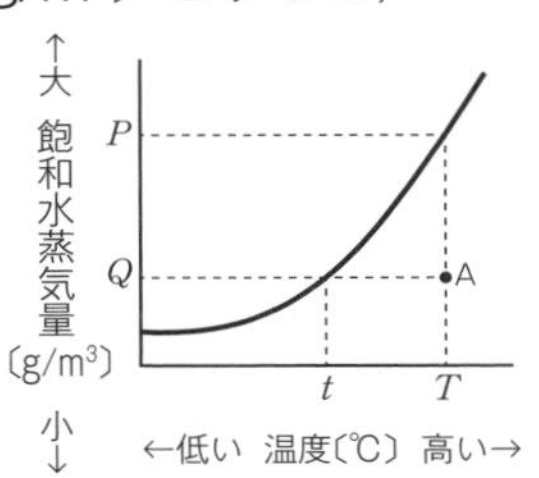

・海水の塩分：3.5％＝35‰（パーミル）
海水1000 g中に塩類は35 g含まれている
・海水の塩類組成：塩化ナトリウム（NaCl）＞塩化マグネシウム（$MgCl_2$）

計算問題は慣れが大切です。本書に掲載されている過去問を使って対策していきましょう。

THEME 1

大気の構造

ここで自きめる！

- 地球の大気は，窒素と酸素がほとんどで，その割合は 4：1 である。
- 地表の気圧は，1 気圧≒1013 hPa で，5.5 km 上空に行くごとに半分になる。
- 地球の大気は，地表から上空に向かって温度分布の変化に応じて，対流圏→成層圏→中間圏→熱圏の 4 層構造をしている。

1 地球の大気と大気圧

① 大気（たいき）の組成

●大気の主成分

水蒸気を除くと，大気の大部分は**窒素（N_2）**と**酸素（O_2）**でできています。**その割合は N_2：O_2＝4：1** です。大気の組成の割合は，高度約80 kmまで一定です。

大気には，窒素と酸素以外の成分はないんですか？
たとえば二酸化炭素とか…。

二酸化炭素（CO_2）も含まれていますが，窒素や酸素に比べると，ごく微量なんですよ。

●その他の大気の成分

表2−1のように，大気中の体積比では窒素と酸素が合計で約99%を占めています。微量な成分として，アルゴン（Ar）や二酸化炭素（CO_2）などが存在します。

気　体	体積%
窒　素	78
酸　素	21
アルゴン	0.9
二酸化炭素	0.04

表2−1　大気の組成

※水蒸気(H_2O)は，1～4%含まれているが，時間や場所によって変化が大きいため，除いている。

POINT　大気中の二酸化炭素

地球温暖化の原因物質である二酸化炭素が，大気全体に対して占める体積の割合は，現在0.04%だが，その量が人間活動によって少しずつ増加している。

② 大気の圧力

●気圧

ある場所における，それより上部の大気の，単位面積当たりの重さを**気圧**(きあつ)といいます。地表（高度0 m）における平均大気圧（1気圧）は，約**1013 hPa**(ヘクトパスカル)になります。

単位面積当たりの重さとか，ヘクトパスカルとか気圧のイメージがわかないのですが…。

目には見えませんが，空気中には空気をつくっているたくさんの分子が飛んでいて，私たちの頭にはそれらの粒子がのっているんです。

空気を構成する気体分子の重さが気圧です。1気圧は，**図2−1**のように，1 cm^2（1 cm×1 cmの正方形）に約1 kgの重さがかかっていることを表します。

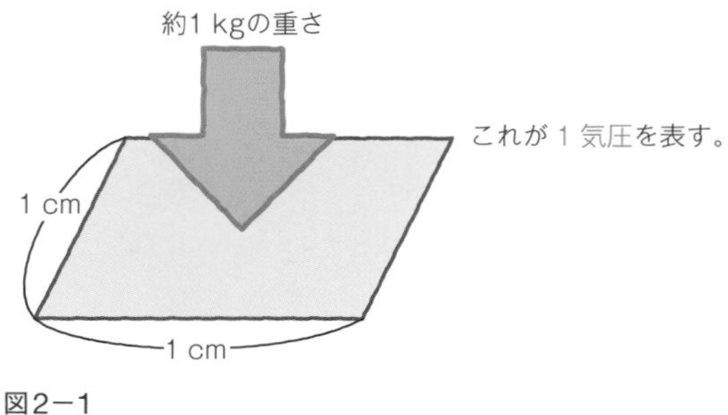

図2−1

●トリチェリの実験

イタリアの**トリチェリ**は図2−2のような実験を行いました。長さ1 mほどのガラス管に水銀を満たして，水銀を入れた水槽の上に立て，ふたをはずします。すると，ガラス管内の水銀の液面は下がって，**水槽の水銀の液面から約76 cmで静止**しました。これは，水槽の**水銀の液面にかかる大気圧（A）と，ガラス管内の水銀の重さによる圧力（B）がつりあう**ために起こる現象です。

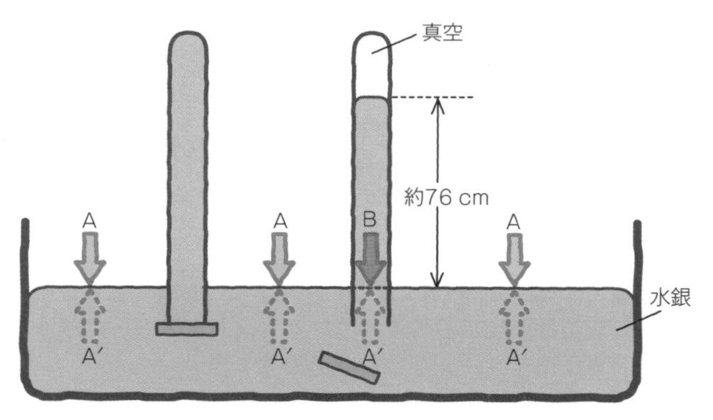

図2−2

これって，つまりどういうことなんですか？

水銀の液面にかかる空気の圧力（図2−2のA）と，ガラス管内の水銀による圧力（図2−2のB）がつりあっているんです。

空気に接している水槽の水銀の液面には，大気圧がはたらくので，1 cm^2に約1 kgの圧力がかかっています(**図2－2**のA)。このとき，水槽の水銀の液面が空気を押し返す圧力も，同じ大きさで向きが逆になっています（**図2－2**のA′）。ここでガラス管に注目すると，約76 cmの高さで止まった水銀の重さによる圧力が，水槽の水銀の液面にかかっています（**図2－2**のB)。水銀の密度は約13.6 g/cm^3ですから，ガラス管の断面積を1 cm^2とすると，76 cm分の水銀の質量は次の式で表されます。

$$13.6〔g/cm^3〕\times 76〔cm〕\times 1〔cm^2〕\fallingdotseq 1000〔g〕= 1〔kg〕$$

したがって，Bも，図のAやA′と同じ大きさの1 cm^2に約1 kgの圧力になりました。

気圧の単位

地表の平均気圧は，1気圧，または1013 hPa(ヘクトパスカル)である。
また，これは水銀柱76 cm分の重さによる圧力になることから，760 mmHgと表すこともある。

③ 気圧の高度分布

図2－3のように，**気圧は，高度5.5 km上空に上がるごとに，およそ半分になります。**

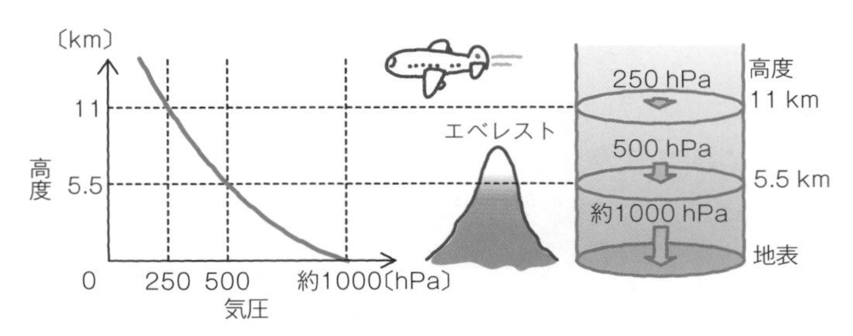

図2－3

共通テストでは，上空の気圧の値を求める計算がよく出題されます。気圧と空気の重さの関係をしっかりと理解しておきましょう。

過去問にチャレンジ

気圧は単位面積に加わる大気の重さによる圧力なので，上空にいくほど気圧は低くなり，その値は約5.5 km上昇するごとに半分になる。

問題文中に気圧の意味や，気圧が半分になる高さなどのヒントが与えられています。共通テストでよく見られる傾向ですので，見落とさず，しっかりと利用しましょう。では，続きを見てみましょう。

文章中の下線部に関連して，高度11 kmより上層にある大気の質量は，地球の全大気質量のどれくらいの割合か。最も適当な数値を，次の①〜⑤のうちから一つ選べ。［　　］%

①　1　　②　5　　③　10　　④　25　　⑤　40

（2005年センター本試験）

まず，高度11 kmの気圧を求めましょう。地表の気圧は1013 hPaであることは覚えているでしょうか。問題文の下線部を利用すると，気圧は高度5.5 kmで半分の約500 hPa，高度11 kmでは500 hPaの半分の250 hPaになることがわかります。

次に大気の質量を考えてみましょう。p.124のトリチェリの実験を思い出してください。1013 hPaは1 kgの空気の圧力，500 hPaは0.5 kgの圧力，250 hPaは0.25 kgの圧力に相当することから，地表では空気が頭の上に1 kgあるのに対して，高度11 kmでは0.25 kgの圧力に減少します。だから，高度11 kmよりも上にある空気の割合は，$\frac{0.25}{1}\times 100=25$(%)で，答え ④ です。

よって，**高度11 kmより下の対流圏には全大気量の75%が存在**しています。

2 大気圏の構造

地球を覆っている大気の層を，まとめて**大気圏**(たいきけん)といいます。大気圏では高度によって気圧が異なることは，p.125で説明したとおりです。

そのほかに，温度分布も異なります。**この温度分布の違いによって**，大気圏は，地表から上空に向かって，**対流圏**(たいりゅうけん)・**成層圏**(せいそうけん)・**中間圏**(ちゅうかんけん)・**熱圏**(ねつけん)の4層に分けられます(図2−4)。

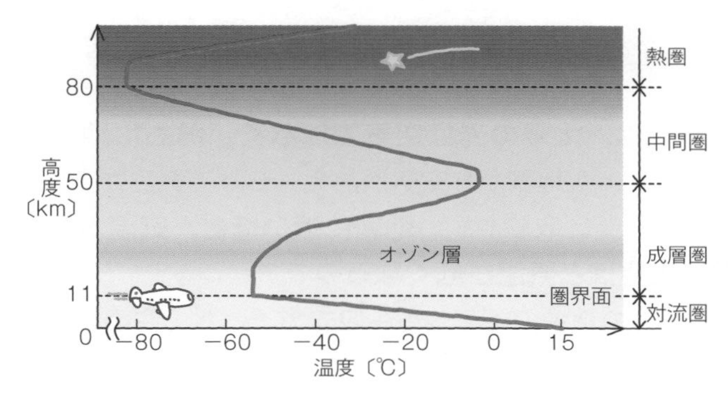

図2−4

POINT **大気の層構造と温度分布の関係**

対流圏（上空ほど温度低下）→成層圏（上空ほど温度上昇）
→中間圏（上空ほど温度低下）→熱圏（上空ほど温度上昇）

1 対流圏

●対流圏の領域

地表～高度約11 kmまでの，**気温が低下し続ける領域**を**対流圏**といいます。対流圏では，高度が100 m上がるごとに気温が平均0.65℃の割合で下がります。このような気温の変化の割合を**気温減率**(きおんげんりつ)といいます。

対流圏の上限の，成層圏との境目を**圏界面**(けんかいめん)（対流圏界面）といいます。圏界面の高度は，緯度によって異なり，高緯度では8～10 km，低緯度では12～17 kmほどです。また，季節によっても高度は変化します。地表付近の温度が高いときほど，圏界面の高度は高くなる傾向があります。

上空ほど太陽に近いのに，なんで対流圏では高度が上がると気温が低くなっていくんですか？

不思議に思いますよね。では，説明していきましょう。

対流圏では，太陽の光は空気ではなく，おもに地表を暖めるのです。暖まった地表から空気が熱をもらって気温が上がります。だから，熱を受け取りやすい**地表に近いほど，気温が高く，地表から遠い上空ほど気温が低くなる**のです。

THEME 2の地球のエネルギー収支でくわしく説明します。

●対流圏の特徴

雲の発生や降水などの**天気の変化は，おもに対流圏で起こる現象**です。

なんで，対流圏だけで天気の変化が起こるんですか？

p.126の過去問にチャレンジで学習したように，対流圏には大気の大部分が存在していて，天気の変化に影響を与える水蒸気の大部分も対流圏に存在しているからなんですよ。

対流圏では，地表付近に暖かい空気があり，上空に冷たい空気があります。**暖かい空気は軽いので上昇し，冷たい空気は重いので下降します**。これを**対流**とよびます。このとき，水蒸気が水滴になったり，水滴が蒸発したりして，天気の変化が起こります。

② 成層圏

●成層圏の領域

高度約11 km～50 kmまでの領域を成層圏といいます。成層圏の気温は約20 kmまではほぼ一定で，それよりも上部では，**気温が上昇し続けます**。

●成層圏の特徴

オゾン(O_3)を多く含む**オゾン層**が存在し，太陽からの**紫外線**(しがいせん)を吸収しています。紫外線は生物に有害なので，それが地表に届くのを防ぐバリアの役割を果たしています。

図2－4のグラフを見ると，成層圏で，上空ほど気温が高くなっているのはなぜですか？

それは**オゾンが紫外線を吸収するときに，発熱する**からです。オゾン層は高さ15 km～30 kmに分布するので，そのあたりから気温が高くなっていくんですよ。

③ 中間圏

●中間圏の領域

高度約50 kmから80～90 kmの，**気温が低下し続ける領域**を**中間圏**といいます。

●中間圏の特徴

地表から中間圏までは，大気の化学組成(p.123表2－1)はほぼ一定です。

④ 熱圏

●熱圏の領域

高度約80～90 kmよりも上空の，**気温が上昇し続ける領域**を**熱圏**といいます。

●熱圏の特徴

熱圏の**酸素分子や窒素分子が，太陽からのX線や紫外線を吸収して分解され，発熱して大気を暖めています。**そのため，高度200 km以上では600℃を超えています。また，熱圏では流星(りゅうせい)やオーロラ(極光(きょくこう))が見られます。

なんで，流星やオーロラが熱圏で見られるんですか？

熱圏にも薄いながら大気があるからなんです。

オーロラは，太陽からやってくる荷電粒子(電気を帯びた粒子)が，大気の分子や原子とぶつかるときに発光する現象です。また，流星は彗星が放出した塵や宇宙空間にある微粒子が地球大気とぶつかって発光する現象です。これらの現象は，熱圏に空気が存在する証拠になります。

大気圏の高度

対流圏：0 km～11 km，成層圏：11 km～50 km，
中間圏：50 kmから80～90 km，
熱圏：80～90 kmよりも上空

共通テストでは，気圧と高度と上空への温度変化の関係を結びつけて考える総合問題が出題される場合がよくあります。そのような共通テストの過去問を解いてみましょう。

過去問にチャレンジ

気圧と気温の鉛直分布に関して述べた次の文章中の［ア］・［イ］に入れる数値と語の組合せとして最も適当なものを，下の①～④のうちから一つ選べ。

平均的な気圧は，中間圏までは，およそ16 km上昇するごとに10分の1になる。海面の気圧が1000 hPaの場合，気圧が1 hPaである高度はおよそ［ア］kmとなる。この高度は成層圏と中間圏の境界に相当する。この高度の気温は，気圧が100 hPaである高度の気温に比べて［イ］。

	ア	イ
①	32	低　い
②	32	高　い
③	48	低　い
④	48	高　い

（2021年共通テスト本試験　第2日程）

16 km上昇するごとに気圧が10分の1に減少するという情報から1 hPaになる高度［ア］を求めます。また，100 hPaになる高度を求めて，大気圏の領域を判断します。上空への温度分布と結びつけて，［イ］を求めます。

求めたい高度［ア］kmの気圧は1 hPaで，16 km上昇するごとに気圧が10分の1に減少するという情報から，

16 kmで$1000\times\frac{1}{10}=100$ hPa，32 kmで$100\times\frac{1}{10}=10$ hPa，

48 kmで$10\times\frac{1}{10}=1$ hPaになります。

したがって，［ア］は48が入ります。成層圏と中間圏の境界の高度は，約50 kmなので，知識があればこの計算をせずに48 kmを選ぶこともできます。このように共通テストでは，しっかりした知識を持っている人は計算などをしなくても解答を導けるような出題もしばしばあります。また，100 hPaになる高度は16 kmであることから成層圏の下部になります。

成層圏は上空に向かって温度が上昇し，中間圏との境界で最高気温になるため，［イ］は高いとなり，答え ④となります。

THEME

2 地球のエネルギー収支

ここで畝きめる!

- 太陽は可視光線，地球は赤外線が最も強いエネルギーを放射している波長。
- 太陽定数から，地球全体が受け取るエネルギー量や地表が受ける平均エネルギー量を計算することできる。
- エネルギー収支は，大気圏外・大気・地表の各領域でつりあっている。

1 太陽放射と地球放射

① 電磁波

電磁波(でんじは)とは，正確にいうと，電気と磁気の振動が伝わっていく波のことです。ただ，この定義は難しいので，具体的にどんなものが電磁波なのかを，覚えておくだけで十分です。図2−5のように，電磁波は波長（波の山から山の長さ）の短いほうから **X線**(エックスせん)，**紫外線**(しがいせん)，**可視光線**(かしこうせん)，**赤外線**(せきがいせん)，**電波**の5つに分けられています。人が目で感じることができる領域の電磁波は，「目で視ることが可能な光」という意味から可視光線とよびます。

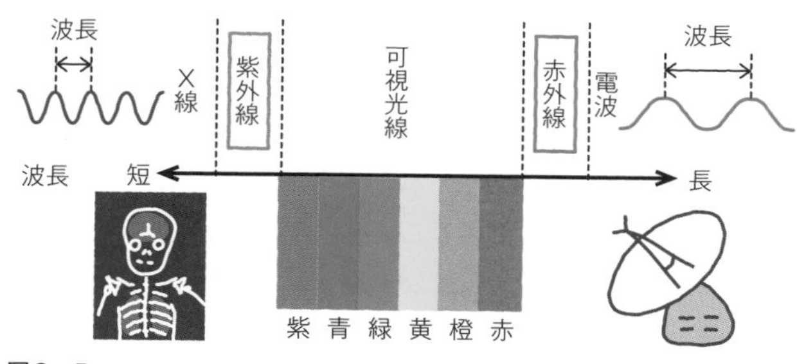

図2−5

図2−5のように，**可視光線**の色は，**波長**（はちょう）**の短い紫から長い赤に変化しています**。人が目で感じることができる最も波長が短い可視光線は紫なので，それより短い電磁波を**紫外線**といいます。また，最も波長が長い可視光線は赤なので，それより長い電磁波を**赤外線**といいます。

紫外線は日焼けの原因になる一方，医療器具の殺菌などに利用されます。また，赤外線は温度センサーなど，目に見えないものを調べるために利用されます。

② 太陽放射（たいようほうしゃ）

●太陽放射と電磁波の種類

太陽は，膨大なエネルギーを電磁波として宇宙空間に放出しています。これを**太陽放射**といいます。

太陽が最も強いエネルギーを放射している波長は，**可視光線**の波長域にあります。

●地表に届くまでの太陽放射

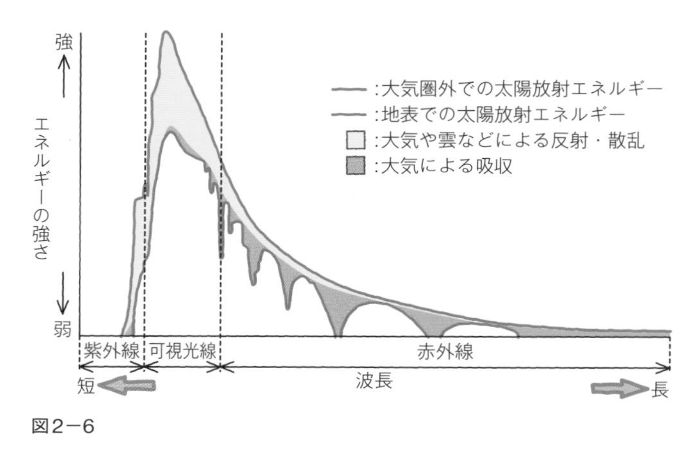

図2−6

図2−6のグラフの赤線は，大気圏外で受ける太陽放射エネルギー，グラフの青線は地表で受ける太陽放射エネルギーです。つまり，黄色や橙色になっている部分は，大気圏において吸収されたり反射されたりした太陽放射エネルギー(電磁波)ということです。大気が太陽放射エネルギー(電磁波)に与える影響をまとめておきます。

・　紫外線は，おもに成層圏のオゾン層(O_3)で吸収されて(p.129参照)成層圏を暖めたり，大気で反射されたりするため，地表にはほとんど到達していません。
・　赤外線の一部は，大気中の水蒸気(H_2O)と二酸化炭素(CO_2)によって吸収されます。
・　可視光線の一部は，大気や雲によって吸収・反射されますが，あまり減少せずに地表に到達します。

③ 太陽定数(たいようていすう)

大気圏のいちばん上の部分（大気の影響がない領域）で，太陽光線に対して**垂直な1 m^2の面が，1秒間に受け取る太陽放射エネルギー量を太陽定数**といいます。太陽定数の値は，**約1370 W(ワット)/m^2**です。

●地球が受け取る太陽放射エネルギーの総量

大気圏のいちばん上の部分で，地球全体が1秒間に受け取る総エネルギー量E〔W〕を計算します。

太陽定数I〔W/m^2〕，地球の半径R〔m〕を用いると，

$$E=\pi R^2 I$$

で表されます。ここで，πR^2は地球の断面積を表します。

う～ん。一体，何をやっているんですか？

難しいことをやっているわけではありませんよ。太陽が放射するエネルギー，つまり太陽光線が，地球に届くときのことを考えましょう。

図2－7を見てください。地球は球なので，太陽光線は球に沿った形で届きますが，太陽のほうを向いている面は，すべて太陽光線を受け取ります。つまり，**地球の断面で太陽光線を受け取ったと考えてよい**です。**太陽定数I〔W/m^2〕と地球の断面積πR^2〔m^2〕をかけ算すれば，地球全体が受け取る太陽放射エネルギーを求めることができます**。太陽光線に垂直な断面というところがポイントです。

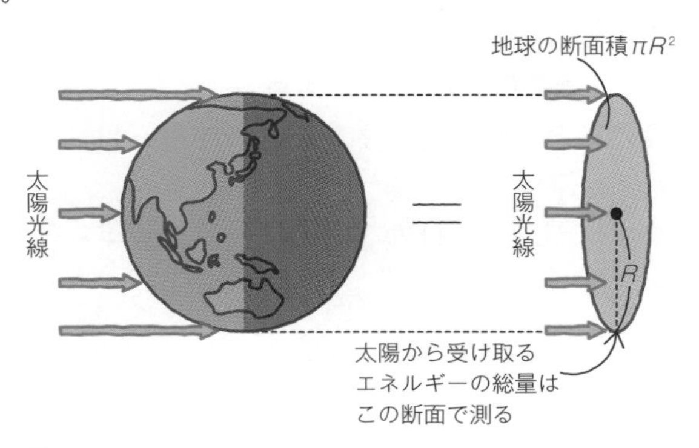

図2－7

SECTION 2 大気と海洋

●地球上の 1 m^2 で受ける太陽放射エネルギー量の平均

半径がRの球の表面積は$4\pi R^2$です。これは中学校の数学で教わったと思いますが，覚えていましたか？

まったく，覚えていませんでした……。

では，この機会に覚え直しておきましょうね。地球全体が受け取る太陽放射エネルギーの総量は，$\pi R^2 I$〔W〕でした。これを，地球全体の表面積$4\pi R^2$〔m^2〕で割ってみましょう。

$$\pi R^2 I〔\mathrm{W}〕\div 4\pi R^2〔\mathrm{m}^2〕=\frac{1}{4}I〔\mathrm{W/m}^2〕$$

$$=\frac{1}{4}\times 1370 \fallingdotseq 340〔\mathrm{W/m}^2〕$$

地球が**受け取る太陽放射エネルギーは，緯度や昼夜によって異なりますが，地球全体で平均すると340 W/m^2 になる**ということがわかります。

地球が受け取る太陽放射のエネルギー

太陽定数をI，地球の半径をRとする。

・地球が受け取る太陽放射エネルギーの総量Eは，

$$E=\pi R^2 I$$

・地球上の単位面積で受け取る太陽放射エネルギー量の平均eは，

$$e=\frac{1}{4}I$$

④ 地球放射

● 地球放射と電磁波の種類

ここまでに説明したとおり，地球は太陽放射によってエネルギーを得ていますが，地球も太陽と同じようにエネルギーを電磁波として放出しています。これを**地球放射**といいます。**地球放射により放射されるエネルギーの大半は，赤外線領域の電磁波**です。

● 大気の影響

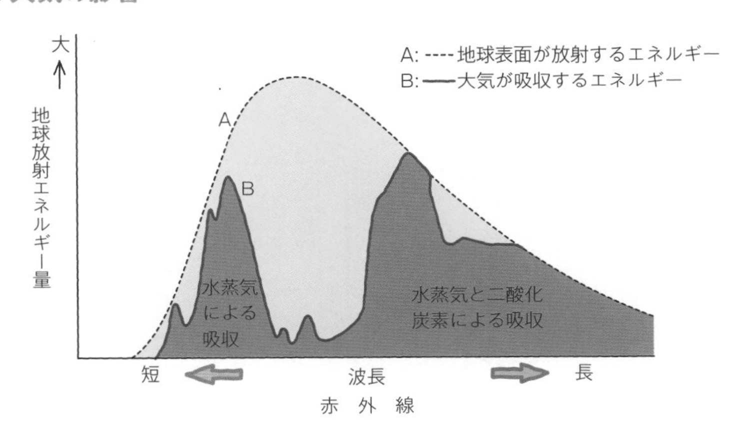

図2−8

地球放射である赤外線は，一部の波長域を除くと，多くが**大気の成分である水蒸気(H_2O)と二酸化炭素(CO_2)によって吸収**されています。

> **POINT　太陽放射と地球放射**
>
> 太陽放射：おもに可視光線　　地球放射：おもに赤外線

共通テストでは，教科書の実験・観察などをテーマとした問題が出題されることが特徴の１つです。実験の手順をしっかりと理解して，その結果や考察につなげていきましょう。では，太陽放射を測定する実験についての共通テストの過去問を解いてみましょう。

過去問にチャレンジ

太陽定数と比較することを目的に，次の図1に示す簡易日射計を作製した。この日射計の光を受ける面は，光の反射を防ぐため黒くぬる。日射以外の熱の出入りを可能な限り少なくするため，光を受ける面以外は断熱材でおおい，かつ容器は［ア］の水で満たす。計測するときは，受けるエネルギーが最大になるよう光を受ける面を［イ］に置き，1分ごとに温度を読み取る。

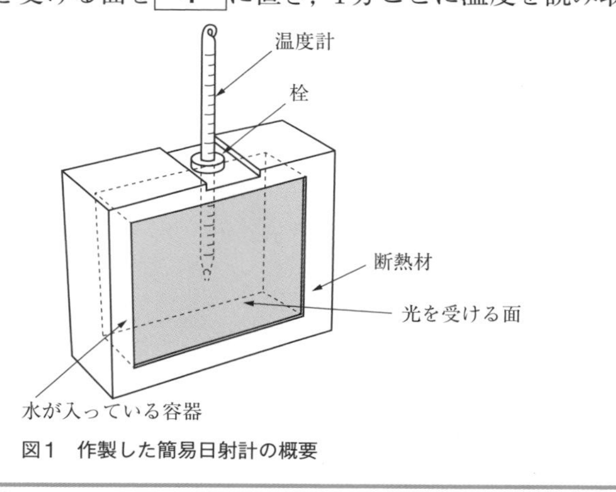

図1　作製した簡易日射計の概要

問題文に書いてある「日射以外の熱の出入りを可能な限り少なくする」ことと，「受けるエネルギーが最大になる」という部分が重要ですので，見落とさないようにしましょう。熱が高温の物体から低温の物体に移動することは，必ず覚えておきましょう。

問1　前の文章中の［ア］・［イ］に入れる語句の組合せとして最も適当なものを，次の①～④のうちから一つ選べ。

	ア	イ
①	周囲の気温にかかわらず温度0℃	太陽光線に垂直
②	周囲の気温にかかわらず温度0℃	地表に平行
③	周囲の気温と同じ温度	太陽光線に垂直
④	周囲の気温と同じ温度	地表に平行

ア：周囲の温度よりも水の温度が低ければ，水が周囲から熱を吸収して水温が上がってしまいます。周囲の温度よりも水の温度が高ければ，水が周囲に熱を放出して水の温度が下がってしまいます。これでは，太陽の光以外に熱が出入りすることになり，太陽の熱を正確に測定することができなくなります。したがって，「周囲の気温と同じ水の温度にする」ことが答えとなります。

イ：太陽定数は，太陽光線に垂直な面で受け取るエネルギー量でしたね。これでエネルギー量が最大になります。地表に平行だと，太陽光線に対する角度は90°よりも小さくなるため，エネルギー量が少なくなってしまいます。したがって，**答え ③** です。

続けて，図1の日射計を用いた計算問題をやってみましょう。共通テストでは，実験結果の数値を文字式で表す問題も出題されます。難しく感じるかもしれませんが，単位の示す意味を理解しながら，1つひとつのできごとを丁寧に数式に当てはめていけば，解答にたどり着けます。落ち着いて解いていきましょう。また，単位の見かたも学びましょう。たとえば，密度〔g/cm^3〕は，分数の$\frac{g}{cm^3}$と考えることができ，1 cm^3あたりの質量〔g〕を表します。

問2　作製した日射計の光を受ける面積はS〔m^2〕，1℃上昇するために必要なエネルギーの量は水と容器を合わせてC〔J/℃〕である。実験で求めた1分当たりの温度上昇率はT〔℃/分〕であった。このときの$1m^2$，1秒当たりの太陽放射エネルギーの量〔W/m^2〕を求める計算式として最も適当なものを，次の①～④のうちから一つ選べ。

① $C \times S \times \frac{1}{T} \times 60$　② $C \times S \times \frac{1}{T} \times \frac{1}{60}$

③ $C \times \frac{1}{S} \times T \times 60$　④ $C \times \frac{1}{S} \times T \times \frac{1}{60}$

（2023年共通テスト追試験）

SECTION 2 大気と海洋

C〔J/℃〕にT〔℃/分〕をかけると，単位で計算してみると，

$\frac{J}{℃}\times\frac{℃}{分}=\frac{J}{分}$となり，$C\times T$は水と容器が1分当たりに受け取ったエネルギー量〔J〕となります。求める値が，1 m^2当たりなので，$C\times T$を面積S〔m^2〕で割ります。また，1秒当たりなので，同じく$C\times T$を時間60〔秒〕で割ります。よって，$C\times T\times\frac{1}{S}\times\frac{1}{60}$となり，

答え ④となります。〔W〕という単位は〔J/s〕を表していることも，覚えておきましょう。

2 地球のエネルギー収支

① 地球のエネルギー収支

● 地球のエネルギー収支

太陽は絶えず放射エネルギーを放出していて（太陽放射），地球はつねにこれを受け取っています。また，太陽によって暖められて，一定の温度をもった地球も，宇宙空間に向けてエネルギーを放出しています（地球放射）。

地球が太陽から受け取る放射エネルギー量と，地球が宇宙空間に放出する放射エネルギー量はつりあっています。このような状態を**エネルギー収支が0である**といいます。エネルギー収支とは，地球全体に入ってくるエネルギーと，出ていくエネルギーの差し引きのことを表しています。

エネルギー収支が0であるって，どういう意味があるんですか？

もし入ってくるエネルギーのほうが多ければ，地球の温度はどんどん上がりますね。逆に，出ていくエネルギーのほうが多ければ，地球の温度はどんどん低くなってしまいます。

しかし現実には，**地球の温度はほぼ一定に保たれています。これはエネルギーの収入と支出がつりあっているからです。**これをエネルギー収支が0であるといいます。

●エネルギーの出入りの種類

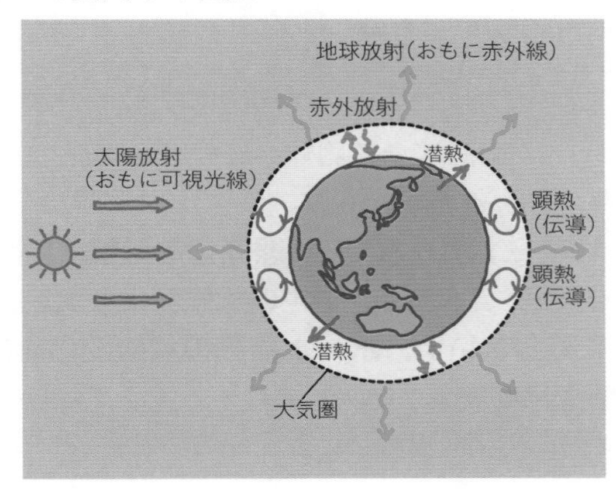

図2－9

- 太陽からは太陽放射として，おもに**可視光線**が地球に入射され，地球を暖めます。
- 暖められた地球からは地球放射として，おもに**赤外線**が放射されます（赤外放射）。地球から大気圏外に向かう放射を地球放射といいます。
- ほかのエネルギーの輸送手段としておもに**潜熱**（せんねつ）(水の蒸発・凝結など，状態変化による熱)や顕熱（伝導）があります。

可視光線や赤外線などの電磁波によってエネルギーが移動するって，いまいちピンとこないんですけど……。

電磁波が物体に当たると温度が上がります。これは，電子レンジで食品が温まる原理を考えてみるといいですよ。

電子レンジはマイクロ波とよばれる電磁波を発生させ，それが食品に当たると，含まれている水の分子が振動して温度が上がります。

潜熱って何ですか？

潜熱の説明をする前に，水の状態変化についてお話ししておきましょう。

物質がとる3つの状態である固体・液体・気体のことを物質の三態といいます。水は氷（固体）・水（液体）・水蒸気（気体）の3つの状態をとります。**“氷→水”の状態変化を融解，“水→水蒸気”の状態変化を蒸発（じょうはつ），“水蒸気→水”の状態変化を凝結（ぎょうけつ），“水→氷”の状態変化を凝固といいい，氷→水蒸気の状態変化を昇華**，**水蒸気→氷の状態変化を凝華**といいますので，覚えておきましょう。

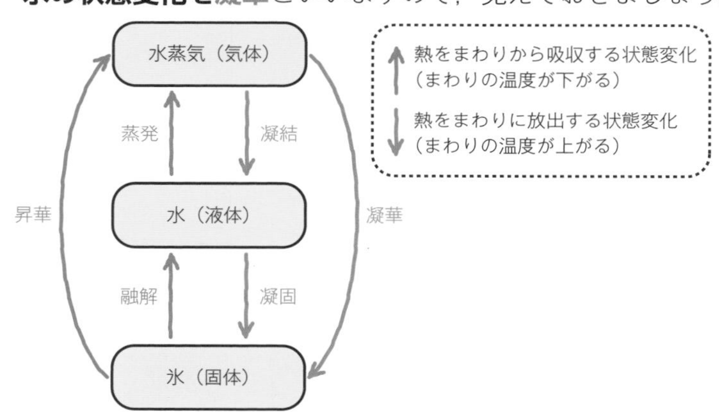

図2−10

潜熱とは，**図2−10**のように，状態変化にともなって出入りする熱のことをいいます。たとえば，水が蒸発するときは，周囲から熱を吸収するため，まわりの温度が下がり，水蒸気が凝結するときは，周囲に熱を放出するため，まわりの温度が上がります。

汗をかいたとき，うちわなどで風を送ると涼しくなります。これは汗が蒸発するとき，体温を奪うからです。つまり，地球上にある海や湖などの水が蒸発するとき，地表面から熱を奪っていく，すなわち熱をまわりから吸収しています。

POINT 潜熱（せんねつ）

水が水蒸気になる(蒸発する)とき，
熱を吸収してまわりの温度を下げる。
水蒸気が水になる(凝結する)とき，
熱を放出してまわりの温度を上げる。

顕熱とは，潜熱以外の熱で温度変化をともなう熱をいいます。たとえば，伝導も顕熱にあたり，温度が異なる物体が接触することで，熱が高温の物体から低温の物体に移動します。

エネルギーの移動

放射：太陽放射(おもに可視光線)，地表からの放射(おもに赤外線)，大気からの放射(おもに赤外線)
放射以外：潜熱，顕熱

●エネルギー収支の量的関係

今度は地球のさまざまな領域ごとに，エネルギー収支を見てみましょう。実際に見積もってみると，領域ごとのエネルギー収支は，図2−11のような数値になります。ここで，エネルギーの出入りを領域ごと，つまり，ヨコに見ていきましょう。**大気圏外・大気・地表のそれぞれの場所で，エネルギーの出入りによる数値を合計すると**(入ってくる熱を＋，出ていく熱を−としています)**0になります**。このように，大気圏外・大気・地表のそれぞれで，**受け取るエネルギー量と放出するエネルギー量がつりあっています。**

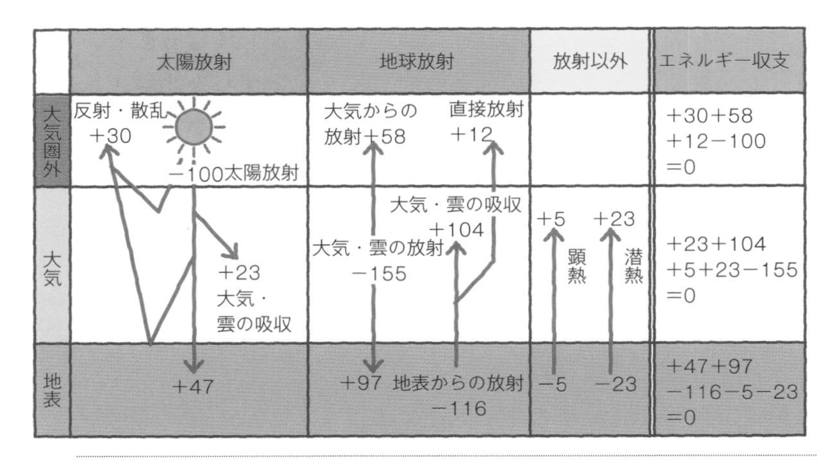

※図の数字は，大気圏の最上部に達する太陽の放射エネルギーを100としています。＋は各部分に入ってくるエネルギーを，−は出ていくエネルギーを示します。

※太陽の放射エネルギーの100は，p.136の地球が受け取る平均の太陽放射エネルギーの340 W/m^{2}を表しています。

図2−11

次に，図2−11をタテに見てみましょう。タテに見ると，**太陽放射・地球放射・その他の各エネルギーがどのような割合で移動していくか**がわかります。具体的に，1つずつ見ていきましょう。

●太陽放射の地球への入射量

図2−11を見ると，太陽放射のエネルギー量100%（約半分が可視光線）のうち，**30%が大気や雲，地表によって反射・散乱**（大気の微粒子に当たって飛び散ること）されています。この分は，地球を暖めることなく，宇宙空間に戻されます。また，**23%が大気や雲によって吸収**され，残りの**47%が地表に吸収**されているのがわかります。

大気や雲，地表による反射・散乱の割合がけっこう多いですね。なぜなんですか？

白い物体は太陽の光を反射しやすく，黒い物体は太陽の光を吸収しやすいんですよ。

大気中にある雲や，地表にある雪，氷河などは白いので，太陽放射を反射する割合が大きく，それ以外の地表や海面は，太陽放射をよく吸収します。**図2－12**の可視光線で見た気象衛星画像（可視画像）を見ると，雲は白く，それ以外の地表や海面は黒く見えます。

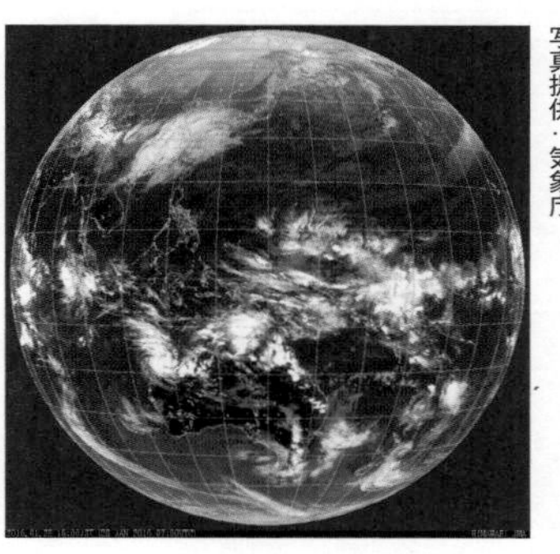

写真提供：気象庁

図2－12

POINT **太陽放射の地球への入射量**

太陽放射エネルギー量のうち，反射・散乱が約30%，大気による吸収が約20%，地表による吸収が約50%

●地球放射のエネルギー収支

次は，**図2－11**の地球放射の例について見ていきましょう。太陽放射の多くが可視光線だったのに対し，**地球放射はその多くが赤外線**です。地表から放射された赤外線の大部分は大気や雲に吸収され，大気や雲から放出された赤外線も多くが地表に吸収されます。大気圏外へ放出される地球放射は，太陽放射のエネルギー量を100%とすると，地表からのものが12%，大気や雲からのものが58%になります。

●その他のエネルギー

その他のエネルギーは，おもに**水の蒸発・凝結によるエネルギー**（**潜熱**(せんねつ)）と，**顕熱**からなっています。ここでも太陽放射のエネルギー量を100%とすると，潜熱による運搬が23%，顕熱が5%で，潜熱による運搬が最も大きくなります。

図2－11を見ると，潜熱によって地表のエネルギーが，大気へと移ったということですよね。
なぜ地表→大気へエネルギーが移動するんですか？

これは次の2段階で考えましょう。

(1) 太陽放射によって海洋や地表が暖まり水分が蒸発すると，水から水蒸気へエネルギー（熱）が吸収されて，海洋や地表の温度が下がる。

(2) 大気に移動した水蒸気は，やがて凝結して雲や雨になるとき，水へと状態変化をする。そのときに，エネルギー(潜熱)が大気へ放出され，大気が暖まる。

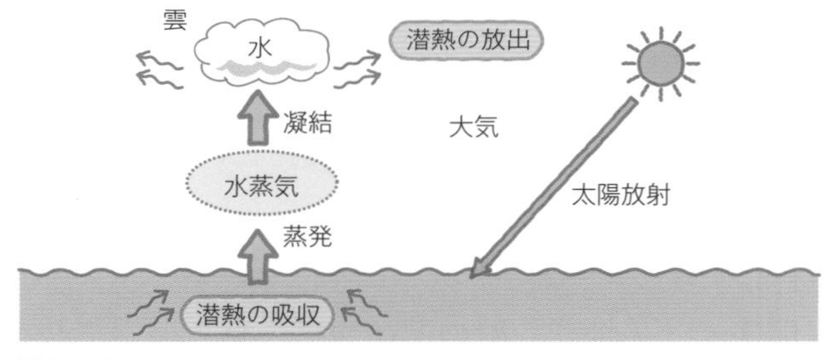

図2－13

2 温室効果

p.144の**図2－11**において，地表が太陽放射で受け取るエネルギーは47なのに，地表から放射されるエネルギーは116だったり，大気から地表へ放射されるエネルギーが97だったりするのは，ちょっと不思議だと思いませんか？

たしかに。太陽から受け取るエネルギーよりも，地表と大気がやり取りしているエネルギーのほうが大きいのは不思議ですね。

これは**温室効果**という現象によります。

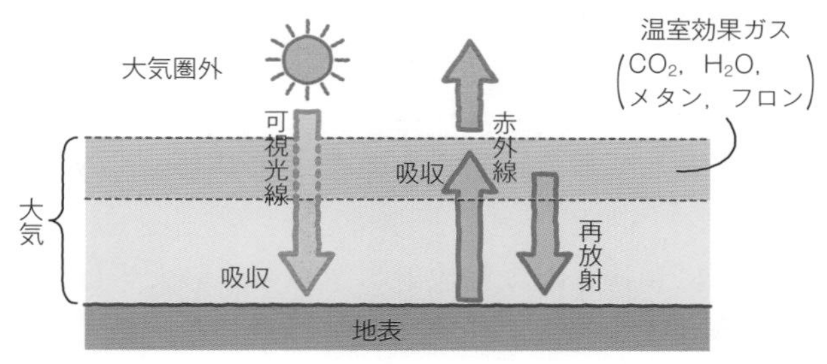

図2－14

図2－14のように，**大気中の二酸化炭素（CO_2）や水蒸気（H_2O）は，太陽からの可視光線をほとんど吸収しません。しかし，地表からの赤外線は吸収**しています。そして，暖まった大気から，**地表に向かって赤外線を再放射**します。このため，地表付近の温度が高温に保たれます。この地表と大気の間で，赤外線による熱の循環が起こる現象が温室効果です。赤外線を吸収する気体を**温室効果ガス**といい，**二酸化炭素**や**水蒸気**のほかに，**メタン**や**フロン**などがあります。

温室効果ガスの存在により，地表の平均気温はおよそ15℃に保たれ，生物が住みやすい環境になっています。

温室効果ガスがなくなってしまうと，気温はどうなるんですか？

図2－11の大気からの地表を暖める放射がなくなるため，平均気温は－18℃になるといわれていますよ。

エネルギー収支の出題では，収支の様子がわかっているかを問う知識問題だけでなく，各領域における収支がつりあうように数値を求める計算問題や，各領域の数値が変化した場合，どのような影響が生じるかを考察する問題がよく見られます。今回は両方のタイプの問題を用意しました。さっそく解いてみましょう。

過去問にチャレンジ

地球全体のエネルギー収支に関連して，放射と温室効果について述べた文として最も適当なものを，次の①～④のうちから一つ選べ。

① 地球表面に到達した太陽放射エネルギーの大半は，地球表面で反射される。

② 地球が吸収する太陽放射エネルギーは，地球が宇宙空間に放射するエネルギーよりも多い。

③ 地球表面から放射されるエネルギーは，水蒸気や二酸化炭素には吸収されるがメタンには吸収されない。

④ 温室効果がなければ，地球表面の平均気温は氷点下まで下がる。

（2016年共通テスト本試験）

① 地球表面に到達した太陽放射エネルギーのうち，反射される割合は小さいので，誤りです。

② 宇宙空間であっても収支は必ずつりあっているので，誤りです。**図2－11**の地球が太陽放射エネルギーを吸収する量は，23＋47＝70です。また，地球が宇宙空間に放射するエネルギーは，58＋12＝70で同じ値です。

③ 前のページで温室効果ガスの種類を紹介しました。メタンも含まれているため，誤りです。

④ 前のページで説明したように，地球は温室効果によって，生物が住みよい平均気温になっています。しかし，温室効果ガスがない場合，平均気温は氷点下になってしまい，生物が住みにくい気温になってしまいます。

したがって，**答え ④**です。

過去問にチャレンジ

次の図1は，地球のエネルギー収支を矢印で表したものである。図中の**A**～**D**のエネルギーの量的関係について述べた下の文**a**・**b**の正誤の組合せとして最も適当なものを，下の①～④のうちから一つ選べ。

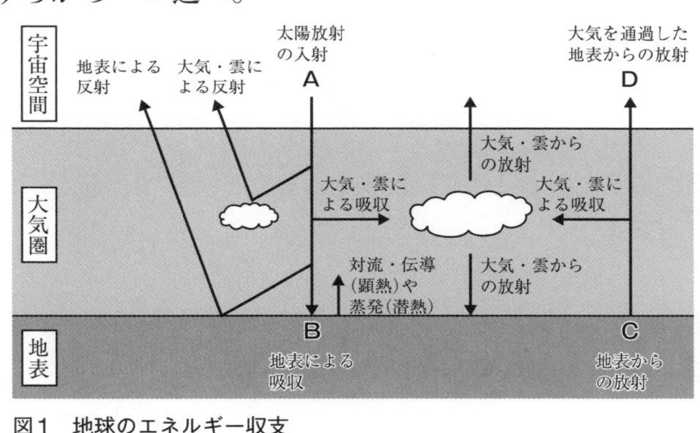

図1　地球のエネルギー収支

エネルギー収支の図で，各領域に入ってくる矢印（たとえば**B**や**D**）のエネルギー量と，出て行く矢印（たとえば**A**や**C**）のエネルギー量がつりあっていることを意識して，続きを見てみましょう。

a　地球全体の雲量が増加すると，**A**に対する**B**の割合が減少する。

b　大気中の温室効果ガスの濃度が増加すると，**C**に対する**D**の割合が減少する。

	a	b
①	正	正
②	正	誤
③	誤	正
④	誤	誤

(2019年センター追試験)

a　太陽放射の入射について考えましょう。「**A**＝**B**＋大気・雲による吸収＋大気・雲による反射＋地表による反射」が成り立っています。雲の増加によって，「大気・雲による反射」や「大気・雲による吸収」の値が増加しますが，**A**の太陽放射の値は変化しません。したがって，**B**の数値が減少することになり，**A**に対する**B**の割合は減少するため，正しい文であることがわかります。

b　地球からの放射について考えましょう。「**C**＝大気・雲による吸収＋**D**」が成り立っています。温室効果ガスの濃度の増加によって，「大気・雲による吸収」が増加することから，大気を通過した地表からの放射は減少します。よって，**C**に対する**D**の割合は減少することになり，正しい文であることがわかります。したがって，**答え** ①です。

共通テストでは，数値が非常に大きくなる(10のx乗)ような問題が出題されることが想定されるため，注意して計算する必要があります。では，続けて共通テストの過去問を解いてみましょう。

過去問にチャレンジ

太陽からのエネルギーは，電磁波によって地球に運ばれている。地球も電磁波により宇宙空間にエネルギーを放射している。電磁波は，波長によって赤外線，可視光線，紫外線などに分けられる。<u>地球の表面積で平均した大気上端での平均的な太陽放射エネルギーは約0.34 kW/m^{2}であるが，大気中を通過するときに，減衰しながら地球表面に到達する</u>。地球表面でのエネルギー収支には，放射や潜熱などが関わっている。

下線部をみると，地球の表面積で平均したとあるため，太陽放射エネルギーは太陽定数の$\frac{1}{4}$になっていること，単位がkW/m^{2}になっていることから，W/m^{2}のときの値の，$\frac{1}{1000}$になっていることに注意しましょう。

> 上の文章中の下線部に関連して，出力100万kWの発電所1基に相当するのは，およそ何km^{2}の地球表面に到達する平均的な太陽放射エネルギーか。最も適当な数値を，次の①〜④のうちから一つ選べ。ただし，大気上端での平均的な太陽放射エネルギーの半分が地球表面に到達するものとする。［　　］km^2
>
> ①　6　　②　60　　③　600　　④　6000
>
> （2016年センター本試験）

地表に到達する太陽放射エネルギー量は，大気上端の半分とあるので，$0.34 \div 2 = 0.17$ kW/m^{2}です。これは1 m^{2}あたり0.17 kWの太陽放射エネルギーが地表に到達することを表しています。発電所の出力が100万 kW＝100×10^4 kWなので，出力に相当する太陽放射の面積は，$(100 \times 10^4) \div 0.17 \fallingdotseq 588 \times 10^4$ m^2＝5.88×10^6 m^{2}になります。しかし，求める面積はkm^{2}です。1 km^2＝(1000×1000)m^2＝10^6 m^{2}なので，$(5.88 \times 10^6) \div 10^6 = 5.88$ km^{2}となります。

したがって，最も近い整数は6であり，**答え ①**となります。

この問いのように大きな数値を扱うときは，ゼロをたくさん並べるのではなく，指数を用いて計算するほうが，ケアレスミスを防ぐことに有効です。

THEME 3

地球表層の水と雲の形成

ここで 差がつく!

- 飽和水蒸気量のグラフから露点，凝結量などを読み取る。
- 低気圧のしくみと，雲の発生の原因を結びつけて理解する。

1 大気中の水

① 水の状態変化

水は地球表層で，図2－15のように水蒸気(**気体**)・水(**液体**)・氷(**固体**)と状態を変化させます。状態変化にともなって出入りする熱を，**潜熱**といいました（p.142参照)。

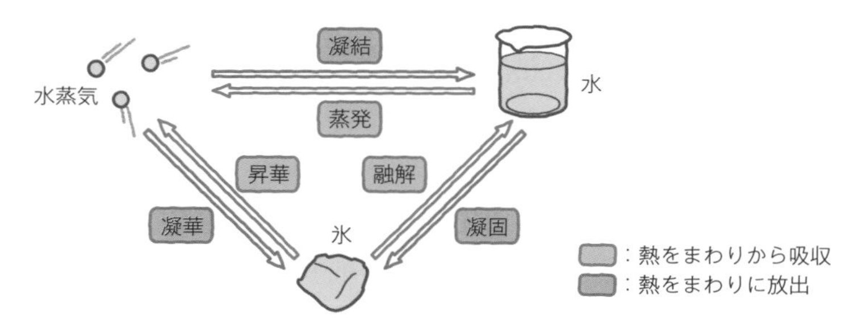

図2－15

② 大気中の水蒸気

●飽和水蒸気量

ある温度で1 m^3 の空気中に含むことができる最大の水蒸気量〔g〕を**飽和水蒸気量**(ほうわ)〔g/m^3〕といい，そのときの水蒸気の圧力を**飽和水蒸気圧**〔hPa〕といいます。

飽和ってどんなイメージですか？

では，飽和と未飽和の違いを具体例を出して説明しますね。

たとえば，40人定員の教室に38人の学生が入ると，席が2つ余ります。これが**未飽和**の状態です。40人の学生が入れば，満席になります。これが**飽和**です。43人の学生が入ると，3人は席が足りずに立っていないといけません。これが**過飽和**の状態と考えるとわかりやすいでしょう。

飽和・過飽和になると，空気中に含まれている水蒸気から，水滴が生じやすくなります。つまり，気体から液体に変化しやすくなります。

●飽和水蒸気量と温度の関係

飽和水蒸気量は，図2−16のように**温度が高いほど大きくなります**。たとえば，35℃のときの飽和水蒸気量は約40 g/m^{3}なのに対し，11℃では約10 g/m^{3}です。

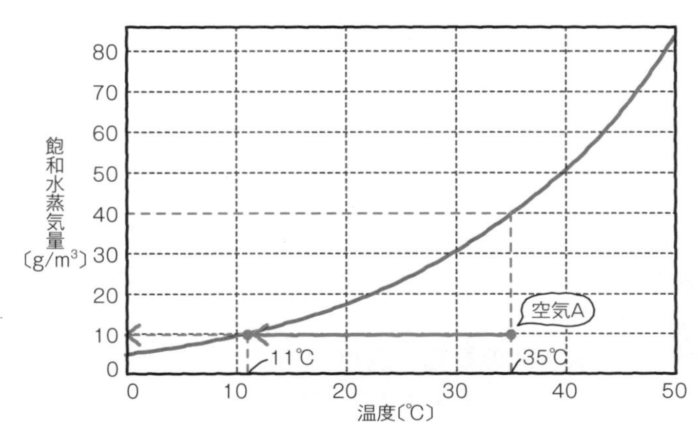

図2−16

●露点と湿度

ある温度の空気の飽和水蒸気量に対して，実際に**空気中にある水蒸気の量の割合〔%〕**を**湿度**(しつど)といい，次の式で求めることができます。

POINT

湿度の式

$$湿度〔\%〕=\frac{水蒸気量}{飽和水蒸気量}\times 100=\frac{水蒸気圧}{飽和水蒸気圧}\times 100$$

湿度の計算は，どのように数字を代入していくんですか？

では，**図2－16**を使って説明しましょう。

温度35℃，水蒸気量10 g/m^{3}の空気Aがあるとします。35℃の飽和水蒸気量は40 g/m^{3}で，1 m^{3}に40 gまで水蒸気を含むことができます。しかし，空気Aには水蒸気が10 gしか含まれていないので，未飽和の状態です。よって，空気Aの湿度は，湿度の式より，$\frac{10}{40}\times 100=25$〔%〕 になります。

次に，水蒸気が飽和していない空気の温度を下げてみることを考えます。温度が下がると，空気が含むことのできる水蒸気の量が少なくなるので，ある温度まで下がると，水蒸気が飽和した状態になります。このときの温度を**露点**(ろてん)といいます。**露点では，その空気の湿度は100%になり，水蒸気から水滴が凝結しはじめます**。

POINT

水蒸気の凝結と露点

湿度100%になるとき（水蒸気から水滴が凝結しはじめるとき）の温度を露点という。

露点という漢字は，何か意味がありますか？

露点の，「露」という漢字は「つゆ」と読めますよね。「点」を「温度」とすると，空気中から「つゆ」，すなわち「水」ができはじめる「温度」と考えることができるんです。

引き続き図2－16の空気Aを使って，露点について考えてみましょう。空気Aの温度を下げると，水蒸気量は10 g/m^{3}のまま，温度は図2－16の青い線に沿って左に移動していきます。飽和水蒸気量は温度が下がると減少することから，11℃で飽和水蒸気量の赤い曲線とぶつかります。**交点の11℃が空気Aの露点**になります。

また11℃の飽和水蒸気量は10 g/m^{3}で，空気Aの水蒸気量も10 g/m^{3}であることから，湿度は，$\frac{10}{10}\times100=100$〔%〕 になります。

空気Aの温度を11℃からさらに下げていくと，水蒸気が過飽和になります。こうなると水蒸気を含みきれなくなるので，**余分な水蒸気は水として凝結**します。図2－17のようなイメージでとらえるとわかりやすいと思います。

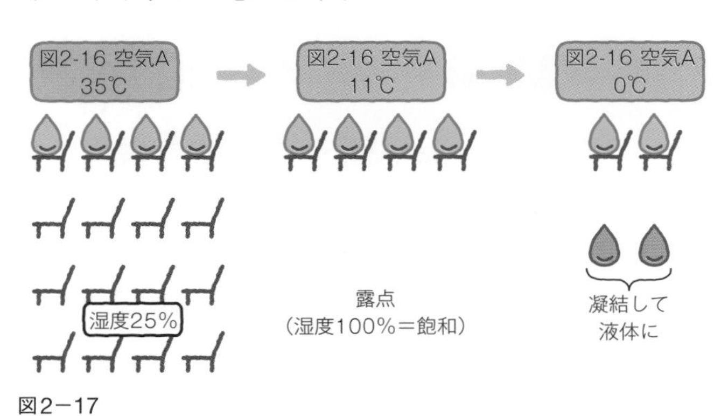

図2－17

SECTION 2 大気と海洋

日常生活で水蒸気が凝結するような現象って，どういうものがありますか？

レストランなどの飲食店で，氷の入った水がコップに注がれますよね。しばらくすると，コップの外側に水滴がついているでしょう？

これは，コップが氷水で冷やされているためです。コップ周辺の空気も冷やされて，露点を下回ると，水蒸気が凝結して水滴になり，コップの外側についたものです。

飽和水蒸気量と温度の関係のグラフから，凝結量，相対湿度，露点などを読み取る問題は，共通テストで出題されやすいタイプの問題です。また，水蒸気量〔g/m^3〕，密度〔g/cm^3〕などの単位の使いかたにも十分に注意しましょう。それでは，共通テストの過去問を解いてみましょう。

過去問にチャレンジ

一定の体積の空気が含むことができる最大の水蒸気量は気温だけに依存し，飽和水蒸気量という。次の図1に気温と飽和水蒸気量の関係を示す。

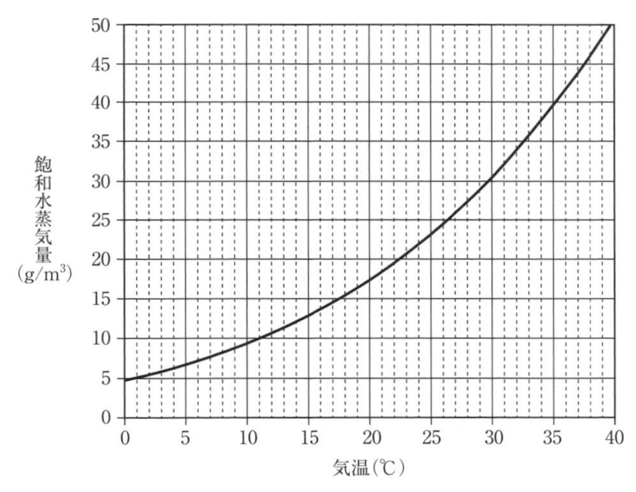

図1　気温と飽和水蒸気量の関係

気温35℃，相対湿度50％の一様な空気からなる，底面積1 m^2，高さ1000 mの空気柱を考える。この空気の気温が11℃に低下し，凝結した水蒸気はすべて降水となった。このときの降水量（mm）として最も適当な数値を，次の①～④のうちから一つ選べ。ただし，水の密度は10^6 g/m^3とする。また，空気柱の底面積と高さの変化は無視する。［　　］mm

①　1　　②　3　　③　10　　④　30

（2023年共通テスト追試験）

35℃の飽和水蒸気量は図1から40 g/m^3と読み取れるので，相対湿度50％の空気の水蒸気量は，$40\times\frac{50}{100}=20$ g/m^3になります。この空気を11℃まで冷却すると，11℃の飽和水蒸気量は図1から10 g/m^3と読み取れるので，1 m^3の空気からは，20−10＝10 gの水蒸気が凝結することになります。

この問いでは，底面積1 m^2，高さ1000 mの空気柱とあるので，その体積は，1×1000＝1000 m^3になります。よって，凝結する水の質量は10×1000＝10^4 gになります。水の密度が10^6 g/m^3とあるので，凝結する水の体積は，$\frac{10^4}{10^6}$＝0.01 m^3です。底面積が1 m^2なので，降水量，すなわち水柱の高さは，$\frac{0.01}{1}$＝0.01 m＝1 cm＝10 mmとなり，**答え ③**です。

③ 雲のできかた

さて，大気中の水について長々と説明してきましたが，いよいよ本題です。空に浮かぶ雲について考えてみましょう。そもそも，雲とは何なのかということから説明します。

直径0.01 mm程度の水滴や氷の粒を**雲粒**(くもつぶ)といい，**これを多く含む空気**を**雲**といいます。水蒸気が気体なのに対して，雲粒は液体もしくは固体です。

雲は図2−18のような過程で発生します。

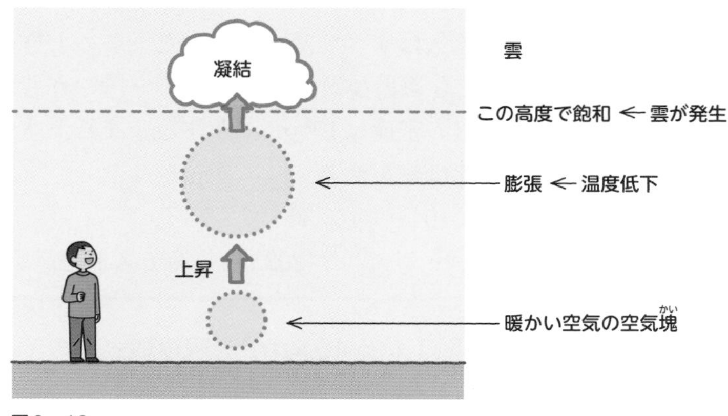

図2−18

❶　暖かい空気の空気塊が上昇する。

目には見えませんが，大気中には大小いくつもの空気の塊が浮いていて，これを空気塊といいます。

ほかにも風が山に当たって，空気が斜面をはい上がったり，低気圧のような空気が集まる場所でも起こります。

> **POINT　空気の温度と密度**
>
> 温度の高い空気は密度が小さく，
> 温度の低い空気は密度が大きい。

❷　周囲と熱のやりとりをせずに，空気が膨張することによって，**温度が下がる**（断熱膨張といいます）。

❸　露点まで温度が下がると水蒸気が凝結し，雲粒ができる。

④ 雲の種類

雲には層状に水平方向に広がるもの，積み重なるように上方に伸びるものなどがあり，高度や形状によって10種類に分類されます。この分類を**十種雲形**（図2−19）といいます。このうち，雨を降らせる雲として重要なのは，乱層雲と積乱雲です。

図2−19

・乱層雲

対流圏の中層部に層状に広がる雲で，広い範囲に弱い雨が降ります。

・積乱雲

対流圏の下層から上層に垂直方向に広がる雲で，狭い範囲に強い雨が降ります。雷や突風をともなうこともあります。

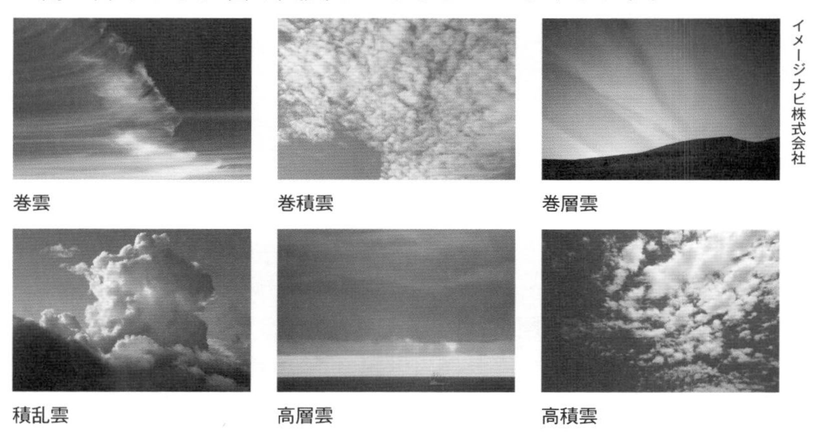

巻雲　巻積雲　巻層雲

積乱雲　高層雲　高積雲

乱層雲

層積雲

積雲

層雲

POINT **重要な雲形**

十種雲形のうち雨雲として重要なのは，層状に広がる**乱層雲**，上方に伸びる**積乱雲**である。

2 低気圧と高気圧

低気圧とか**高気圧**って，何ですか？
何hPa以下が低気圧で，何hPa以上が高気圧なんですか？

海水面の高さにおける平均大気圧は1013 hPaであるということを，p.123で説明しましたね。低気圧や高気圧というと，この1013 hPaより低いか高いかで決まりそうな気がします。でも，そうではありません！

低気圧は「気圧がまわりより低いところ」→「空気の重さが軽いところ」→「**空気が上昇するところ**」，**高気圧は**「気圧がまわりより高いところ」→「空気の重さが重いところ」→「**空気が下降するところ**」という認識をしておきましょう。

高気圧・低気圧って，どんな理由で発生するんですか？

いちばんの理由は空気の温度の差ができることです。

暖かい空気は軽くなり上昇するので低気圧，冷たい空気は重たくて下降するので，高気圧となります。空気が上昇すると，地表付近の空気が少なくなって空気の圧力が下がる，すなわち，気圧が低くなると考えるとわかりやすいです。高気圧はその逆です。

たとえば，海沿いの地域を想像してください。海と陸では，**海のほうが暖まりにくく冷めにくい，陸のほうが暖まりやすく冷めやすい**です。太陽がさす日中は，陸のほうが海と比べて暖かくなります。そうすると，陸では上昇気流が生じて低気圧，海では下降気流が生じて高気圧になるのです。逆に夜間は，冷めにくい海のほうが低気圧になり，陸が高気圧になります。

地球規模での高気圧・低気圧についてはTHEME 4で説明しますよ。

低気圧と高気圧

周囲より気圧が低いと低気圧，高いと高気圧とよぶ。平均大気圧1013 hPaを基準に，低いか高いかで決めているわけではない。

さまざまな地点で，海水面の高さでの大気圧を測り，その値が同じ地点を結んだ線を**等圧線**といいます。低気圧・高気圧とその風の吹きかたを，等圧線とともに示したのが，**図2－20**です。

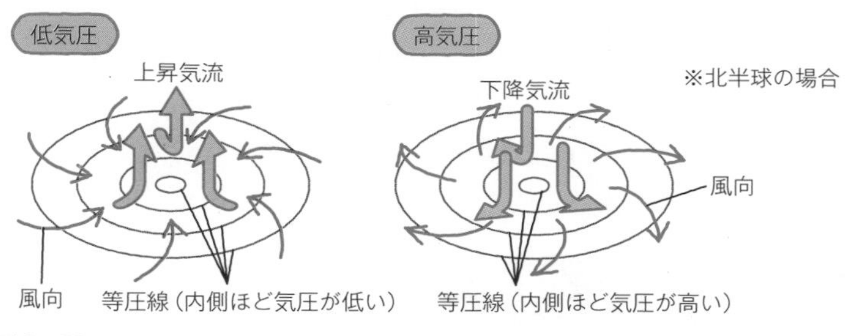

図2－20

以下の**表2－2**に，低気圧と高気圧の特徴をまとめました(**図2－20**も参照)。

	低気圧	高気圧
風の吹きかた	北半球は反時計回りに吹き込む（南半球は逆）	北半球は時計回りに吹き出す（南半球は逆）
鉛直方向の空気の動き	上昇気流が生じる	下降気流が生じる
天気の特徴	雲が発生しやすく，天気が悪くなりやすい	雲が発生しにくく，晴天になりやすい

表2－2　低気圧と高気圧の特徴

なんで低気圧ができると天気が悪くなるんですか？

低気圧と上昇気流との関係を考えてみるといいですよ。

低気圧は周囲より気圧が低い，すなわち空気が薄い場所と考えることができます。だから，まわりの気圧の高い場所(空気の濃い場所)から**低気圧の中心に向かって，風が吹き込んできます。中心に集まった空気は行き場所を失って，上に向かって上昇**します。これが上昇気流になります。ここで，p.158～159で勉強した，雲のできかたについて思い出してください。空気が上昇することによって，雲ができました。つまり，**低気圧の中心に上昇気流ができると，雲が発生しやすくなって天気が悪くなります**。

共通テストでは，低気圧や高気圧の性質に関する知識問題に加えて，天気図から低気圧や高気圧の移動速度を計算する問題や，数時間後の天気の変化を予想する問題がよく出題されます。それでは，実際の過去問を解いてみましょう。

過去問にチャレンジ

次の文章中の ア ・ イ に入れる数値と語の組合せとして最も適当なものを，後の①～④のうちから一つ選べ。

図1に日本付近のある日の地上天気図を示す。日本付近は高気圧に覆われている。1020 hPaの等圧線に囲まれた高圧部の形や移動する速さ，方向が変化しないと仮定すると，この高圧部の東端が東経140°を通過し始めてから西端が通過し終わるまでに，およそ ア 時間かかる。高気圧は イ が卓越し，雲ができにくいため，この高圧部が通過するおよそ ア 時間は晴天が続くと考えられる。

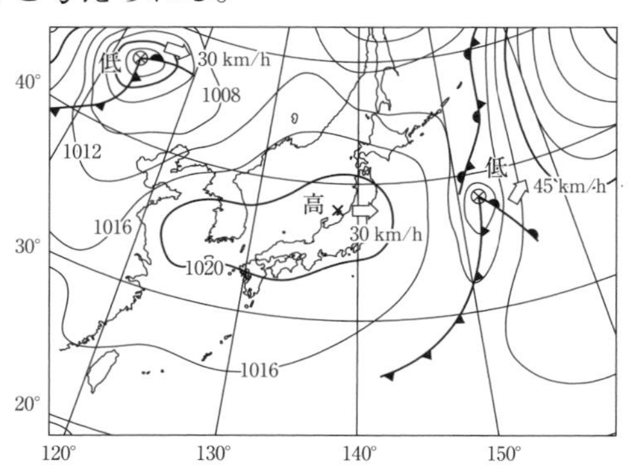

図1　ある日の地上天気図

×は高・低気圧の中心位置を示す。矢印は高・低気圧の移動する方向，数値（km/h）は移動する時速を示す。なお，北緯35°付近において，経度幅10°に相当する距離は約900 kmである。

地上天気図には等圧線，低気圧，高気圧，前線が表されています。この天気図をみると，日本列島上に位置する高気圧が30 km/hで東に向かって移動していることがわかります。また，図1の下の注釈に記載されている情報を見落とさないようにしましょう。

	ア	イ
①	30	上昇流
②	30	下降流
③	60	上昇流
④	60	下降流

(2023年共通テスト本試験)

イ については，高気圧は下降気流が発生し，晴天になりやすいことは基礎知識として重要です。**ア** については，図1から1020 hPaの等圧線が広がる東西の領域は，東経123°から143°までの約20°であることが読み取れます。図1の下にある「経度幅10°に相当する距離は約900 kmである」という情報から，経度20°の距離は，$900\times\frac{20}{10}=1800$〔km〕と計算できます。よって，高気圧は1800 kmの距離を30 km/hで移動することから，1800÷30＝60時間を要します。したがって，答え ④ です。

SECTION 2 大気と海洋

THEME

4 大気の大循環

ここで きめる！

- 大気の大循環は，ハドレー循環，偏西風の蛇行，極循環の3種類。
- 大気の大循環の風は，貿易風，偏西風，極偏東風。
- 温帯低気圧と温暖前線・寒冷前線の位置関係を把握する。
- 温帯低気圧と熱帯低気圧の違いを理解する。

1 大気の大循環

① 緯度によるエネルギー収支

p.140で説明したとおり，地球が太陽から受け取るエネルギー量と地球が宇宙空間に放出するエネルギー量はつりあっています。しかし，地球は球体であるため，**図2−21**のように，低緯度地方では太陽光線が垂直に入射し，高緯度地方では太陽光線が斜めに入射します。高緯度になるほど同じ太陽放射エネルギー量を受け取る面積が大きくなるため，同じ面積に入射する太陽放射エネルギー量が小さくなります。

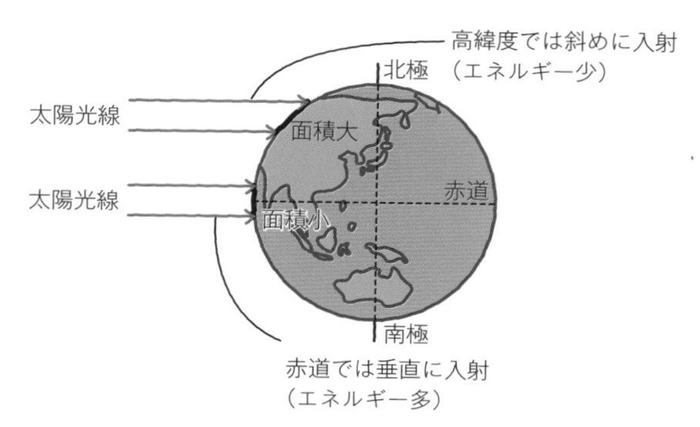

図2−21

地球が吸収する太陽放射と，放出する地球放射を緯度別に示したのが図2−22です。低緯度地方では太陽から受け取るエネルギーが多いのでエネルギーが余り，高緯度地方では，放出するエネルギーのほうが多くてエネルギーが不足しています。これでは，低緯度では温度が上がり，高緯度では温度が下がって，温度の差がどんどん大きくなってしまいます。

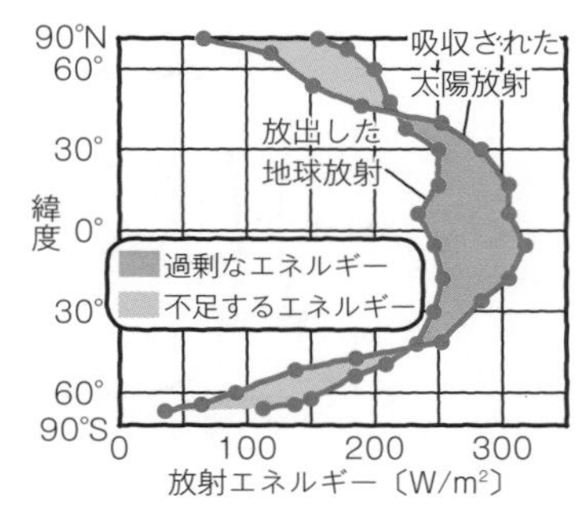

図2−22

そうならない理由は，**地球の大気や海洋に大きな循環が発生しているから**です。つまり，低緯度地方に集まった過剰なエネルギーを，大気や海水の流れで，中・高緯度地方へ移動させていくのです。このため，どの地域でも気温はある一定の範囲に保たれます。

THEME 4では，大気についての大きな循環（大気の大循環）についてくわしく見ていきましょう。

大気の大循環は，緯度によって大きく3つに分けられます。それでは，1つひとつ見ていきましょう。

② 低緯度地域の大気循環

低緯度地域(緯度0°～30°くらいまでの地域）では，次の(1)～(4)の流れで，大気の循環が起こっています。図2−23とあわせて読んでくださいね。

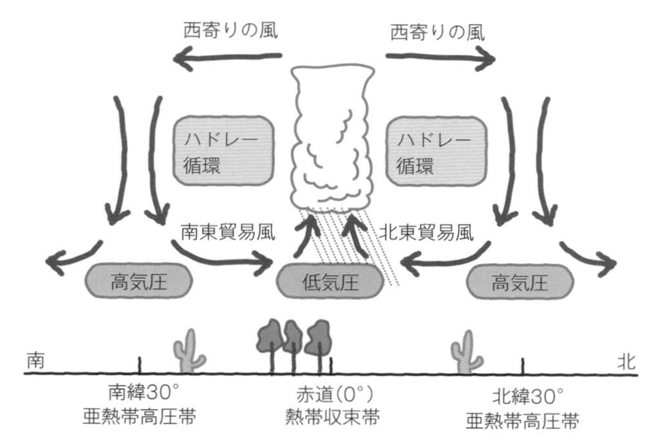

図2－23

(1) 赤道付近は気温が高いので，暖められた空気は密度が小さくなって上昇気流が発生します。このため，赤道付近は1年を通して低気圧が発生しやすくなります。この領域を**熱帯収束帯**(ねったいしゅうそくたい)(赤道低圧帯)といいます。

低気圧ということは，赤道付近は天気が悪いんですか？

「熱帯雨林」という言葉を知っていますか？「雨林」という言葉が示すように，**赤道付近は降水量が多い**んです。とくに，午後になると気温が上がり，積乱雲が発達して大雨（スコール）が降りやすくなるんですよ。

(2) 圏界面(p.127　図2－4参照)まで上昇した空気は，上空を南北方向に移動します。この風は**地球の自転の効果によって，北半球ではやや右に，南半球ではやや左にずれて，西寄りの風（西から東に向かって吹く風）になります**。

POINT **風向**

- 風が吹いてくる方位を表す。

　【例】北風，北寄りの風

　　　→北から南へ向かって吹く風のこと

(3) 緯度30°付近まで上空を移動した空気は，冷えて重くなるため，下降気流となって高気圧を形成します。これを，**亜熱帯高圧帯**（あねったいこうあつたい）といいます。

赤道とは逆に，緯度30°付近は高気圧になるんですか。じゃあ，天気がいいんですか？

そうです。緯度30°付近では天気がよくて降水量が少ないため，大陸では砂漠が広がっているんですよ。アフリカにあるサハラ砂漠もそれに当てはまるんです。

(4) 下降した空気の一部は，地表付近を亜熱帯高圧帯から熱帯収束帯に向かいます。この流れは**地球の自転の効果によって，北半球ではやや右に，南半球ではやや左にずれて，東寄りの風（東から西に向かって吹く風）になります。**この風を**貿易風**（ぼうえきふう）といいます。

なんで貿易風という名称になったんですか？

これは大航海時代のお話に由来しています。

18世紀のころ，この風を利用して，多くのヨーロッパの帆船（はんせん）が貿易のために大西洋を横断していました。そのため，当時「決まった経路を吹く風」という意味で使われていた「trade wind」という英語のtradeが，貿易という意味をもつようになり，浸透していった用語です。(1)～(4)の一連の空気の動きを**ハドレー循環**(じゅんかん)といい，低緯度地域（赤道付近～緯度30°付近）で**熱を南北方向に輸送**するはたらきをしています。

POINT ハドレー循環

- 赤道付近で暖められた空気によって上昇気流が発生(低気圧)。
- 上空で南北方向に移動。西寄りの風(西から東へ吹く風)になる。
- 緯度30°付近で空気が冷えて下降気流が発生(高気圧)。
- 下降した空気の一部が，赤道付近へ戻る東寄りの風(東から西へ吹く風＝貿易風)になる。

③ 中緯度地域(日本付近)の大気循環

日本を含む中緯度地域(緯度30°～60°くらいまでの地域)では，②で勉強したハドレー循環のような，大規模な上下の大気の循環は発生していません。しかし，**地球の自転の影響で，つねに西寄りの風が吹いています。**この西寄りの風には，以下の(1)～(4)のような特徴があります。

(1) 亜熱帯高圧帯で下降した大気の一部が高緯度に向かって流れ，西寄りの風が吹く。これを**偏西風**(へんせいふう)という。

(2) 偏西風は地表付近から上空まで吹いており，上空にいくほど強くなる。高度10～12 kmの圏界面付近で，とくに強く吹いている偏西風のことを**ジェット気流**(きりゅう)という。

(3) 偏西風は図2－24のように**蛇行**(だこう)**しており，熱を南北方向に輸送**している。

(4) 中緯度では，**偏西風に乗って高気圧や低気圧が西から東に移動**する。中緯度では，**その通過にともなって天気や気温が変化**する。

天気予報で，関西が雨だとその翌日ごろに関東が雨になるのは偏西風によるものなんですね。

そういうことですね。北半球の大気の大循環は，**図2－24**のようになります。理解しておきましょう。

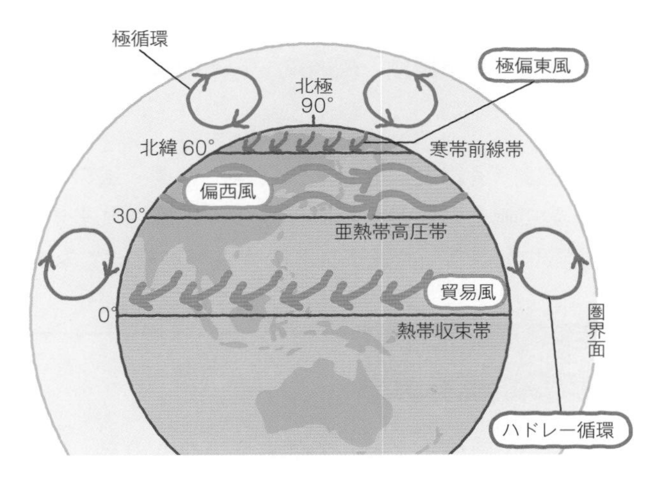

図2－24

④ 高緯度地域の大気循環

極付近では空気が冷却されることによって，高気圧が形成されます。そのため，地表付近において，**中緯度に向かって東寄りの風が吹き出しています。**この風を**極偏東風**（きょくへんとうふう）とよびます(図2－24の高緯度地域)。極偏東風と偏西風がぶつかる領域では，暖かい偏西風が冷たい極偏東風の上にのし上がることから**前線**ができやすくなります。この領域を**寒帯前線帯**といいます。

前線って何ですか？

前線の説明はまだしていませんでしたか。次のページから，低気圧と前線について説明していきますので，少し待ってくださいね。

POINT　各緯度に吹く風

低緯度：貿易風　　中緯度：偏西風　　高緯度：極偏東風

共通テストでは，各緯度における気圧帯，循環，風の名称と性質に関する正確な知識を必要とする問題がよく出題されます。しっかりと知識を確認しながら，共通テストの過去問を解いてみましょう。

過去問にチャレンジ

偏西風について述べた文として最も適当なものを，次の①～④のうちから一つ選べ。

① 偏西風は，対流圏下部の高度1 km付近で特に強く吹き，これをジェット気流と呼ぶ。

② 偏西風は，沿岸に海水を吹き寄せることにより，高潮を発生させる。

③ 偏西風の向きは，大陸が海洋に比べて暖まりやすく冷えやすいことから，夏と冬とで反転する。

④ 偏西風の南北方向の蛇行は，地上の高気圧や低気圧と関係しており，極向きに熱を輸送する。

（2020年センター追試験）

① ジェット気流が吹く領域は，圏界面付近の高度11km付近であるので，誤っています。

② 偏西風は中緯度を定常的に吹く風で，高潮を発生させることはありません。高潮とは，台風などの影響によって海水面が上昇する現象で，SECTION 5で詳しく解説します。

③ 偏西風は亜熱帯高圧帯と寒帯前線帯の間を，1年を通して吹く西風で，季節によって風向が反転することはないので，誤りです。季節によって風向が反転する風は季節風といい，SECTION 5で詳しく解説します。

④ 偏西風に乗って高気圧や低気圧は西から東に移動します。また，熱は温度が高い低緯度側から温度が低い高緯度側に向かって輸送されます。したがって， 答え ④ となります。

2 低気圧と前線

① 温帯低気圧（おんたいていきあつ）

暖かい空気と冷たい空気が接すると，温度を均一にしようとして混じり合います。**日本のような中緯度では，南側に暖かい空気，北側に冷たい空気がある**ため，これらがぶつかって前線をつくり，それが折れ曲がって渦を巻くと，**図2－25**のような**温帯低気圧**が発生します。

温帯低気圧は，重い寒気が軽い暖気の下にもぐり込む際のエネルギーで発達します。

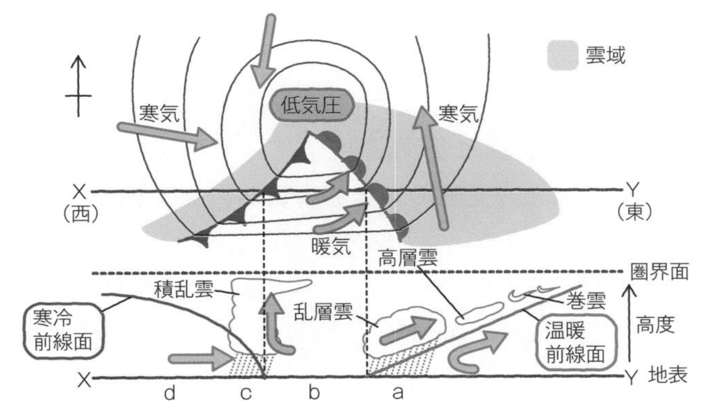

図2－25

●前線

暖かい空気と冷たい空気が接しても，すぐには混じり合わず，境界線ができます。これを**前線**（ぜんせん）といい，前線には，**温暖前線**（おんだん）(◠◠◠)や**寒冷前線**（かんれい）(▼▼▼)などがあります。**前線付近では暖かい空気が冷たい空気の上に昇るので，上昇気流が発生**します。そのため，雲が発生し，**雨が降りやすくなります**。

・温暖前線：温帯低気圧の南東側(図2－25右下)では，南からの暖かい空気のほうが冷たい空気より強いため，暖かい空気が上にはい上がって，温暖前線が形成されます。雨雲としては**乱層雲**が発達しやすくなっています。

・寒冷前線：温帯低気圧の南西側(図2－25左下)では，北からの冷たい空気のほうが暖かい空気より強いため，冷たい空気が下にもぐり込んで，寒冷前線が形成されます。雨雲としては**積乱雲**が発達しやすくなっています。

・停滞前線：暖かい空気と冷たい空気の勢力がつりあっているときに形成されます。ほぼ同じ位置にとどまります。

なんで空気がはい上がったり，もぐり込んだりするんですか？

暖かい空気は密度が小さく，冷たい空気は密度が大きいのでしたね（p.159)。だから暖かい空気が冷たい空気とぶつかると，暖かい空気は上に昇り，冷たい空気は下にもぐり込むんですよ。

POINT **温暖前線と寒冷前線**

暖かい空気と冷たい空気の境界で，暖かい空気が冷たい空気より強い場合は温暖前線，冷たい空気が暖かい空気より強い場合は寒冷前線が形成される。

●温帯低気圧の天気

図2－25の断面図**X－Y**で，**a**～**d**の各地点では天気が異なります。1つひとつ説明していきましょう。

a　乱層雲から，広範囲に長い時間，しとしとと弱い雨が降り続く。
b　雨はやんでおり，南から暖かい風が吹いて気温が上がる。
c　積乱雲から，狭い範囲に短い時間，強い雨が降る。
d　雨はやんで北からの冷たい風が吹き，気温が下がる。

一般に，日本付近では温帯低気圧は西から東に移動します。したがって，**天気はa→b→c→dの順に変化していきます。**

② 熱帯低気圧

●熱帯低気圧と台風

熱帯や亜熱帯(緯度5°～20°)の海上では，水温が高いために空気が暖められ，上昇気流が発生します。この上昇気流が発達してできた低気圧を**熱帯低気圧**といいます。北太平洋の西部で発生する熱帯低気圧のうち，中心付近の最大風速が約17 m/s以上になったものを**台風**とよびます。台風や熱帯低気圧にできる雨雲は，積乱雲に分類されます。

●台風のエネルギー源

暖かい海面から供給された**水蒸気が凝結して水(雲粒)になるとき，潜熱が放出されます。これが台風のおもなエネルギー源**です。

●台風の構造

地表付近の風は，温帯低気圧と同じ反時計回りに渦を巻いて中心に向かって吹き込みます。巨大な積乱雲が発達し，強い台風では中心に下降気流が生じて台風の目ができることがあります（**図2－26**)。また，前線をともなわないことも特徴です。

地上天気図では，等圧線は同心円状になり，その間隔は中心に向かうほど狭くなり，風が強くなります。

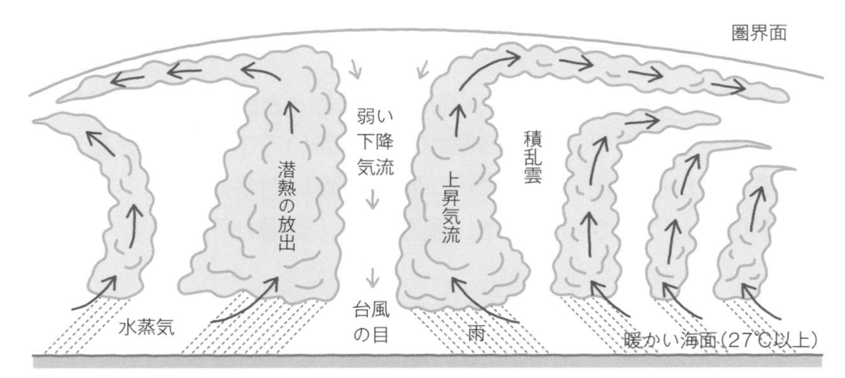

図2－26

台風は上陸すると弱くなりますよね。何でですか？

台風の発達に必要なものは水蒸気です。陸上では水蒸気を供給する水がないため，弱まるんですよ。

台風は上陸しなくても，高緯度側に進むほど弱まっていきます。これは海面の温度が低くなって，供給される水蒸気が少なくなるからです。

POINT

台風の特徴

- 高温の海水から供給される水蒸気の凝結による潜熱がエネルギー源
- 前線をともなわない
- 雨雲は積乱雲

共通テストでは，日本付近で発生する前線をともなう温帯低気圧の問題が，よく出題されます。前線と寒気と暖気の位置関係を把握して，天気の変化を的確に読み取れるようにしましょう。

過去問にチャレンジ

北半球の温帯低気圧が次の図1に示すような前線を伴ったときに，破線DEに沿った鉛直断面を**北側から見た構造**として最も適当なものを，次の①～④のうちから一つ選べ。

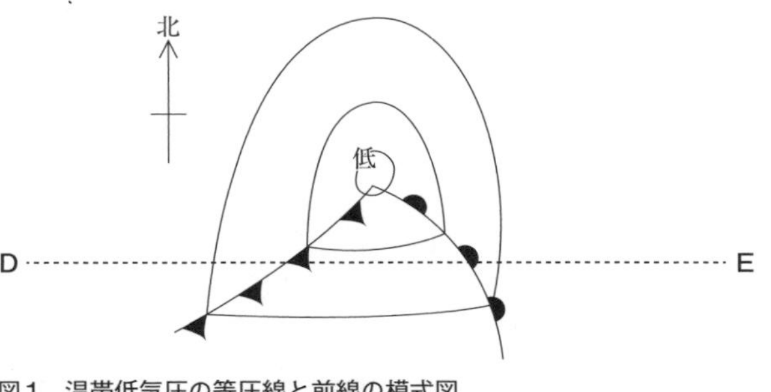

図1　温帯低気圧の等圧線と前線の模式図

温帯低気圧の南東側に温暖前線，南西側に寒冷前線が位置しています。この問いは，鉛直断面を北側から見た構造となっているため，紙面の左側が温暖前線，右側が寒冷前線になります。これらに注意して続きを見ていきましょう。

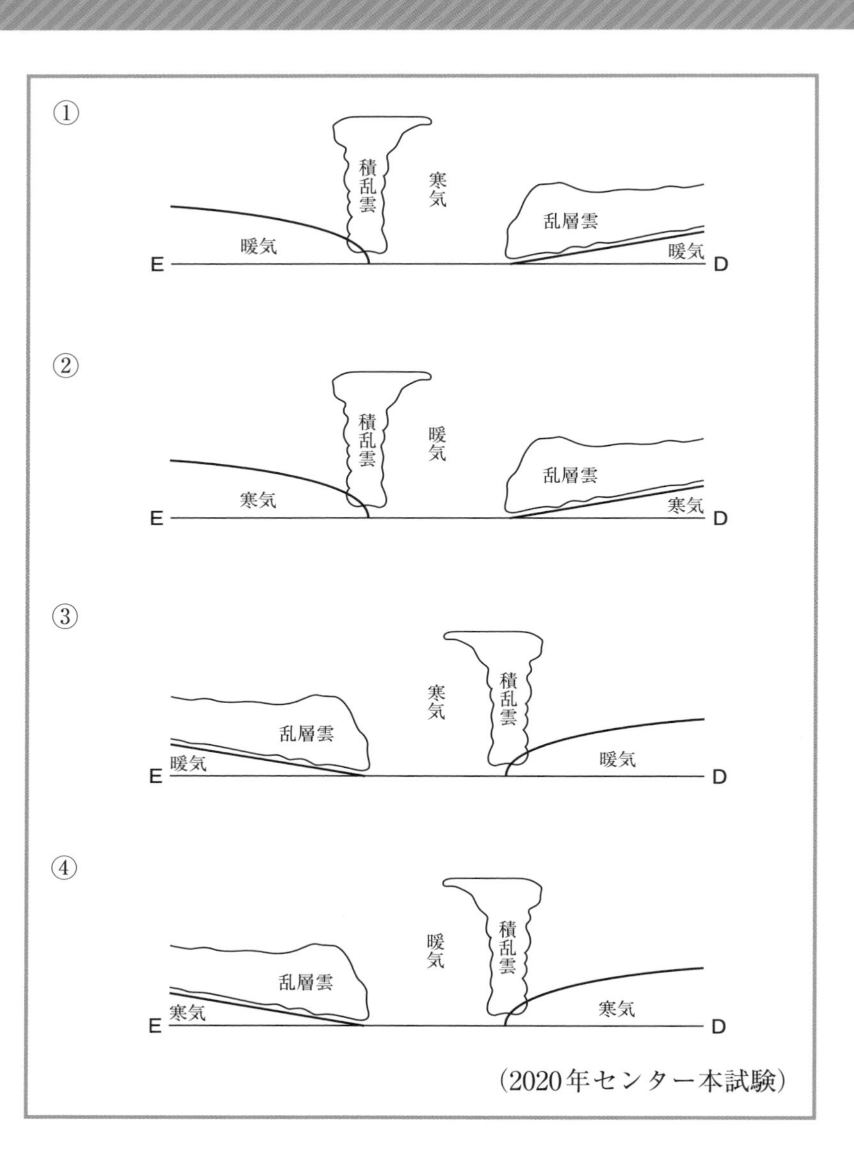

（2020年センター本試験）

紙面の左側が温暖前線，右側が寒冷前線であること，前線面を境界として上空には暖気，地上側には寒気が存在すること，温暖前線は乱層雲，寒冷前線は積乱雲であることなどから，答え ④ です。

温暖前線と寒冷前線の違い

	温暖前線	寒冷前線
前線の位置	南東側	南西側
地表との傾き	緩やか	急
雲の種類	乱層雲	積乱雲
雨域	広い	狭い
雨の降りかた	弱い雨が長時間	強い雨が短時間
移動の速さ	遅い	速い
通過後の気温	温度が上昇	温度が低下
通過後の風向	南西	北西

THEME 5

海水の運動

ここで畳きめる!

- 海洋の鉛直方向には，表層混合層，水温躍層，深層の3領域がある。
- 北半球の太平洋の環流は，4つの海流によって形成されている。
- 深層の循環の起源は，極域である。

1 海水の性質

① 海水

●海水中の塩類の組成

表2－3を見てください。これは，海水中に含まれる**塩類**を，多いほうから順に並べたものです。最も多い塩類は**塩化ナトリウム**(NaCl)，次に多いのが**塩化マグネシウム**($MgCl_2$)です。

塩類	化学式	質量%
塩化ナトリウム	NaCl	77.9
塩化マグネシウム	$MgCl_2$	9.6
硫酸マグネシウム	$MgSO_4$	6.1
その他	—	6.4

表2－3　海水中の塩類組成

塩類の濃度は海域によって異なりますが，塩類組成の割合(質量%)は，**海域による変化はほとんどありません**。

塩化ナトリウムとか塩化マグネシウムとかは，実際にはどういうものなんですか？

これらの成分は酸とアルカリが反応してできたもので，一般に塩(えん)とよばれています。

塩化ナトリウムは，食塩の主成分です。塩化マグネシウムは「にがり」として販売されており，豆腐(とうふ)をつくるときに，豆乳に加えて凝固させる物質です。

●塩分

海水中の塩類の濃度を**塩分(えんぶん)**といいます。ふつう塩分の値は，海水1 kg中の塩類の質量〔g〕で示します。1 kgは1000 gなので，全体を1000としたときどれだけの量を占めるか，という意味の，**千分率〔‰(パーミル)〕**という単位で表す場合もあります。

海水1 kg中に含まれる塩類は，平均すると35 g〔35‰〕です。海水全体の塩分は33～38‰の範囲にあり，**海域によって異なります**。

塩類組成の割合が一定で，塩分は異なるって，理解しにくいのですが…。

海水が薄まることで塩分が低下しても，塩類組成（塩類の割合）は変化しないんです。

たとえば，大きな川が流れ込む海域では，川の淡水(真水(まみず))が海水に混じるので，塩分は35‰より低くなります。しかし，この淡水と混じり合った海水でも，塩類全体の量に占める塩化ナトリウムの割合は約78%，塩化マグネシウムの割合は約9.6%とほぼ一定です。淡水の中にはほとんど塩類が含まれていないので，**海水が薄まることで塩分が低下しても，塩類組成の割合は変化しません。**

視点を変えて考えてみると，塩類組成が海域によってほとんど変化しないということは，**世界中の海水がくまなく混じり合っている状態**ともいえます。そうでなければ，海域によって塩類組成は異なるはずです。

実は，これは地球の大気にもあてはまります。大気の成分はN_2：O_2＝4：1で，世界中でその割合は同じです。また，大気は上空にいくほど薄くなりますが，上空約80 kmまでは，$N_2 : O_2 = 4 : 1$ という大気の組成には変化がありません（p.122)。この薄まっても成分の割合に変化がない点が，海洋の塩類組成と似ているのです。

COLUMN 気候による塩分の変化

海に雨が降ると，真水が海水に入り込んで塩分が低くなります。雨にはほとんど塩類が含まれていないためです。また，海水から蒸発が起こるとき，蒸発するのは水だけなので，塩分が高くなります。この降水量と蒸発量のバランスによって，海水の塩分が変化します。雨が多い熱帯収束帯では，降水量＞蒸発量となるので，海水の塩分が低くなり，雨が少ない亜熱帯高圧帯では，海への降水量＜蒸発量となるので，海水の塩分が高くなります(p.311～312)。

② 海洋の層構造

海洋は，水温の違いによって，図2－27のように，**鉛直方向に層構造をしています。**

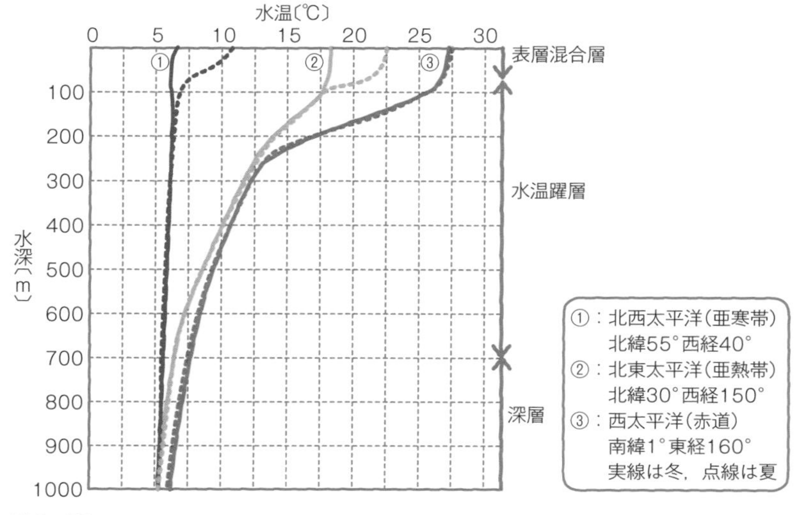

図2－27

●表層混合層

表層の海水は波や風，また対流などによって海水がかき混ぜられます。このため，**海洋の浅い部分では温度がほぼ一様になる**んですね。この層を**表層混合層**といいます。表層混合層は太陽エネルギーや風の影響を受けやすいので，**緯度や季節によって温度が変化**します。一般に，高緯度になるほど水温は低くなります。低緯度から中緯度では厚さは100 m程度です。

図2−27の水深と水温の関係を見ると，②は冬に比べて夏のほうが浅いところから温度が変化していますね。これはなぜですか？

いいところに気が付きましたね！　水深に対して温度があまり変化しない層が表層混合層ですが，この層は**夏は薄く，冬は厚くなる**んです。

図2−27の②のグラフでは，夏（点線）は，すぐに水温が変化して，冬（実線）は水深100 m以深のところから，水温が変化しているのが読み取れます。表層混合層の厚さは，日本近海の場合，夏は10〜20 mであるのに対し，冬は100 m以上の厚さになることもあります。

なぜ季節によってこれだけの差が出るのか，説明しましょう。夏は海面付近の海水だけが太陽エネルギーで強く暖められます。**暖まった海水は密度が小さくなるため，海面近くにとどまって薄い表層混合層を形成**します。これに対して冬は，海面付近の海水が冷やされて密度が大きくなり，深いところへ沈んでいきます。つまり，**冬には対流が起こりやすくなるので，表面の海水とより深いところの海水が混じり合い，表層混合層が厚くなる**というわけです。

●水温躍層

表層混合層の下にあり，水深が深くなるにつれて水温が低下する層を**水温躍層**（すいおんやくそう）といいます。低緯度の地域では，表層混合層の温度が高いので，水温が急激に低下します。しかし，高緯度の地域，とくに北極海や南極付近の海域では，表層混合層と深い部分の水温がほとんど変わらないため，水温躍層は見られません。

●深層

水温躍層の下は，水深にともなう温度の低下が緩（ゆる）やかな**深層**となっています。とくに，**水深2000 m**より深いところでは，緯度や季節による水温の変化はなく，**水温は約0～4℃で一定**です。

なぜ，海水に水温躍層や深層ができるんですか？

このことについては，p.193～195でくわしく学習するので，もう少し待っていてくださいね。

海洋の鉛直構造

海面から深海に向かって，水温の変化によって
表層混合層→水温躍層→深層に区分される。

共通テストでは，海水の鉛直構造については，3層の温度構造や水深の違いを理解し，表層に関しては，緯度や季節による温度変化にも注意を払いながら問題を解いていくと正答率が上がります。それでは，共通テストの過去問を解いてみましょう。

過去問にチャレンジ

中緯度の海洋における水温の鉛直分布に関して述べた次の文**a**・**b**の正誤の組合せとして最も適当なものを，下の①～④のうちから一つ選べ。

a　表層混合層の水温は深層の水温よりも低い。
b　表層混合層と深層との間には，水温が深さとともに大きく変化する水温躍層(主水温躍層)が存在する。

	a	b
①	正	正
②	正	誤
③	誤	正
④	誤	誤

(2021年共通テスト本試験　第2日程)

a　低緯度から中緯度の表層混合層は，太陽放射を吸収して水温が上昇するため，深層よりも水温が高くなっています。したがって，誤りの文です。ただし，高緯度の表層混合層は，大気に冷却されて水温が下がり，深層との温度差がほとんどない海域もあります。
b　低緯度から中緯度の海域では，表層混合層と深層との間には大きな温度差があることから，水温躍層が見られます。したがって，正しい文です。

これらのことから 答え ③ です。

2 海水の運動

① 海流

表層の海水は，各海域においてほぼ一定の方向に流れています。この水平方向の流れを**海流**といいます。p.167で，地球の低緯度と高緯度のエネルギーの過不足によって，大気や海水に大きな循環が生じていると話しました。**図2−28**のように，大気と海洋は熱を低緯度から高緯度に運搬し，緯度による温度差を小さく保っています。また，エネルギーの輸送量をみると北半球・南半球ともに緯度35°付近が最大になっています。海流によるエネルギーの移動についてもくわしく見ていきましょう。

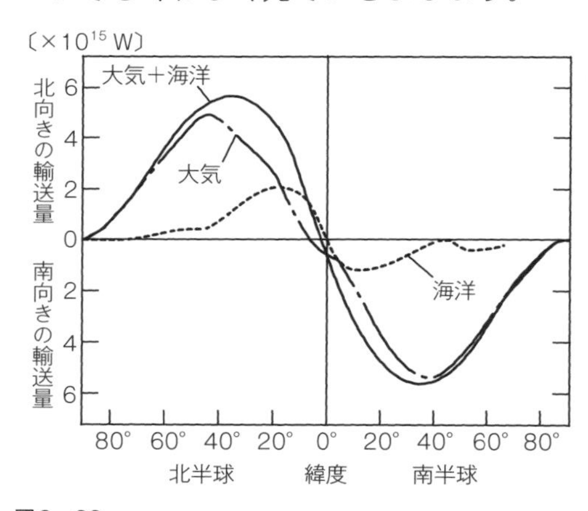

図2−28

発展 緯度35°付近でエネルギー輸送量が最大になる理由

p.167 図2−22のエネルギーの過不足のなくなる緯度と一致します。エネルギーが過剰な低緯度では，どんどんエネルギーが蓄積されていき，エネルギーが不足する高緯度では，どんどんエネルギーが出ていきます。よって35°付近でエネルギーが最もたまった状態になって，運ばれる量が最大になります。

●風成循環

海流は，おもに海洋上に吹いている風に引きずられることが原因となって生まれます。緯度によって吹いている風の方向が一定であることは，THEME 4で勉強しました。したがって，海流も，緯度によって大まかに方向が決まっています。これを**風成循環**（ふうせいじゅんかん）といいます。

海流には地球の自転の影響がはたらくので，北半球では風に対してやや右に，南半球ではやや左にずれて流れます。その結果，図2−29のように，**貿易風の吹く領域（貿易風帯）では東から西，偏西風の吹く領域（偏西風帯）では西から東に海流が生じます**。

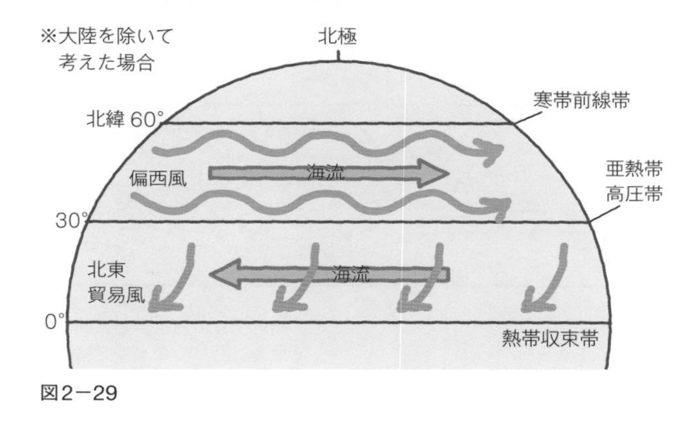

図2−29

●環流（亜熱帯環流）

図2−29をみると，緯度によって海流の向きが大まかに決まっていることがわかりました。しかし，地球は海だけで覆われているわけではなく，大陸があります。海流の流れを大陸がさえぎる効果と，地球の自転によって海流が曲がる効果のため，**太平洋などの大海原では，海流がぐるぐると循環しています**。

図2−30の北太平洋を見ると，低緯度を東から西に流れる北赤道海流がユーラシア大陸にぶつかって北上し黒潮（くろしお）となり，日本付近まで北上しています。そして日本列島から離れるように中緯度を西から東に流れる北太平洋海流が，北アメリカ大陸にぶつかって南下し，カリフォルニア海流になっています。**この4つの海流をまとめてみると，海水が時計回りに循環している**ことになります。このような大規模な循環は，太平洋や大西洋，インド洋にも見られます。これらの大規模な海流の循環を**環流**といいます。

環流は，低緯度の暖かい海水を中緯度へと運び，また，冷たい海水を低緯度へと戻しています。このようにして，海流はエネルギーを低緯度から中緯度へと運んでいるのです。

環流は，**北半球では時計回り，南半球では反時計回り**の流れになります。

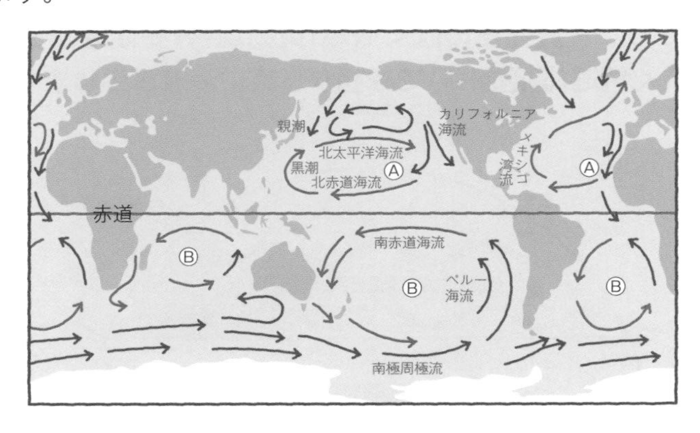

暖流
寒流

Ⓐ時計回りの海水表層循環
Ⓑ反時計回りの海水表層循環

図2－30

POINT

北太平洋の環流

暖流　北赤道海流，黒潮，北太平洋海流

寒流　カリフォルニア海流

環流は，北半球と南半球で，なんで逆向きに流れるんですか？

図2－31の，地球を吹く風を見てください。これは図2－29を南半球を含めて見たものですよ。

南半球では，海流は，地球の自転の影響で風に対して少し左にずれて流れるので，南東貿易風帯では西向きに，偏西風帯では東向きに流れます。

つまり南半球では，低緯度側では西向きに，中緯度側では東向きに海流が流れることになりますから，北半球とは逆に，環流が反時計回りになります。**図2－30**とも見比べてみてください。

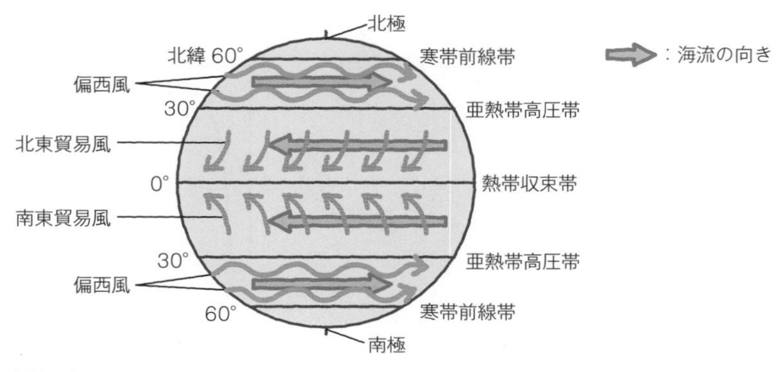

図2－31

環流の向き
北半球では時計回り，南半球では反時計回り。

共通テストでは，正しい図を選択させるタイプの問題がよく出題されます。それぞれの図に与えられた情報の違いをしっかりと確認しましょう。

過去問にチャレンジ

黒潮が流れている海域とカリフォルニア海流が流れている海域の同じ緯度上において，年平均水温の深さ方向の分布を模式的に示した図として最も適当なものを，次の①～④のうちから一つ選べ。なお，図中の実線は黒潮，破線はカリフォルニア海流における水温の鉛直分布とする。

図2－27 の海水の層構造と，**図2－30** の太平洋を流れる海流についての情報を思い出しながら，問題を解いていきましょう。

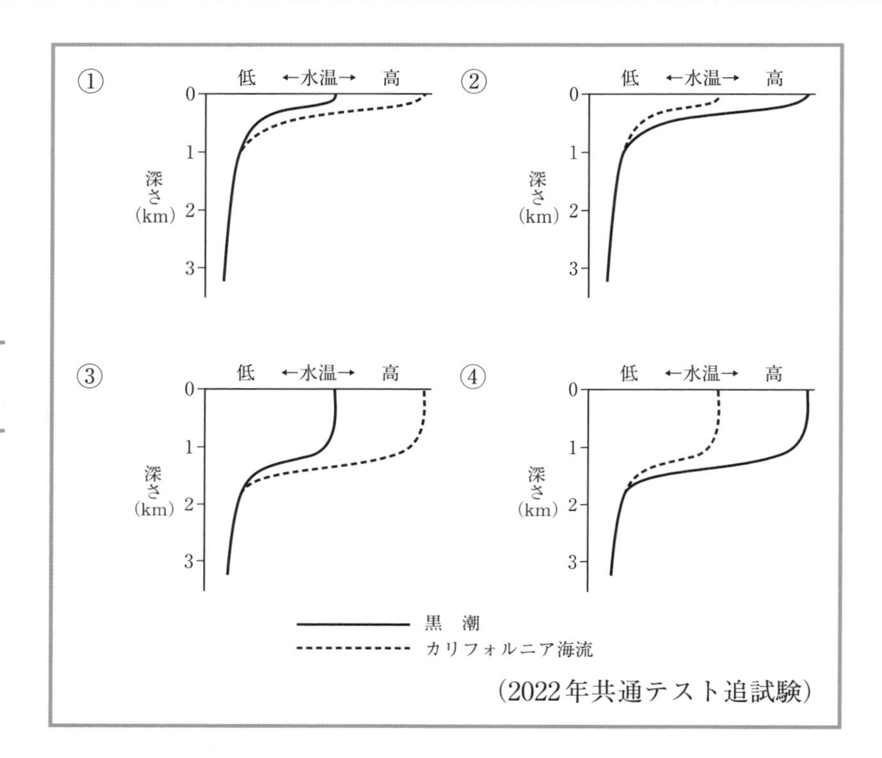

(2022年共通テスト追試験)

海水の最も表面にある表層混合層の厚さは季節によっても変化はしますが，100 m程度なので，選択肢の①か②に絞ることができます。また，黒潮は低緯度から高緯度に向かって流れる暖流，カリフォルニア海流は高緯度から低緯度に向かって流れる寒流です。よって，黒潮のほうがカリフォルニア海流よりも水温は高くなります。したがって，**答え ②**です。

●日本付近の海流

図2－32のように，暖流としては黒潮と対馬海流，寒流としては親潮とリマン海流がある。

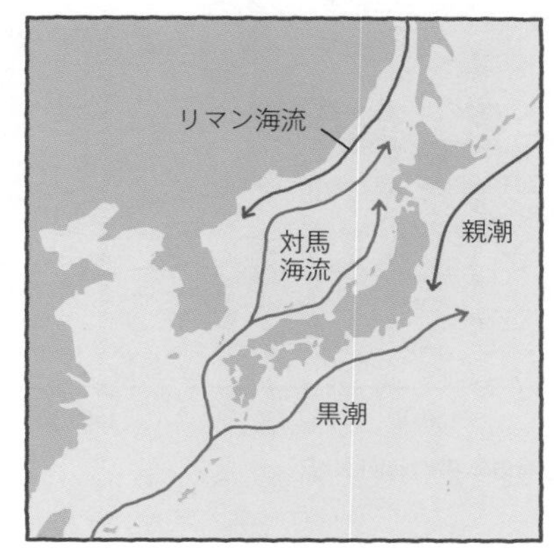

図2－32

北太平洋を流れる4つの環流のうち，日本列島の気候に大きな影響を与える黒潮は，共通テストのテーマとしてよく取り上げられます。共通テストでは，教科書などにも掲載されていない初めて見る図が，出題されることも特徴です。落ち着いてしっかりと図の特徴を読み取って，問題を解いていってください。

過去問にチャレンジ

日本近海を流れる黒潮は，大量の暖かい海水を輸送し，その流路の付近では水温が高い。このことは，周辺の気象や海洋生物の分布に大きな影響を与えている。日本近海の年平均海面水温を次の図1に示す。図1を参考にして，黒潮の典型的な流路の模式図として最も適当なものを，後の①～④のうちから一つ選べ。

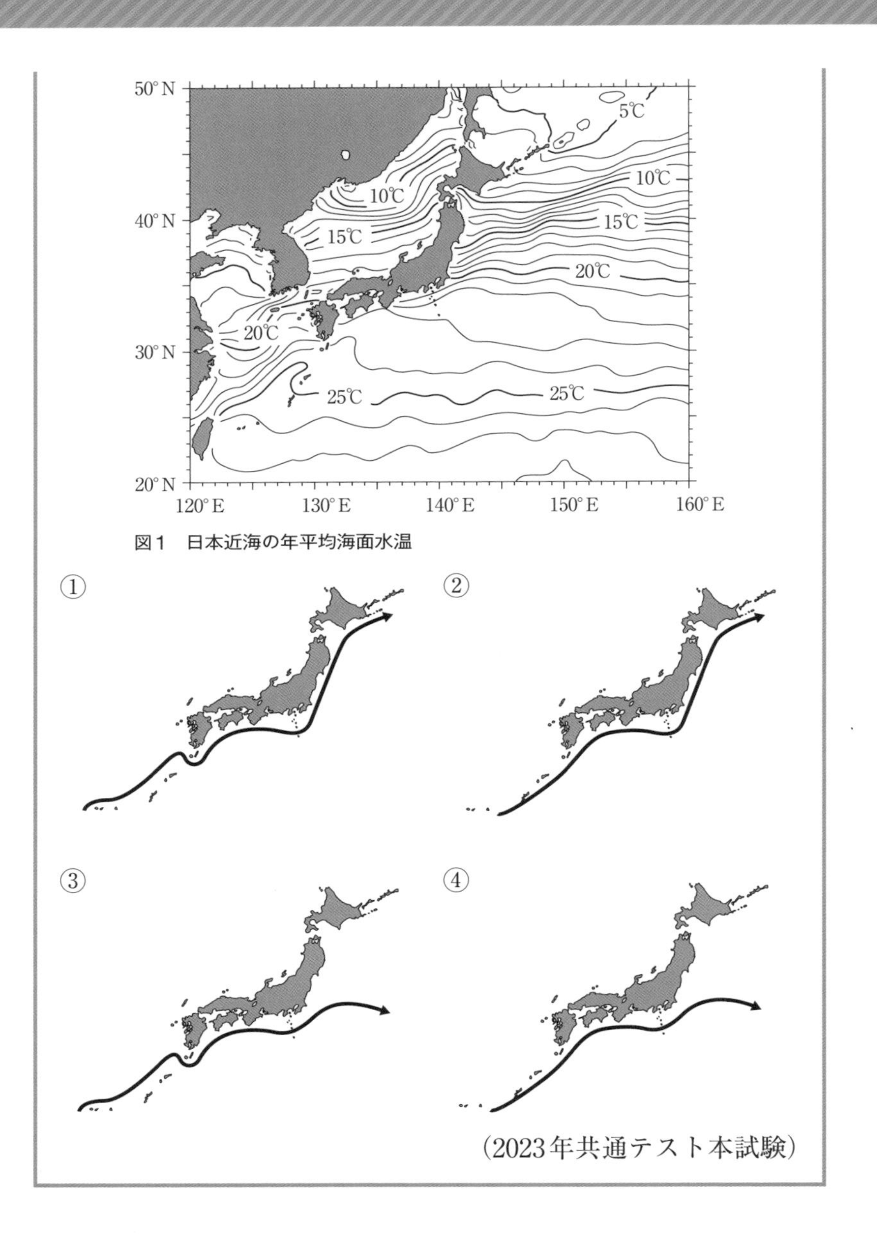

図1　日本近海の年平均海面水温

（2023年共通テスト本試験）

海流とは，水温や塩分などの性質がほぼ一定の海水の大規模な流れを表します。黒潮は日本列島の太平洋側を南から北に向かって流れる水温が高い暖流であるという特徴をふまえて，解答を選択していきます。

黒潮は暖流であることから，等温線が北に向かって盛り上がっている領域に沿って流れています。図1では25℃の等温線に着目するといいでしょう。25℃の等温線が北に凸の形をして，まわりよりも水温が高い海水が北に向かって流れている様子が，沖縄諸島の西側（左側）で明らかに見られます。このことから黒潮は沖縄諸島の西側を北東に向かって流れていることがわかり，選択肢の①と③に絞れます。さらに，黒潮は等温線がまばらな四国から東海の沖の海域を東北東に流れていることがわかります。関東から北海道にかけての太平洋側の等温線は密になっています。これは，この海域では水温が急激に低下していることを表しており，水温が高い黒潮は流れていないことがわかります。したがって，黒潮は等温線の間隔が広い海域を流れるので 答え ③ です。

② 深層の流れ

❶では，風によって流れる表層の海水の動きを見てきました。これに対して，**表層から深層に達する大規模な鉛直方向の海水の流れ**もあります。これを**深層循環**（しんそうじゅんかん）といいます。この流れはおもに，**海水の密度差が原因**で生じます。

●深層の海水の起源

深層循環は，低温で塩分が高い高密度の海水が，海洋の深部に沈み込むことで起こります。深層水のほとんどは，海水が凍る**北大西洋のグリーンランド付近**と，**南極大陸付近**で生成したものです。

なぜグリーンランド付近や南極大陸付近で，高密度の海水ができるんですか？

海水が凍ることが原因なんです。

グリーンランド付近や南極大陸付近は，極域で気温が低いため，海水が冷却されて凍ります。氷ができるとき，塩類は氷の中に取り込まれにくく，水だけが凍ります。すると，**凍らなかった海水に塩類が集まる**ことになります。そのため，この海域の海水は**低温で塩分が高くなり，高密度の海水になります**。

POINT　海水の密度

水温が低く，塩分が高いほど，海水の密度は大きくなる。

●深層の海水の大循環

グリーンランド付近から沈み込んだ海水は，**図2－33**のように大西洋を南下し，南極付近まで達します。南極付近でも高密度の海水が沈み込んでおり，高密度の海水どうしが合流し，世界中の深海に広がっていきます。**この深層の海水は，海底を巡る間にゆっくりと上昇していき，インド洋の北部や北太平洋中部で表層に戻ります**。この世界規模の循環が，深層循環です。海水が沈み込んでから表層に戻るまでの時間は，**1000～2000年**かかると考えられています。これは表層を流れる海流の速度と比べると，非常に遅くなります。

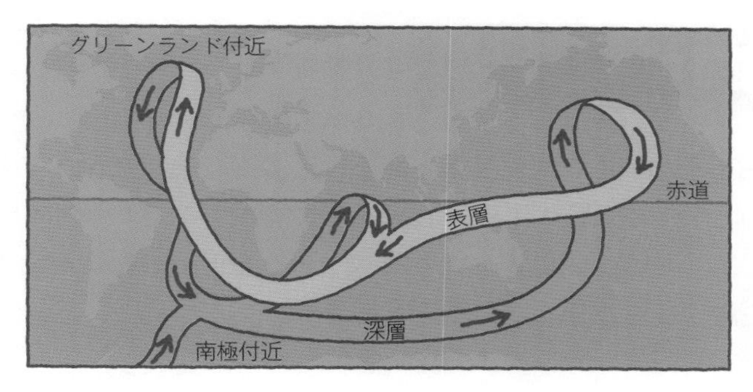

図2－33

表層の海水と深層の海水は，違うものなんですね。

その通りです！　**表層の海水と深層の海水は混じり合いにくい**んですね。だから水温が高い表層の海水（表層混合層）と水温の低い深層の海水の間に，水温が急変する水温躍層が形成されているんですよ。

共通テストでは，深層の海水については，密度の大きい海水ができる原因と，形成される場所，そして深層の海水が循環する時間を問う問題が頻出です。では，共通テストの過去問を解いてみましょう。

過去問にチャレンジ

南極周辺海域や北大西洋北部では，表層で密度の大きい海水が形成されて深層へ沈み込む。表層で密度の大きい海水が形成される理由について述べた次の文**a**・**b**の正誤の組合せとして最も適当なものを，下の①～④のうちから一つ選べ。

a　海水の温度が低下するため。
b　海氷の生成に伴って海水の塩分が増加するため。

	a	b
①	正	正
②	正	誤
③	誤	正
④	誤	誤

（2020年センター本試験）

a　海水の密度が大きくなる原因の1つは，水温の低下です。南極付近や北大西洋北部では気温が低いため，海水が冷却されて低温の海水が形成されます。よってこの文は正しいです。
b　海水の密度が大きくなるもう1つの原因が，海水の塩分の増加です。海氷が形成される海域では，氷の中に塩類が取り込まれにくいため，残った海水の塩分が増加します。よってこの文は正しいです。

したがって，正・正の組合せの 答え ① です。

SECTION 3
宇宙と太陽系

THEME

1　宇宙の誕生と宇宙の姿
2　太陽の誕生
3　太陽系の天体と誕生

SECTION 3 で学ぶこと

知識問題の出題が多い単元です。宇宙の始まりの元素変化や銀河系の特徴，太陽のエネルギー源や表面の様子などをおさえましょう。

各THEMEの必修ポイント

1 宇宙の誕生と宇宙の姿

- 宇宙の元素の作られかた
- 宇宙の始まりから現在の姿になるまでの進化の過程
- 銀河系の3つの構造と大きさ

2 太陽の誕生

- 太陽の誕生から現在の姿になるまでの進化の過程
- 太陽の大きさ，表面の特徴および，エネルギー源
- 太陽の自転周期の求めかた

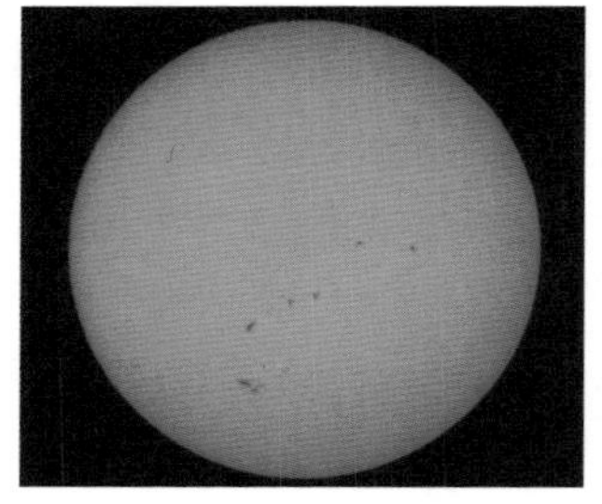
太陽　イメージナビ株式会社

3 太陽系の天体と誕生

- 太陽系の誕生と現在の姿になるまでの進化の過程
- 地球型惑星と木星型惑星の違い
- 各惑星の特徴
- 衛星や小惑星，彗星などの特徴

月　イメージナビ株式会社

頻出用語と解きかたのコツ

・ビッグバン：138億年前に起こり，水素やヘリウムが生成された
・銀河系：バルジ，円盤部，ハローの3つの領域に分かれる
・等級：星の明るさのめやすで小さいほど明るい
　明るさは1等級差で約2.5倍，5等級差で100倍
・距離：1天文単位は太陽－地球間の平均距離，1光年は光が1年間に進む距離
　例）海王星の平均距離：30天文単位
　　　銀河系の直径：15万光年
・太陽の自転周期：黒点の動きから推定する
・地球型惑星：水星，金星，地球，火星
　おもに表層に岩石，深部に金属が分布する
・木星型惑星：木星，土星，天王星，海王星
　表層に水素やヘリウム，深部に岩石や氷が分布する
・小惑星：おもに火星と木星の軌道の間に分布
・太陽系外縁天体：海王星軌道の外側に分布

金星　イメージナビ株式会社

土星　イメージナビ株式会社

地球型惑星と木星型惑星の違いを問う問題は頻出です。正確に知識を身につけていきましょう。

THEME 1

宇宙の誕生と宇宙の姿

ここできめる!

- 宇宙の進化の順序は，ビッグバン→宇宙の晴れ上がり→恒星の誕生
- 宇宙のおもな構成元素は，水素とヘリウムである。
- 銀河系は３つの領域（バルジ，円盤部，ハロー）からなる。

1 宇宙の誕生と銀河系

① 宇宙の誕生

●ビッグバン

今から約138億年前，誕生直後の宇宙は小さな領域で超高温・高密度の状態でした。この火の玉のような状態を**ビッグバン**といいます。宇宙はこの状態から急膨張をはじめ，それとともに温度が低下していきました。

●物質の起源

宇宙誕生から10万分の１秒というわずかな時間で**電子**，そして**陽子**(**水素の原子核**)や**中性子**ができました。これらは物質を構成する粒子です。さらに3分ほど経過し，陽子と中性子から**ヘリウム原子核**ができました。こうして，**誕生したばかりの宇宙は，大多数の水素原子核と少量のヘリウム原子核，電子で占められていました。**

●宇宙の晴れ上がり

宇宙誕生から約38万年後，温度が約3000 Kまで低下し，**水素原子核，ヘリウム原子核に電子が結合して水素原子やヘリウム原子ができる**ようになりました。それまでは宇宙に電子が満ちていたので，光が電子にぶつかってしまって直進できず，いわば霧が

かかったような状態になっていました。ここで**光をさえぎる電子がなくなり，宇宙全体を見通せるようになりました**。これを**宇宙の晴れ上がり**といいます。

電子とか原子核とかいろいろ出てきて，よくわかりません。

では，原子をつくっている粒子の説明をしましょう。

図3−1のように，ビッグバンのあと，宇宙空間にできた陽子や中性子が集まって，原子核ができました。**陽子が1個の状態のものが水素原子核で，陽子が2個，中性子が2個組み合わさったものがヘリウム原子核です**。その原子核に電子が結合すると，水素原子やヘリウム原子ができます。

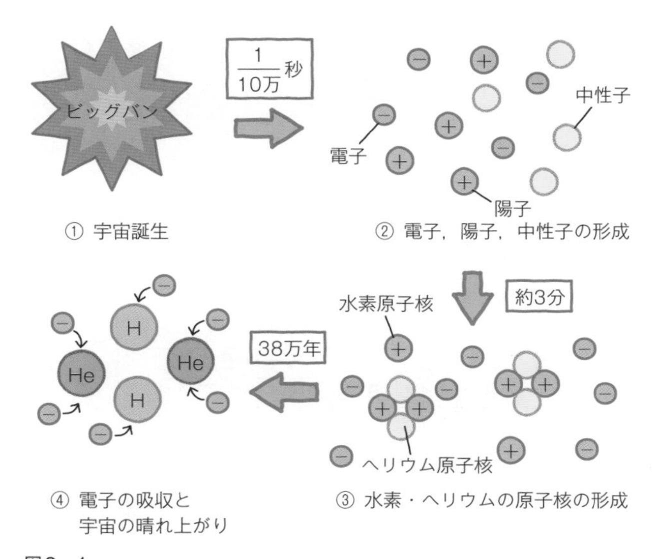

図3−1

●星の誕生

宇宙は膨張を続け，**ビッグバンから1〜3億年後に最初の星が誕生**しました。その後，銀河がつくられ，現在の宇宙の姿に近づいていきました。

宇宙の進化
宇宙の誕生（ビッグバン）：138億年前
宇宙の晴れ上がり：38万年後
星の誕生：1～3億年後

共通テストでは，宇宙の誕生に関する年代や用語，現象を問う知識問題が多く出題されます。また，陽子や電子，原子核などの原子の構造を理解していないと解けない問題も多く出題されるので，注意しましょう。

過去問にチャレンジ

ビッグバンで宇宙が誕生してから約3分後には，陽子と［ア］が結合し，［イ］が形成された。さらに，(a)約38万年後には水素原子が形成された。

問1　上の文章中の［ア］・［イ］に入れる語の組合せとして最も適当なものを，次の①～④のうちから一つ選べ。

	ア	イ
①	電　子	バリウム原子核
②	電　子	ヘリウム原子核
③	中性子	バリウム原子核
④	中性子	ヘリウム原子核

図3－1の原子がつくられていく過程を確認しながら，解いていきましょう。ビッグバンの直後，まず，**電子，陽子（水素原子核），中性子の原子のもとになる粒子**がつくられます。その後，**陽子と中性子**（［ア］）**が結びついて，ヘリウム原子核**（［イ］）がつくられました。そして，**宇宙誕生から38万年後，水素原子核やヘリウム原子核に電子が結びついて，水素原子やヘリウム原子**がつくられました。したがって，**答え ④**となります。

続けて，原子がつくられていく過程で起こった現象に関する問2を解いていきましょう。この問いは，原子がつくられるときに起こった現象と，他の分野の類似した現象を考える，共通テストの新傾向の問題です。

過去問にチャレンジ

問2　上の文章中の下線部(a)の現象と，地球大気において空気塊が上昇して雲が形成される現象には**共通点**がある。その説明として最も適当なものを，次の①～④のうちから一つ選べ。

①　どちらの現象も，膨張に伴う温度の上昇によって引き起こされる。

②　どちらの現象も，膨張に伴う温度の低下によって引き起こされる。

③　どちらの現象においても，形成の結果，光の進路が妨げられ，遠くまで見通せなくなる。

④　どちらの現象においても，形成の結果，光の進路を妨げるものがなくなり，遠くまで見通せるようになる。

(2023年共通テスト追試験)

宇宙が誕生して約38万年後のできごとは「宇宙の晴れ上がり」です。宇宙の**膨張**にともなう**温度の低下**によって，原子核に電子が結合して原子がつくられます。このとき，**光の直進を妨げていた自由に動き回る電子がなくなった**ため，光が直進できるようになり，**遠くまで見通せる**ようになりました。

大気中の空気塊が上昇すると**膨張にともない温度が低下**します。そして水蒸気の凝結が起こり，雲が発生すると，**光の進路を妨げて遠くまで見通せなく**なります。したがって，**答え**　②となります。

② 銀河系

　多数の恒星と星間物質からなる大集団を**銀河**といい，**太陽を含む銀河**を**銀河系**といいます。銀河系は約1000億個以上の恒星，水素などのガスや塵（ちり）などの星間物質からなり，太陽もそのうちの1つの恒星です。

ボクたちがすごく大きいと思っている太陽ですら，銀河系の1000億個以上の恒星のうちの1つなんですね。

宇宙の広さは果てしない……。

そうですね。そして，その銀河系ですら，無数にある銀河のうちの1つです。宇宙の広さは途方もないんですよ。

③ 銀河系の構造

　図3−2のように，銀河系は，バルジ，円盤部，ハローの3つの構造からなります。

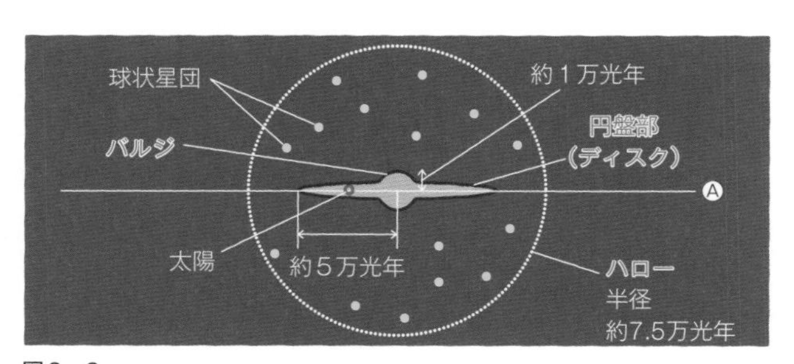

図3−2

●バルジ

　銀河系中心部の膨らんでいる部分で，恒星が集中している半径約１万光年の球状の領域です。

“光年”って何でしたっけ？

光年とは距離の単位で，“光の速さで1年進んだ距離”ということです。

光の速さは，秒速$3.0×10^5$ km，1年間を365日とすると3153万6000秒なので，かけ算すると1光年は約9兆5000億kmです。

1万光年ってことは，その1万倍！
もうよくわからない大きさですね。

そうですね。すごい大きさの話をしています。
では，銀河系の構造の話を続けますよ。

● 円盤部（ディスク）

バルジから伸びた半径約5万光年の円盤状の領域を，円盤部といいます。銀河系内の大部分の恒星が分布し，**若い星の集まりである散開星団（さんかいせいだん）や，多くの星間物質**（→p.210 ❶太陽の誕生）**が存在**します。**太陽も円盤部に位置**し，中心部から約2万8000光年の距離にあります。**天の川**は，地球から円盤部を眺めたものです。円盤部を真上から見ると，銀河系は渦巻（うずまき）状の構造をしています（図3−3）。

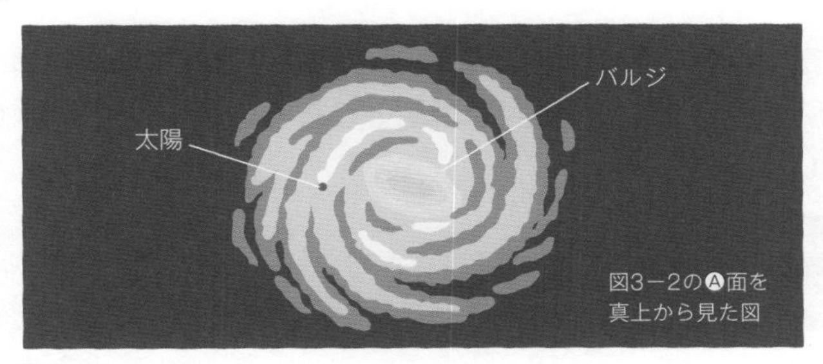

図3−3

天の川(**図3－4**)の雲のような帯を天体望遠鏡などで観察すると，**無数の星の集まり**であることがわかります。これを初めて発見したのは，イタリアのガリレオ・ガリレイなんですよ。

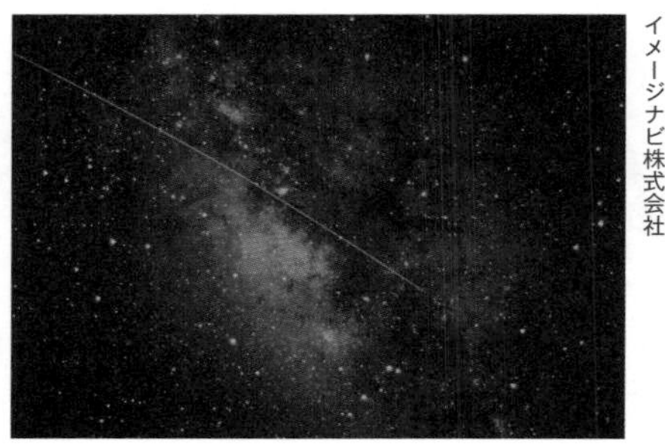

イメージナビ株式会社

図3－4

天の川って，七夕のころに雲の帯のように見えるんですよね？

太陽系が円盤部の中にあるので，天の川は，1年中見ることができます。ただし，人工の光があると天の川の弱い光は見えないので，日本では肉眼で見られる場所は少なくなっています。

夏の天の川が有名なのは，地球は夏にバルジの方向を向くからです。バルジ方向には多くの恒星が存在することから，夏の天の川は太く明るく見えます。逆に，冬にはバルジの反対方向を向くため，見える星が少なくなり，冬の天の川は細くて暗く観察されます。

● ハロー

円盤部を半径約7.5万光年の球状に取り巻く領域を，ハローといいます。ここには，**老齢(ろうれい)な星の集団である球状星団(きゅうじょうせいだん)がまばらに存在**しています。

POINT　銀河系の構造

バルジ：半径約1万光年，恒星や星間物質の密度が濃い
円盤部：半径約5万光年，太陽を含む若い恒星が多い
ハロー：半径約7.5万光年，球状星団がまばらに存在

では，銀河系の模式図を使った過去問を解いてみましょう。

過去問にチャレンジ

次の文章中の ア ・ イ に入れる数値と語句の組合せとして最も適当なものを，後の①～④のうちから一つ選べ。

銀河系の円盤部は直径が ア 光年ほどで，太陽系は円盤部の中に位置しており，地球からは円盤部の星々が帯状の天の川として見える。M31はアンドロメダ銀河とも呼ばれる銀河で，地球からは天の川と異なる方向に見える。図1は銀河系を真横から見た断面の模式図で，銀河系の中心とM31の中心はこの断面を含む面内にある。この図においてM31の方向は イ である。

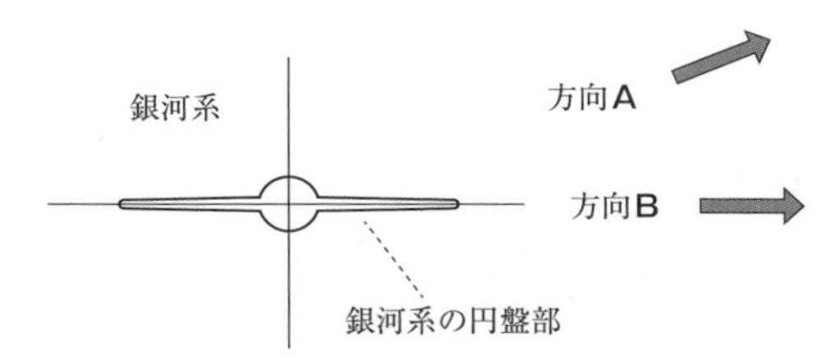

図1　銀河系の断面の模式図
銀河系から見たM31の方向は，方向Aまたは方向Bである。

	ア	イ
①	100万	方向A
②	100万	方向B
③	10万	方向A
④	10万	方向B

（2023年共通テスト本試験）

ア ：銀河系は**バルジ（直径2万光年）**，**円盤部（直径10万光年）**，**ハロー（直径15万光年）**の3つの領域からできています。

イ ：**太陽系は円盤部**にあり，銀河系の中心から約2.8万光年離れた場所に位置します。天の川は地球から円盤部を観察したものです。アンドロメダ銀河が方向Bにあると天の川と重なって見え，方向Aにあると天の川から離れて見えます。よって，**答え ③**です。

THEME 2

太陽の誕生

ここで　きめる！

- 太陽の進化は，星間雲→原始星→主系列星の順
- 太陽のエネルギー源は，水素の核融合反応である。
- 太陽の自転は，黒点の動きからわかる。

1　恒星としての太陽

星の明るさのめやすとして**等級**が用いられており，**等級が小さいほど明るくなります**。等級は「級」の字をのぞいて，「1等」「2等」と数えます。5等小さいと明るさが100倍，1等小さいと明るさが約2.5倍になります。

星の等級と明るさ

等級が小さいほど，星は明るくなる。

5等小さいと明るさが100倍なのに，1等小さいと何で2.5倍なんですか？ 100÷5＝20倍にならないんですか？

1等小さいと明るさが約2.5倍になることから，2等小さいと明るさは2.5×2.5＝6.25倍，5等小さいと明るさは2.5^5≒100倍になるんです。

少しくわしく説明すると，1等小さくなると明るさは$100^{\frac{1}{5}}$倍（約2.5倍）になります。だから2等小さくなると明るさは$100^{\frac{2}{5}}$倍（約6.25倍），5等小さくなると明るさは$100^{\frac{5}{5}}$＝100倍になります。

共通テストでは，計算問題として等級差と明るさ（光度）の差の問題が出題されることがあります。指数計算を使うことも多いので，計算に慣れておくことが必要になります。

過去問にチャレンジ

星Cは5等，星Sは9等であった。星Cの光度（明るさ）は星Sの光度のおよそ何倍か。その数値として最も適当なものを，次の①～⑥のうちから一つ選べ。ただし，1等級の差は約2.5倍の明るさの違いに対応する。□倍

① $\frac{1}{80}$　② $\frac{1}{40}$　③ $\frac{1}{10}$　④ 10　⑤ 40
⑥ 80

（2013年センター本試験　改題）

今回の問いでは，**1等級の差は約2.5倍の明るさ**の違いと明記されていますが，この数値は与えられない場合もあるため，これは知識として覚えておいたほうがいいでしょう。また，**等級が小さいほど明るい（光度が大きい）**ことに注意しましょう。星Cは星Sよりも等級が小さいため，明るくなります。よって，光度は1倍より大きくなることから①，②，③は除外できます。等級の差が9－5＝4等なので，1等級小さくなると明るさが2.5倍になることから，2.5^4≒39倍となり，答え ⑤となります。

別解として，等級の差が5で明るさが100倍になることから，等級の差が4であることは，100÷2.5＝40倍と求めることができます。このように少し工夫をすると，計算問題を解く時間の短縮や計算間違いを減らすことにもつながります。いろいろな問題を解いて，解法を増やしていきましょう。

2 太陽の誕生と進化

① 太陽の誕生

今から**46億年前**，星間物質が集まって収縮し，**星間雲**が形成され，その中心部に**原始太陽**が形成されました。

・星間物質：恒星と恒星の間に存在する水素，ヘリウムからなる**星間ガス**と，直径0.01～1μmの**星間塵**を合わせて，**星間物質**といいます。1μmは1×10^{-6}mです。

・星間雲：宇宙のなかで，**星間物質が，まわりより濃く集まっている領域**を**星間雲**といいます。

・星間雲の種類

散光星雲：星間雲のうち，近くの明るい星の放射を受けて**輝いて見えるもの**(図3－5)。

イメージナビ株式会社

図3－5

暗黒星雲：地球との間にある星間雲によって，地球に届く恒星の光がさえぎられ，**黒く見える**もの(図3－6)。

イメージナビ株式会社

図3－6

● 原始星

星間雲のなかで，とくに密度の高い部分が，自分自身の重力によって収縮することがあります。星間雲は収縮すると，内部の温度が高くなっていきます。こうして生まれた恒星を**原始星**といいます。原始星の段階であった太陽を**原始太陽**といいます。

どうして，収縮すると温度が上がっていくんですか？

空気を思い出してください。圧縮すると温度が上がりましたね。それと同じ原理と考えていいですよ。

② 現在の太陽

●主系列星（しゅけいれつせい）の誕生

原始星が収縮し，**中心部の温度が約1000万K以上に上昇すると，中心部で水素がヘリウムに変わる核融合反応**(p.215)**がはじまります**。この核エネルギーで，恒星が輝くようになります。また，核エネルギーは星を膨張させるはたらきもするので，収縮させようとする重力とつり合って，収縮が止まります。この段階まで至った恒星を**主系列星**（しゅけいれつせい）といい，現在の太陽は，主系列星の段階にあります。

POINT　星のエネルギー源

・原始星は，星の重力によって収縮するときのエネルギー
・主系列星は，星の中心部での水素の核融合反応

太陽の誕生に関しては，星間物質の成分，星間雲の性質，原始太陽の形成の過程，年代などの知識問題がよく出題されます。では，そのような知識を中心とする過去問を解いてみましょう。

過去問にチャレンジ

石炭袋を代表的な例とする暗黒星雲は，星間雲の一種である。星間雲に関して述べた次の文中の ア ・ イ に入れる語の組合せとして最も適当なものを，後の①～⑥のうちから一つ選べ。

星間雲を構成する星間ガスの主成分は ア であり，星間雲の特に密度が高い部分が イ により収縮して原始星ができる。

	ア	イ
①	水　素	重　力
②	水　素	磁　力
③	炭　素	重　力
④	炭　素	磁　力
⑤	酸　素	重　力
⑥	酸　素	磁　力

（2022年共通テスト追試験）

ア：星間雲は星間物質が集まった領域であり，**星間物質の主成分は，水素やヘリウム**などからなるガスである。

イ：星間雲のなかで，星間物質がとくに濃く集まった部分は，重力によって収縮し，中心部に原始星が誕生します。**原始星は重力のエネルギー**で輝き始めます。したがって，答え ①となります。

3 太陽の特徴

1 太陽の概観

●太陽の半径：約70万 km

地球から見ると，見かけの大きさは満月とほぼ同じですが，実際は月よりはるかに大きく，**地球の約109倍の大きさ**があります。

● 太陽の質量：約2.0×10^{30} kg

地球の質量の約33万倍で太陽系の全質量の99.8%を占めます。

太陽が巨大なのはわかるんですが，太陽の半径は地球の109倍なのに，質量がなんで33万倍にもなるのか理解できません！

質量を比べるときは，まず体積の比を計算しなければいけないからですよ。

半径が109倍の場合，体積は半径の3乗倍になるので，109^3＝約130万倍になります。しかし実際の質量は33万倍です。つまり，**太陽は地球より軽い物質からできている**ことがわかります。

● 太陽の密度：約1.4 g/cm^3

② 太陽の組成

・太陽大気：水素が9割以上を占め，次いでヘリウムが多くなっています。

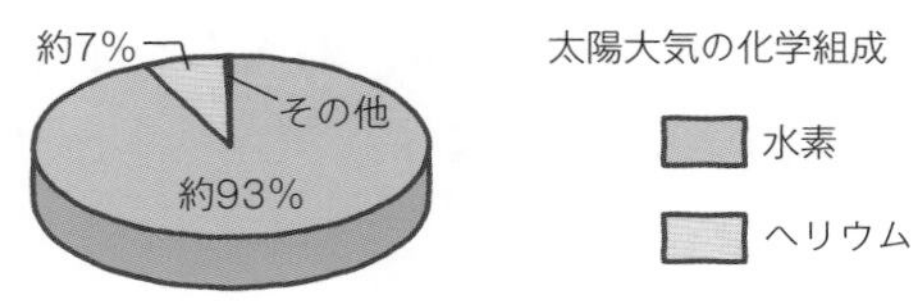

図3−7

水素は元素のなかで最も軽く，ヘリウムはその次に軽い元素です。**宇宙を構成する元素は水素，ヘリウムでほぼ99%を占めています。**太陽の大気の組成は，宇宙の構成元素の比率とほぼ同じです。

③ 太陽の表面

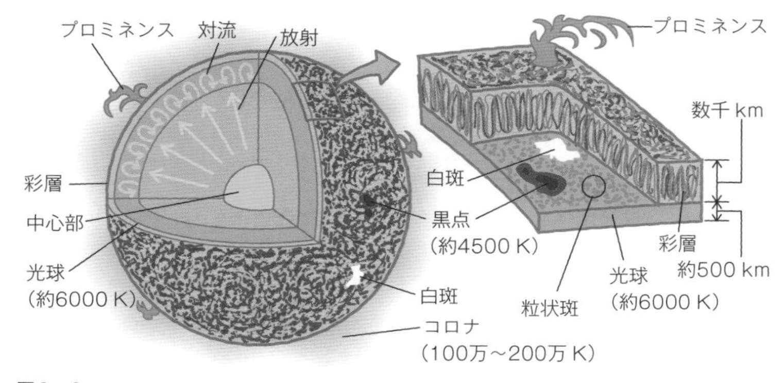

図3－8

● 光球

可視光線で見られる太陽の表面のことを，光球といいます。**光球は，太陽の表面からだいたい500 km くらいの薄い層**です。

太陽の表面温度は約**6000 K**（ケルビン：絶対温度）です。

光球をよく見ると，**粒状斑**（りゅうじょうはん）という小さなつぶつぶの模様を観察できます。太陽の内部では，高温のガスが上昇し，冷えると下降する，**対流**が起きています。**粒状斑は，対流のときにできる模様**で，それぞれの大きさは1000 km ほどで，寿命は5～10分です。

● 黒点

光球の表面に存在する黒い点を黒点といいます。

表面温度が約4500 K と光球より低温のため，黒く見えます。黒点の寿命は平均10日くらいで，**黒点の数が多いときは太陽活動が活発に，少ないときは太陽活動が穏**（おだ）**やか**になります。

何で黒点は光球より低温になるんですか？

いい質問ですね！　**黒点には強い磁場があります。**この磁場が強いため，太陽の内部から湧き上がってくる**高温のガスを妨害**（ぼうがい）して低温になります。

●白斑

光球より温度が600 Kほど高温の明るい斑点を，白斑といいます。黒点のそばや，光球のふちなどに見えます。

●彩層

光球を取り巻く薄い大気層を，彩層といいます。皆既日食のとき，赤く見えます。

●コロナ

彩層の外に広がる薄い大気の層で，100万K以上の高温になるため，水素やヘリウムなどの原子から電子がはぎ取られ，イオンと電子になっています。イオンや電子は太陽風(p.216)となって周囲に放出されます。これは地球で発生するオーロラなどの原因になります。

コロナは皆既日食のとき，**図3−9**のように真珠色(つやのある灰白色)に観察することができます。

イメージナビ株式会社

図3−9

●プロミネンス（紅炎）

彩層の外側に張り出して見える，巨大な炎のようなものがプロミネンスです。プロミネンスは彩層から噴出するものや，コロナのなかに浮いているものなどがあります。

④ 太陽のエネルギー源

太陽の中心部では，**4個の水素(H)原子核が1個のヘリウム(He)原子核に変化する核融合反応**が起きています。それによって，大量のエネルギーが放出され，これが**太陽のエネルギー源**になっています。太陽の中心部の温度は約1600万Kにもなります。

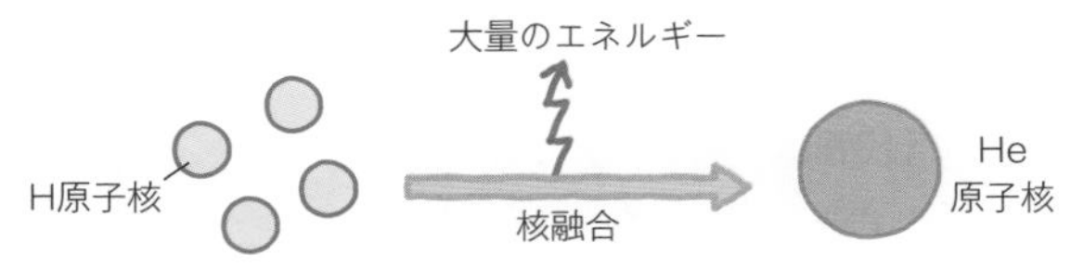

図3−10

SECTION 3 宇宙と太陽系

⑤ 太陽の活動と地球への影響

・**太陽風**(たいようふう)：コロナを構成する，イオンや電子などの**電気を帯びた粒子の一部が，宇宙空間に流れ出したもの**を太陽風といいます。

太陽風が地球に到達すると，高緯度の空気の粒子と衝突して発光する**オーロラ**が見られます。

⑥ 太陽の自転

太陽は赤道付近では東から西へ約27日で自転しています。

太陽が自転していることは，どうやってわかったのですか？

黒点の動きを観察してわかったんですよ。

太陽の表面に黒点が現れることがあり，その黒点の動きを観察することで，太陽の自転の周期や向きを知ることができます。**図3－11**は，太陽表面の黒点の5日間の動きをスケッチしたものです。

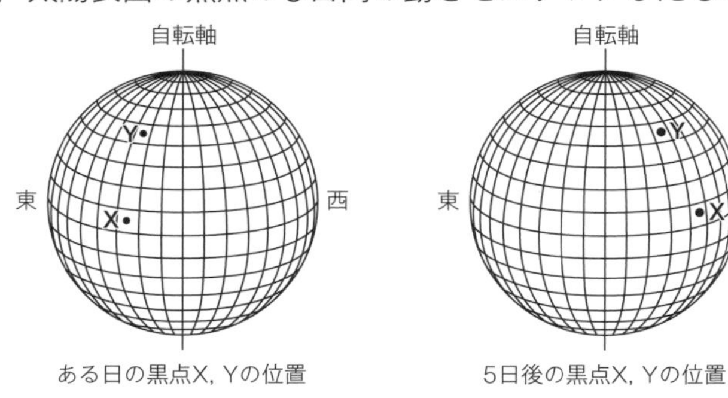

図3－11

黒点**Y**の動きから太陽の自転周期を求めてみましょう。黒点**Y**は5日間で太陽の経線上を60°（6マス分）動いています。自転周期〔T〕は，自転軸のまわりを360°移動して元の位置に戻ってくることなので，5日間：60°＝T：360°よりT=30日間

よって，太陽の自転周期は30日と求めることができました。

黒点 X を見ると黒点 Y よりも１マス余分に動いていませんか？

そのとおりです。太陽の赤道付近では，５日間に70°動いています。だから赤道付近の自転周期〔T'〕は，５日間：70°＝T'：360°よりT'＝約26日間となり，太陽の自転周期は低緯度ほど短くなります。

それでは，太陽がねじれて壊れてしまうと思うのですが。

心配ありません。太陽の表面は固体でできていないので壊れないのですよ。

太陽の自転周期

・黒点の動きを観測して測定する
・低緯度ほど短く，高緯度ほど長い

太陽に関する知識問題としては，構成物質や表面の様子，エネルギー源などが出題されます。**太陽の構成元素は全体も大気も，ほぼ宇宙の構成元素と同じ**であることは大切です。このことを踏まえて，太陽の元素に関する共通テストの過去問を解いてみましょう。

過去問にチャレンジ

高校生のSさんは，太陽の主成分は［ア］であることを学んだ。さらに，太陽の黒点は太陽の自転とともに移動すると聞いたSさんは，その様子を実際に確かめてみたいと考え，(a)天体望遠鏡の太陽投影板に映した黒点を観察することにした。

問1　上の文章中の［ア］に入れる元素名と，その元素の起源について述べた文の組合せとして最も適当なものを，次の①～④のうちから一つ選べ。

	元素名	起　源
①	水　素	太陽の内部で核融合反応によりできた。
②	水　素	ビッグバンのときにできた。
③	炭　素	太陽の内部で核融合反応によりできた。
④	炭　素	ビッグバンのときにできた。

［ア］：宇宙の構成元素は水素，次いでヘリウムからできているので，星間物質の主成分も水素，ヘリウムです。太陽は，今から約46億年前に星間物質が集まった星間雲から生まれました。よって，太陽の主成分の元素も水素，次いでヘリウムです。
起源：**水素の原子核は陽子**であり，ビッグバンの直後にできました。したがって，答え ②となります。

続けて黒点の観察についての思考問題です。黒点の動きを日数と目盛りの数から読み取って，太陽の自転周期を計算する問題で，過去に何回も出題されています。この問いが解けたら，過去の共通テストやセンター試験の問題にもチャレンジしましょう。図をしっかりと読んでくださいね。

問2　前の文章中の下線部(a)について，Sさんは6月上旬に，ある黒点を毎日正午に観察した。次の図1は，観察することができた6月4日と6月6日，6月7日の黒点のスケッチをまとめたものである。この図1から，太陽が自転していることが確認できる。この黒点の大きさと，地球から見た太陽の自転周期について，図1からわかることの組合せとして最も適当なものを，後の①～④のうちから一つ選べ。

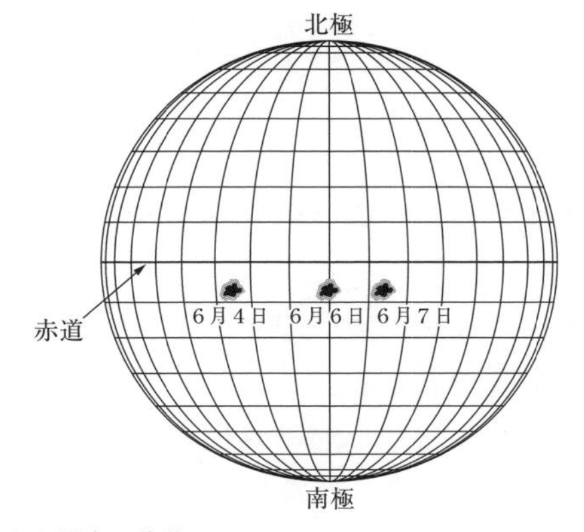

図1　観察した黒点の移動
太陽面の経線と緯線は10°ごとに描かれている。

	黒点の大きさ	地球から見た太陽の自転周期
①	地球の直径の約0.05倍	約13日
②	地球の直径の約0.05倍	約27日
③	地球の直径の約5倍	約13日
④	地球の直径の約5倍	約27日

（2022年共通テスト本試験）

黒点の大きさは，太陽が地球のおおよそ何倍かという知識と，図の下に書かれたヒント（経線は10°ごとに描かれている）を使って解きます。また自転周期は，黒点が位置する時間と経度差の角度の関係から解いていきます。

黒点の大きさ：経線は10°ごとに描かれているので，図1で見えている角度は180°です。太陽の直径は，地球の約109倍なので，赤道での経度10°の幅には地球を$109 \times \frac{10}{180} \fallingdotseq 6$個並べられます。黒点は経度10°の幅に2個ほど並べることができそうなので，黒点の大きさは地球の直径の数倍の大きさであるとわかります。

自転周期：黒点は6月4日から7日までの3日間でおよそ4目盛り分動いています。4目盛りは40°なので，3日で40°動いていることになります。自転周期X日は360°動く時間なので，3日：40°＝X日：360°より，X＝27日となります。よって，**答え ④**です。

THEME 3

太陽系の天体と誕生

ここで 畝きめる！

- 惑星の形成は，原始太陽系円盤→微惑星→原始惑星→惑星の順
- 地球型惑星は，太陽に近い半径の小さな惑星で，密度の大きな岩石や金属からなる。
- 木星型惑星は，太陽から遠い半径の大きな惑星で，密度の小さな水素やヘリウム，氷などからなる。

1 太陽系の天体

① 太陽系の構成天体

太陽と，そのまわりを公転している天体の集まりを**太陽系**といいます。惑星の公転方向は，北極の上空から見るとすべて反時計まわりで，太陽の自転方向と一致しています。図3－12のように，太陽系には**太陽を中心にして，さまざまな天体が存在**しています。太陽ー地球間の平均距離を**1天文単位（1au）**といい，**1.5億km**に相当します。

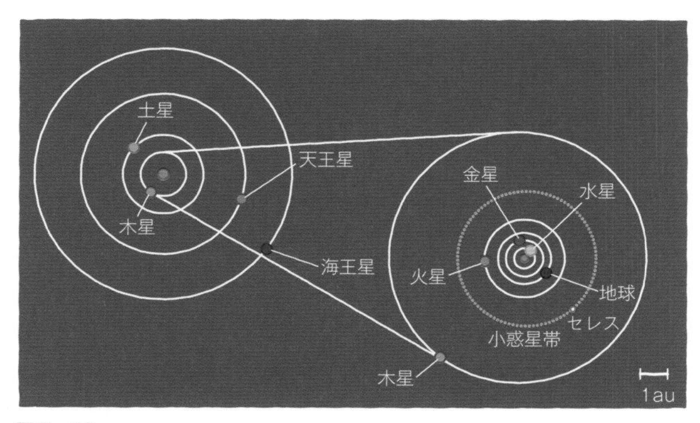

図3－12

太陽系はどれくらいの大きさがあるんですか？

1万天文単位の大きさと考えられています。

太陽から，最も遠い惑星である海王星までは約30天文単位です。海王星が公転している領域よりさらに遠くには，冥王(めいおう)星などの**太陽系外縁(がいえん)天体**とよばれる，天体群が見つかっています。そして，さらにその外側に，**オールトの雲**とよばれる領域が推定されており，**太陽系の大きさは1万天文単位以上**と考えられています。

宇宙の広がりは非常に大きく，距離については，私たちがいつも使っているkmなどの単位で表すと，億をはるかに超えてしまう場合が多いです。宇宙に関する計算問題を解く場合，0（ゼロ）を並べると非常に数が多くなり，ミスの原因となります。そこで，指数をうまく利用するとミスが少なくなり，時間の短縮にもなります。

過去問にチャレンジ

海王星から太陽までの距離は約30天文単位である。太陽の光が海王星に届くまでには，およそ何時間かかるか。その数値として最も適当なものを，次の①～④のうちから一つ選べ。ただし，地球から太陽までの平均距離は1億5000万 km，光速度は30万 km/sとする。[　　] 時間

①　0.4　　②　0.8　　③　4　　④　8

（2017年センター本試験）

指数で表すと，千は10^3，万は10^4，億は10^8であることを覚えておいて，使いこなしていきましょう。

指数を使うと，1億5000万 km＝1.5×10^8 km，30万 km/s＝30×10^4 km/sです。30天文単位をkmで表すと，$30 \times 1.5 \times 10^8$＝$45 \times 10^8$ kmとなります。**距離＝速度×時間**の公式を変形する

と，時間＝距離÷速度であることから，太陽の光が海王星に届くまでの時間〔s〕は，$(45\times10^8)\div(30\times10^4)=1.5\times10^4$〔s〕です。1時間は3600 s＝$3.6\times10^3$ sなので，$(1.5\times10^4)\div(3.6\times10^3)\fallingdotseq 0.4\times10=4$時間が答えとなります。よって，**答え ③**です。

太陽系を構成する天体の種類をまとめておきました。

POINT 太陽系を構成する天体

太陽：自ら光り輝く星で恒星である。太陽系の全質量の99.8%以上を占める。

惑星：太陽のまわりを公転する比較的大きな天体で，太陽から近い順に**水星**，**金星**，**地球**，**火星**，**木星**，**土星**，**天王星**，**海王星**の8個が存在する。

小天体：小惑星，太陽系外縁天体，彗星，衛星などがある。小惑星などの破片が地球に衝突して採取されたものやほかの天体などに衝突したものが隕石(いんせき)である。

② 太陽系の誕生

今から46億年前，現在の太陽系の位置にはガスや塵(ちり)（固体微粒子）が漂っていました。これらを**星間物質**といいます。これが**収縮して太陽系が誕生**しました。**ガスの主成分は水素(H)とヘリウム(He)**からなり，これが星間物質の99%以上を占めます。**塵は岩石や金属，氷**などでできています。

46億年前というと地球が誕生したときと同じですが，太陽系も同じなんですか？

とてもいい質問ですね！

太陽もほかの惑星も，地球とほぼ同時期に誕生したと考えられています。月の岩石や，小惑星の破片である隕石(いんせき)のつくられた年代の多くは，約46億年前です。

③ 太陽系の形成モデル

どうやって太陽系は現在の形に落ちついたのですか？

では，順を追って説明していきましょう。

(1)　水素・ヘリウムを主成分とする星間物質が集まって収縮し，中心部に**原始太陽**が形成されます。**残りの星間物質は回転運動をしながら平たい円盤（えんばん）になり**，**原始太陽系円盤**を形成しました。

図3－13

(2)　原始太陽系円盤の中央にある原始太陽に入らなかった**星間物質のうち，大きめの塵がたがいに衝突・合体する**ようになります。その結果，直径1～10 kmの**微惑星**が多数形成されました。

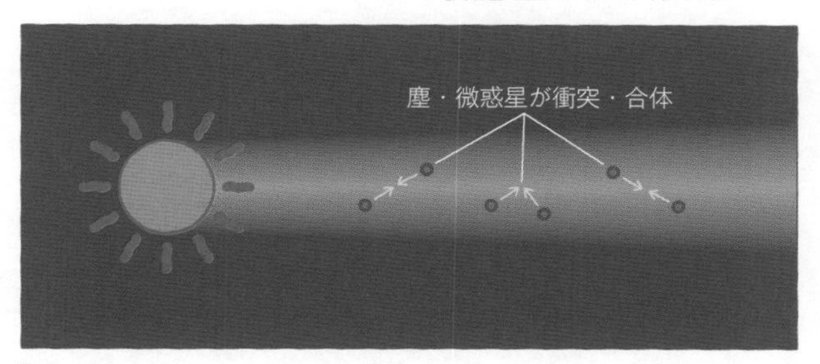

図3－14

(3)　(2)のようにしてできた微惑星が衝突・合体をくり返して，原始地球やほかの**原始惑星**に成長しました（**図3－15**）。

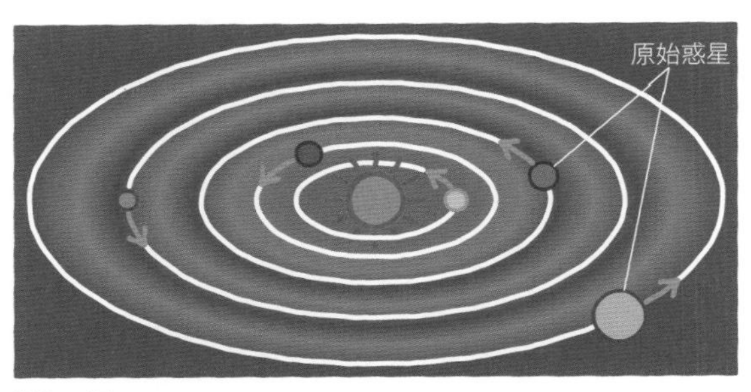

図3－15

図3－15を見ると，原始惑星の大きさが太陽から遠いほど大きくなっていますが，なぜですか？

これは太陽の光や熱が関係しています。

微惑星の成分は，太陽に近い領域では，高温であるため融点の高い岩石と金属が主体ですが，遠い領域では岩石と金属に加えて，低温であるため融点の低い氷も主体になります。もとになる材料が多かったため，太陽から離れた原始惑星は大きく成長したと考えられています。

(4)　(3)でできた原始惑星がさらに衝突・合体をくり返して，惑星が形成されます。**太陽に近い領域では，岩石や金属を主成分とする地球型惑星（水星，金星，地球，火星）が形成されます。**

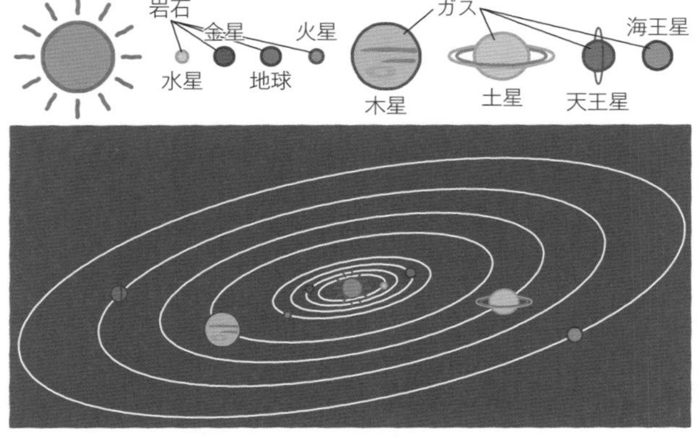

図3－16

いっぽう，**太陽から遠い領域では**，大きく成長した原始惑星が水素やヘリウムなどのガスを引き寄せます。その結果，**ガスを多く含む巨大な惑星である木星型惑星（木星，土星，天王星，海王星）となります**。その外側では微惑星が成長できないものが多かったため，そのまま取り残されて太陽系外縁天体となるのです。

太陽系の形成については，太陽や惑星がつくられる過程や，微惑星の成分の違いに関する知識問題がよく出題されます。では，太陽からの距離の違いによる微惑星の成分についての共通テストの過去問を解いてみましょう。

過去問にチャレンジ

次の図1は，ある時期の原始太陽系円盤の断面の模式図であり，●と○で示したように，微惑星は場所によってその成分が異なる。図中の ア に入れる語と，それが○の微惑星に多く含まれる理由の組合せとして最も適当なものを，後の①～④のうちから一つ選べ。

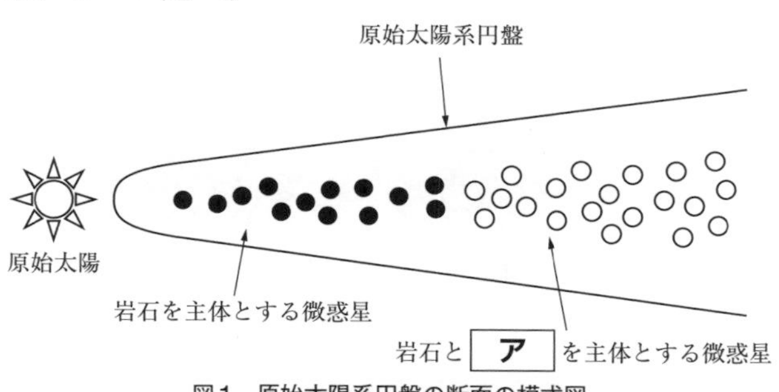

図1　原始太陽系円盤の断面の模式図

	ア	理　由
①	水素ガス	太陽による重力が弱いため
②	水素ガス	温度が低いため
③	氷	太陽による重力が弱いため
④	氷	温度が低いため

（2023年共通テスト追試験　改題）

微惑星は星間塵（岩石や氷などの固体微粒子）が集まってつくられました。原始太陽に近い領域では温度が高いため，融点が高い岩石が微惑星の成分になりましたが，太陽から遠い領域では温度が低いため，融点が低い氷も微惑星の成分になりました。これによって，太陽から遠い領域は，近い領域よりも微惑星が多く存在し，微惑星が衝突・合体した原始惑星が大きく成長できました。したがって，**答え** ④となります。

④ 地球型惑星と木星型惑星

次に，地球型惑星と木星型惑星の違いを見ていきましょう。

●内部構造

図3－17のように，地球型惑星は岩石からなる地殻・マントルがあり，中心部には金属からなる核が存在します。

それに対して，木星型惑星は表面が水素やヘリウムの厚いガスに覆われています。その下に，液体水素や**金属水素**があり，中心部に岩石や氷からなる核をもっていると考えられています。

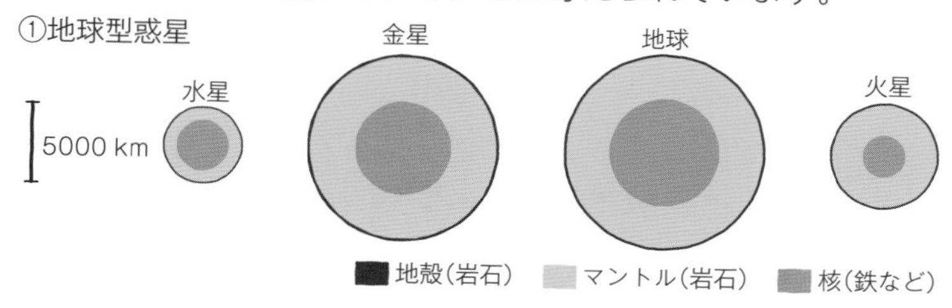

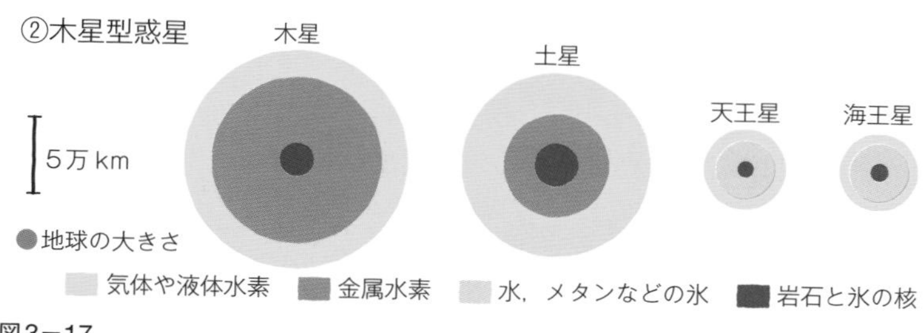

図3－17

図3−17を見ると木星型惑星の中で，天王星と海王星は，少し違うような気がしますが…。

スルドイですね！

天王星と海王星は表面を覆うガスが少なく，厚い氷の層が中心部を取り巻く構造をしています。だから，天王星と海王星を巨大氷惑星，木星と土星を巨大ガス惑星として分類する場合もあります。

惑星の内部構造

地球型惑星：表面から，岩石からなる地殻，岩石からなるマントル，金属からなる核

木星型惑星　巨大ガス惑星：表面から気体や液体水素，金属水素，岩石や氷

巨大氷惑星：表面から気体や液体水素，水やメタンなどの氷，岩石や氷

現在，木星型惑星は，巨大ガス惑星と巨大氷惑星に分けることが多くなってきており，教科書にも記載があります。共通テストでもテーマとして出題される可能性があるため，巨大氷惑星という新しい分類についての問題を用意しましたので，解いてみましょう。

過去問にチャレンジ

木星や土星とくらべて，天王星と海王星は太陽からの距離が遠く，形成時期も遅いため，その内部構造は木星や土星と異なると推測されている。次の図1は天王星や海王星の内部構造の模式図である。最も内側の円は核を示す。核はおもに岩石から，核を取り囲む層Ⅰはおもに［ア］から，その外側の層Ⅱはおもに［イ］から構成されると考えられている。

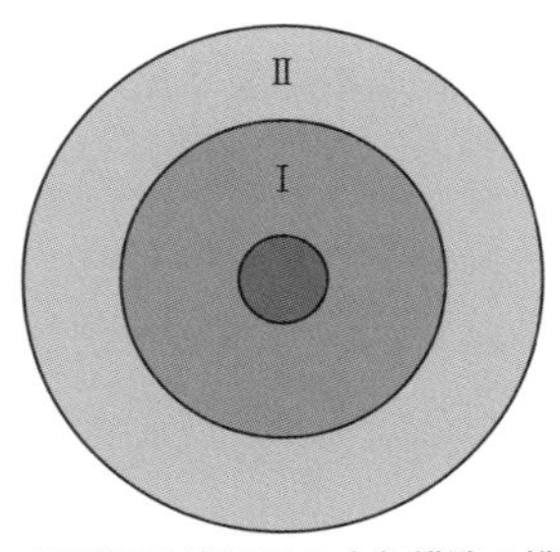

図１　天王星や海王星の内部構造の模式図

	ア	イ
①	氷	水　素
②	氷	ケイ酸塩
③	水	氷
④	水	水　素
⑤	水　素	ケイ酸塩
⑥	水　素	氷

（2018年センター追試験）

天王星や海王星は巨大氷惑星に分類される場合があり，**中心部の核はおもに岩石**，**核を取り囲む層Ⅰは，水やメタンなどの氷**，**層Ⅱは水素などの液体や気体**からできています。巨大ガス惑星との違いも確認しましょう。したがって，答え ①となります。

●特徴

地球型惑星は木星型惑星と比較して，半径が小さく，密度が大きくなっています。また，**自転周期**や**リング（環）**の有無など，さまざまな違いがあるので確認しておきましょう。

	地球型惑星	木星型惑星
惑星名	水星，金星，地球，火星	木星，土星，天王星，海王星
半径	小	大
質量	小	大
密度	大（5 g/cm^{3}程度）	小（1 g/cm^{3}程度）
偏平率	小	大
自転周期	長い	短い
リング	なし	あり
衛星の数	ない，または少ない	多い

表３−１　地球型惑星と木星型惑星の比較

⑤ 各惑星の特徴

● 地球型惑星

半径が小さく，おもに岩石や金属からなっており，「岩石惑星」とよばれることもあります。

・**水星**（図3－18）：太陽系の惑星のなかで最も半径と質量が小さく，衛星はありません。**表面には無数のクレーター（隕石(いんせき)の衝突の跡）が存在**します。これは，水星には大気や水が存在しないため，古いクレーターが侵食されずに残るためです。また，昼間の温度は約400℃以上，夜間は約－170℃まで低下します。

なぜ，昼夜の温度差がこんなに大きくなるんですか？

それは自転周期と大気がないことが関係しています。

水星の自転周期は地球よりも長く約59日です。自転周期が長いと昼間の時間が長くなり，昼間は長時間太陽光にさらされるため，とても高い温度になります。また，夜の時間も長くなり，その間は長時間太陽光が当たらないため，低温になります。さらに大気がないので，大気の循環(じゅんかん)による熱の移動が行われません。そのため，昼夜の温度差が大きくなります。

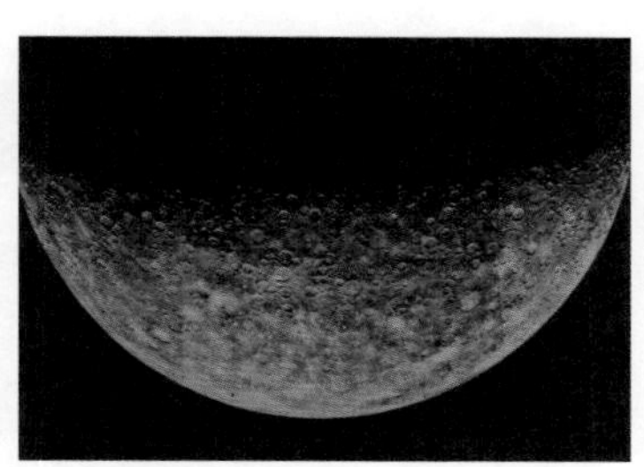
イメージナビ株式会社

図3－18

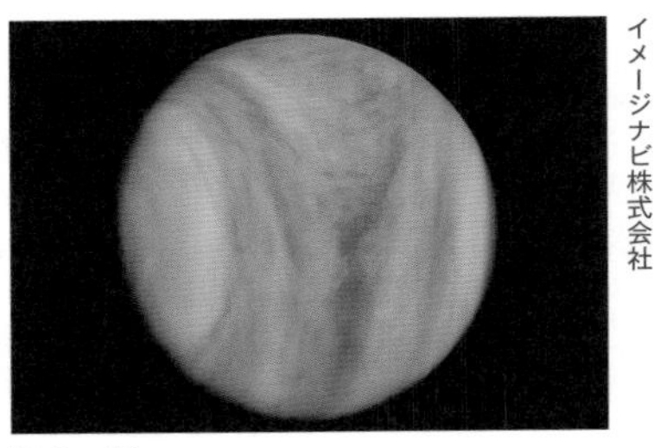

イメージナビ株式会社

図3－19

・**金星**(図3－19)：地球とほぼ同じ大きさで衛星はありません。主成分が二酸化炭素からなる厚い大気（約90気圧）に覆われています。二酸化炭素といえば，温室効果です(p.147)。**温室効果の影響で，表面温度は，最高で460℃の高温に達します**。硫酸の厚い雲に覆われて，表面は直接観察できません。惑星はふつう，自転(地球でいえば西から東)と公転の向きが同じですが，**金星だけは自転と公転の向きが逆**です。

イメージナビ株式会社

図3－20

・**地球**(図3－20)：**太陽系内で唯一液体の水による海をもちます**。大気の主成分は窒素(ちっそ)と酸素です。公転面に垂直な線に対して，自転軸が23.4°傾いているため，太陽光線の受け取りかたが変わり，季節の変化が見られます。衛星（月）を1つもっています。

イメージナビ株式会社

図3－21

・**火星**(図3－21)：直径は地球の半分くらいで，地球と同じ程度に自転軸が傾いているため，季節変化が見られます。**大気の主成分は二酸化炭素で，大気圧は地球の約$\frac{1}{100}$以下しかありません**。火星には，巨大な火山や渓谷(けいこく)が存在しています。**現在は液体の水は発見されていません**が，河川跡のような地形が見られることから，**かつては液体の水が存在していた**と考えられています。また，極地域にはおもにドライアイスからできた極冠が見られます。衛星を2つもっています。

●木星型惑星

半径が大きく，**おもに水素とヘリウムや氷などの密度の小さな物質からできています。**

・**木星**(図3−22)：**太陽系最大**の惑星で，表面には縞(しま)模様や大小の渦(うず)が見られ，とくに大きな渦を**大赤斑**(だいせきはん)といいます。表面温度は約−150℃と低く，70個以上の衛星を有しています。

イメージナビ株式会社

図3−22

・**土星**(図3−23)：太陽系で2番目に大きな惑星ですが，平均密度は最も小さいです。**望遠鏡で観察できるリングをもち，その幅は約7万kmであるが，厚さは最大数百mほどで非常に薄くなっています。**また，80個以上の衛星をもっています。

イメージナビ株式会社

図3−23

土星のリングって何からできているんですか？

直径1mくらいの**氷を主体として，岩片などが多数集まったもの**です。

これらが土星のまわりを公転しています。ほかの木星型惑星にもリングがあることが発見されていますが，規模が小さいため，地球から観察することはできません。

・**天王星・海王星**：2つの惑星は，表面温度が−200℃以下と非常に低温で，大きさ・構造ともに似ていて，青色に観察されます。

天王星は，公転面に垂直な線に対して，自転軸が大きく傾いていて，横倒しになって自転しています。水素やヘリウムの大気の層は薄く，水，メタン，アンモニアからなる氷が主成分です。

太陽系の惑星については，地球型惑星と木星型惑星の違いに関する出題がよくされます。なぜ違いができたのかを，知識を結びつけて考えていけるようにしましょう。

過去問にチャレンジ

次の文章を読み，ア・イに入れる語の組合せとして最も適当なものを，後の①～④のうちから一つ選べ。

太陽系の代表的な惑星の諸量を示した次の表1を見ると，地球型惑星である地球やアは，木星型惑星である木星や土星にくらべ，赤道半径は小さいが，平均密度が大きいことがわかる。また，木星型惑星では自転周期が短く遠心力が大きいため，地球型惑星にくらべイが大きい。

表1　太陽系の代表的な惑星の諸量

惑　星	赤道半径［km］	偏平率（へんぺいりつ）	平均密度［g/cm^3］	重　力（地球を1）	自転周期（日）
ア	3396	$\frac{1}{170}$	3.93	0.38	1.026
地　球	6378	$\frac{1}{298}$	5.51	1	0.997
土　星	60268	$\frac{1}{10}$	0.69	0.93	0.444
木　星	71492	$\frac{1}{15}$	1.33	2.37	0.414

表中の惑星は赤道半径の小さい順に並べてある。

	ア	イ
①	金　星	重　力
②	金　星	偏平率
③	火　星	重　力
④	火　星	偏平率

（2023年共通テスト追試験）

表3－1から地球型惑星と木星型惑星の違いを，遠心力についてはSECTION 1 THEME 1の地球の形と大きさの部分をしっかりと確認しながら，問題を解いていきましょう。

ア：地球型惑星であると問題文に書かれていることと，半径が地球（6400 km）のおよそ半分であることなどから，火星であると判断できます。

イ：木星型惑星は自転周期が短く，速く自転していることになるので，遠心力が大きくなります。よって，赤道方向に引っ張る力が強くかかることによって，惑星の形は赤道方向に膨らんだ偏平率の大きな回転楕円体になります。例として，**図3－23**の木星型惑星である土星の写真から，土星は明らかに楕円に見えるのではないでしょうか。したがって，**答え** ④となります。

6 その他の小天体

●衛星

惑星のまわりを公転している天体のことを衛星といいます。とくに**木星型惑星は，多数の衛星を有しています**。

・**月**（図3－24）：半径は地球の約$\frac{1}{4}$で，表面は岩石からできています。表面はクレーターが多い白く明るい部分（高地）と，クレーターが少ない平らな暗い部分（海）からできています。

イメージナビ株式会社

図3－24

月は，原始地球が形成されたころ，火星サイズの原始惑星が原始地球に衝突し，その破片が集まってできたと考えられています。これを**ジャイアント・インパクト説**といいます。

・**木星型惑星の衛星**：大きなものが多く，木星の衛星の「イオ」には火山活動が確認されており，木星の衛星「エウロパ」，土星の衛星「エンケラドス」には，地下に液体の海が存在するといわれています。

●小惑星

おもに火星と木星の間を公転している岩石からなる小天体で，数十万個以上が発見されています。これらが**小惑星帯**を形成しています。多くは直径10 km以下の天体ですが，最も大きな小惑星はセレス（ケレス）といい，直径は約1000 kmもあります。

小惑星って，もともと何だったんですか？

小惑星は微惑星が分裂したり，分裂した破片が再び合体したりして，できたものです。

太陽系が形成された初期の微惑星が起源と考えられており，日本の探査機「はやぶさ２」が調査した「リュウグウ」も小惑星です。

●太陽系外縁天体

海王星の軌道の外側を公転している小天体を，太陽系外縁天体といいます。これらは**氷を主体とする小天体**で，直径100 km以上のものだけでも，数千個以上見つかっています。かつては惑星に分類されていた**冥王星**（めいおうせい）も，現在は太陽系外縁天体とされており，太陽系外縁天体には，冥王星より大きなものも見つかっています。

●彗星（すいせい）

太陽のまわりを楕円（だえん）**軌道などで公転する小天体**で，太陽に近づくと尾を発生させるものを，彗星といいます。彗星は**氷を主体**とし，そのほかに岩石質の塵（ちり）などからできていて，直径は数kmほどの小さな天体です。太陽

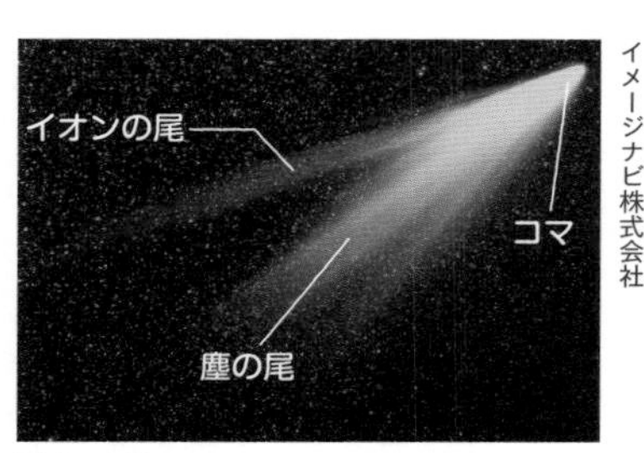

図3－25

に近づくと温められて，**図3－25**のように表面からガスや塵を放出し，コマとよばれる明るい部分が形成されます。また，このとき放出されたガスや塵の一部は，太陽の影響（太陽風）によって，太陽と反対側に伸びた尾を発達させます。

●隕石(いんせき)

　おもに小惑星帯などにある小惑星の破片が地球やほかの天体に接近し，衝突したものを隕石といいます。**大きな隕石がぶつかった跡には，クレーターとよばれる円形のくぼ地ができます**。

⑦ 地球

●太陽からの距離

・ハビタブルゾーン：**水が液体として存在**でき，宇宙空間で生命が存在するのに適した領域を**ハビタブルゾーン**といいます。太陽系の惑星の場合，**地球のみがハビタブルゾーンに入ります**。

図3－26

・ハビタブルゾーンの領域外：太陽に近い水星・金星は表面温度が高く，H_2Oは水蒸気(気体)となってしまいます。逆に，太陽から遠い火星は表面温度が低く，H_2Oは氷(固体)になります。

H_2Oが水(液体)だと，何で生命が存在するのに適しているんですか？

私たちの体の約7割は，海の化学組成に近い水からできているんです。だから，水が存在しないと生命を維持していくことができないんですよ。

●ハビタブルゾーンにある天体

・地球：大気や水を表面にとどめておくのに十分な重力があるため，液体の水からなる海洋が存在する。

・月：質量や大きさが小さいため，重力も小さくなり，大気や水を表面にとどめておくことができない。

水の存在をテーマとした出題の場合，ハビタブルゾーンに関係する惑星の特徴についての知識問題のほかに，大気の性質や生命との関係など他の分野にまたがった問題となることが考えられます。しっかり対策しておきましょう。

過去問にチャレンジ

惑星における水に関する文として最も適当なものを，次の①～④のうちから一つ選べ。

① 金星の表面温度は温室効果により約500℃になるので，水はすべて蒸発して水蒸気となり，大気の主成分として存在している。

② 木星は太陽系最大の惑星であり，水の氷からなる厚い層に覆われていて，表面にはいく筋もの縞(しま)模様やひび割れが見られる。

③ 火星は大気をとどめておくことができるが，太陽からの距離が離れているため，その表面に液体の水が存在したことがない。

④ 地球では，大気中にあった水蒸気が凝結して大量の雨が降ったことにより，その表面に原始の海が形成された。

（2015年センター本試験）

①：金星の大気の主成分は二酸化炭素で，水蒸気は存在しません。

②：木星の表面は厚い水素やヘリウムからなる大気の層に覆われており，表面は氷からはできていません。

③：火星の表面には，河川のように水が流れたあとの地形や水がないと形成されない堆積物がみつかっており，かつては液体の水が存在していたと考えられています。

④：地球は形成当時，マグマの海で覆われていて高温でした。しかし，**太陽からの距離が適当であったことから，ハビタブルゾーンの領域に入り**，冷却の過程で大気中の水蒸気が水となって，海が形成されました。したがって，答え ④ です。

SECTION

地表の変化と古生物の変遷

THEME

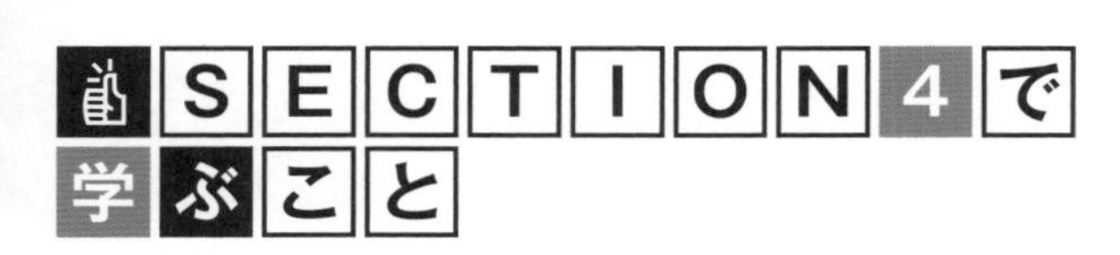

図を利用した問題が頻出！　流速と粒径の関係図や地層の対比，地質断面図など，いろいろな図の読み取りかたをおさえましょう。

各THEMEの必修ポイント

1　堆積岩と地層の形成

・風化の原理（物理的風化と化学的風化）
・流速と砕屑物の侵食・運搬・堆積の関係
・堆積岩の名称と特徴

2　地殻変動と変成岩

・変成岩の名称と特徴
・火成岩・堆積岩・変成岩の循環

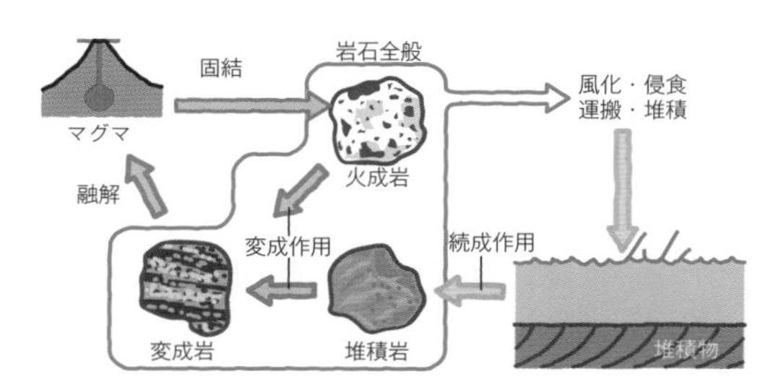

岩石の循環

・地層どうしの関係（整合，不整合）
・堆積構造（級化層理，クロスラミナなど）

3　地質年代の区分

・化石の種類（示準化石，示相化石など）
・地質断面図による新旧関係の読み取り
・地質柱状図による地層の対比の読み取り

4　古生物の変遷

・先カンブリア時代，古生代，中生代，新生代の年代やできごと
・大気の成分や気温などの地球環境の変化

頻出用語と解きかたのコツ

・流速と粒径の関係図：侵食・運搬・堆積領域の関係を読み取る
・不整合：形成される過程と判別方法を把握する
・地質断面図：断層・不整合・貫入・示準化石などから時代の新旧関係を読み取る
・地質柱状図：示準化石や火山灰層の分布から，地層を対比する。

例）

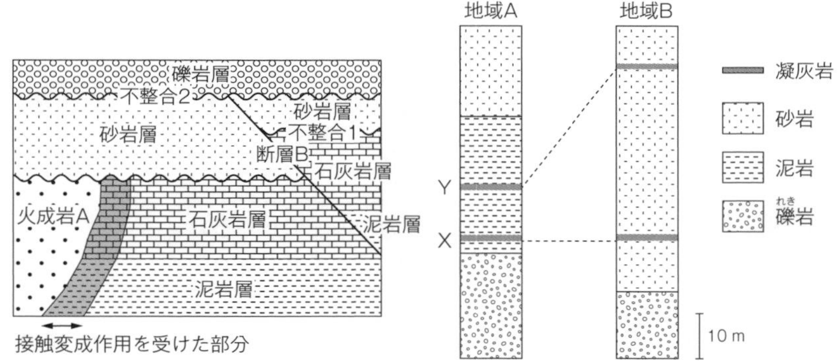

図1　ある地域の地質断面の模式図　　図2　地域Aと地域Bの地層の柱状図

地質断面図　　地質柱状図

（2020年共通テスト追試験）　（2023年共通テスト本試験）

・地球の誕生：約46億年前
・地質年代：先カンブリア時代（46億～5.4億年前），古生代（5.4億～2.5億年前），中生代（2.5億～6600万年前），新生代（6600万年前～現在）

堆積岩，地球の歴史に関係した知識問題も頻出です。
きちんと理解して覚えるようにしてくださいね。

THEME

1 堆積岩と地層の形成

ここで畝きめる!

- **堆積岩（砕屑岩）の形成順序は，風化→侵食→運搬→堆積→続成作用**
- **堆積岩は砕屑岩・火山砕屑岩・生物岩・化学岩の 4 種類。**
- **地層どうしは，整合・不整合・断層のうちどれかで接する。**

1 堆積岩の形成

① 風化

風化という用語は，「記憶が風化する」みたいに地学以外でも聞きますが，同じ意味なんですか？

「記憶が風化する」とは，頭の中の記憶がバラバラになって，忘れ去られていくことですね。

これを岩石に置き換えると，岩石が細かく砕(くだ)かれたり（**物理的風化**），溶かされたり（**化学的風化**）する現象をいいます。

● 物理的風化

岩石に力が加わって，岩石が砕かれる現象です。

・気温の変化

温度変化による鉱物の膨張(ぼうちょう)・収縮のくり返しによる風化です。鉱物どうしの隙間(すきま)が大きくなって，岩石が破壊されていきます。

温度変化による膨張・収縮ってイメージできないんですが……。

では，例をあげて説明しますね。

物体は温めると膨張し，冷やすと収縮します。たとえば，冷やしたガラス容器は収縮します。そこに熱湯を注ぐと，ガラス容器が急に膨張して割れてしまうことがあります。この現象を岩石に置き換えて考えましょう。

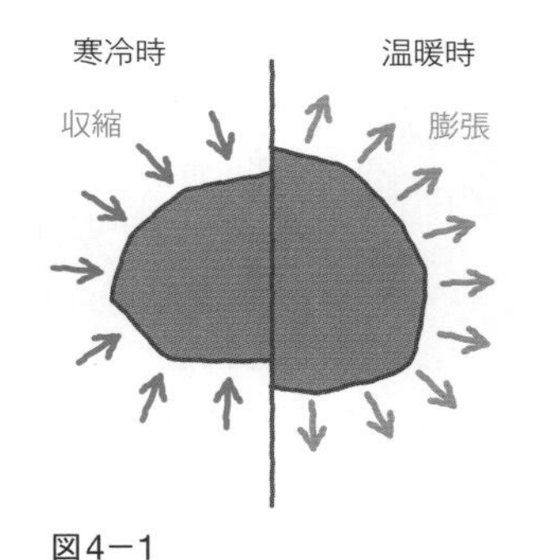

図4－1

・水の凍結

水は氷になると体積が大きくなります。岩石の割れ目に入っている水が凍結することで，割れ目が押し広げられて岩石が破壊されます。

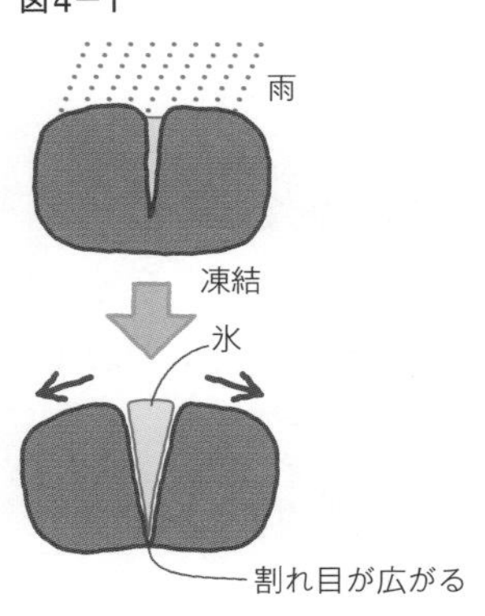

図4－2

水が氷になるときの力って，岩石を破壊するほど強いんですか？

ええ，そのとおりです。

水が氷になるときに生じる力はすごく大きな力で，寒いとき水道管を破裂させたりします。ペットボトルなどの飲料の容器に「凍らせないでください」とかいてあるのも，この力が原因です。なかの飲料の体積が増え，容器が破裂するかもしれませんから。

●化学的風化

水に含まれている化学成分（CO_2やO_2など）と岩石が反応し，**岩石を溶解させたり成分を変化させたりします**。

岩石って，溶けるんですか？

溶けますよ。岩石を構成している鉱物には，水に溶けやすいものがありました。p.104のミネラルウォーターの説明を思い出してくださいね。

・化学的風化の例

CO_2を含む**地下水や雨水は弱酸性**です。CO_2を含む水は石灰岩（炭酸カルシウム $CaCO_3$が主成分）を溶かすので，**石灰岩で構成された大地は，雨水などに溶けてカルスト地形が形成されます**（p.248参照）。

風化と気候

物理的風化：寒冷，または乾燥した気候で起こりやすい

化学的風化：温暖で湿潤な気候で起こりやすい

② 流水の作用

●河川(かせん)による砕屑物(さいせつぶつ)の侵食(しんしょく)・運搬(うんぱん)・堆積(たいせき)

・**侵食**：**流水が，岩石や砕屑物を削りとること**をいいます。**止まっている砕屑物が水の流れによって動き出すのも侵食**です。流速が大きいほど侵食する力は大きくなります。

砕屑物って表現は，火山のところでも出てきましたよね？

p.94で，火山砕屑物について説明しましたね。ここでは砕屑物を，岩石が風化や侵食によって，バラバラに砕かれた粒子と考えてください。

・砕屑物：粒径（粒の直径）によって，小さい順に**泥**・**砂**・**礫**に分類される。

砕屑物	粒径
泥	$\sim \frac{1}{16}$ mm
砂	$\frac{1}{16} \sim 2$ mm
礫	2 mm〜

表4−1　砕屑物と粒径

礫って，なんですか？

礫とは，粒径が2 mm以上の砕屑物をいいます。砂利のイメージでいいですよ。

・**運搬**：**侵食された砕屑物が運ばれること**。水の流れによって動いている砕屑物が動き続けると考えるとよいでしょう。流速が大きいほど運搬する力は大きくなります。

・**堆積**：**運搬されている砕屑物が止まること**。水の流れによって動いている砕屑物が停止すると考えるとよいでしょう。流速が小さいほど堆積しやすくなります。

●河川の流速と砕屑物の粒径の関係

図4−3は，いろいろな大きさの粒子（粒径mm）がどのような流速（cm/s）のとき，侵食・運搬・堆積されるかを表したグラフです。

流速の単位cm/sって，どういう意味ですか？

水の流れが1秒(s)間に何cm移動するかを表したものですよ。

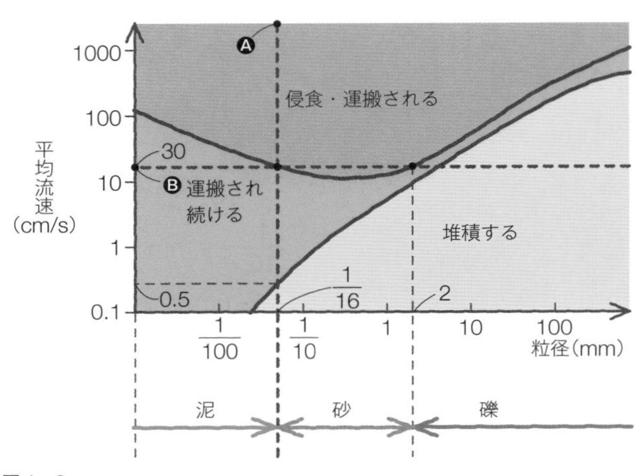

図4−3

・粒径 $\frac{1}{16}$ mm（泥と砂の境界）の粒子の流速による侵食・運搬・堆積の様子を見てください。Ⓐ点をスタートして，下に点線をなぞっていきます。流速が速いときは，青いゾーンなので侵食・運搬されています。流速を下げていくと，30 cm/sからは赤いゾーンに入ります。30〜0.5 cm/sまで動き続けて（運搬され続ける），0.5 cm/s以下にすると，黄色いゾーンなので止まってしまいます（堆積する）。

青いゾーンと赤いゾーンの違いがわからないんですが……。

侵食というのは，止まっている砕屑物（さいせつぶつ）が動き出すこともさすのでしたね（p.242）。

青いゾーンは侵食・運搬なので，止まっている砕屑物も動かしますが，赤いゾーンでは止まっている砕屑物は動かせません。赤いゾーンでは動いているものが動き続けるだけです。

たとえば重い荷物がのった台車を動かすとき，動かしはじめには大きな力が必要となるけれど，いったん台車が動きはじめるとあまり力はいらないのと同じです。

・次に，止まっているいろいろな粒径の粒子に，一定の流速を与えたときを考えてみましょう。**図4－3**の**Ⓑ**点から，右へと点線をなぞっていきます。流速が30 cm/sでは，$\frac{1}{16}$～2 mmの粒子，すなわち砂だけが動き出し（侵食），$\frac{1}{16}$ mm以下の粒子（泥）や2 mm以上の粒子（礫(れき)）は動き出さない（侵食されない）ことがわかります。

ちょっと待ってください！ いちばん粒径が小さくて，軽いはずの泥が，なんで動き出さないんですか？

泥は粒子が小さくて，粘着性があるため，水底に堆積していると動かしにくいんですよ。

手に砂がついていたとき，軽く払えばすぐに落ちますが，泥は手にくっついてなかなか落ちないことをイメージしてください。

POINT **侵食・運搬・堆積と流速の関係**

- 最も侵食されやすい粒子：砂
- 最も運搬されやすい粒子：泥
  （軽いのでいったん運搬されると流速が小さくても運搬され続ける）
- 最も堆積されやすい粒子：礫
  （重いので流速が小さくなるとはじめに堆積する）

流速と砕屑物の粒径の関係は，過去にも何回か出題されており，**図4－3**の見かたがしっかりとできているかがポイントになります。では，共通テストの過去問を解いてみましょう。

過去問にチャレンジ

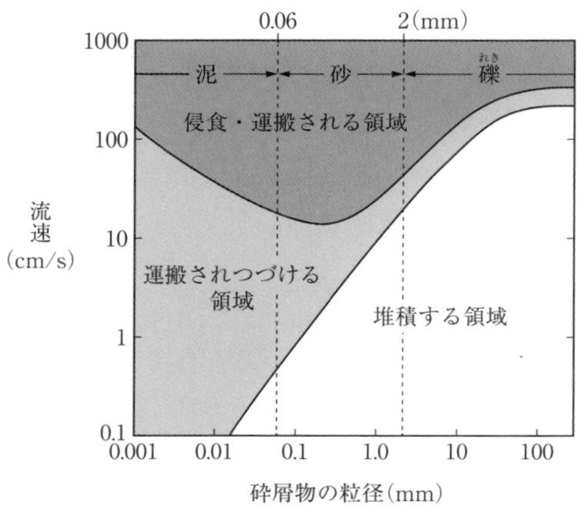

図1 侵食・運搬・堆積作用と砕屑物の粒径および流速との関係

さまざまな流速下における砕屑物の挙動について述べた文として最も適当なものを，次の①〜④のうちから一つ選べ。

① 流速10 cm/sの流水下では，静止状態にある粒径0.01 mmの泥は動き出し，運搬される。

② 流速10 cm/sの流水下では，粒径10 mmの礫は堆積する。

③ 流速100 cm/sの流水下では，粒径0.1 mmの砂は堆積する。

④ 流速100 cm/sの流水下では，静止状態にある粒径100 mmの礫は動き出し，運搬される。

(2021年共通テスト本試験)

次の図に，選択肢①〜④がどの領域にあるのかを示しておきました。これを参考に解説していきます。

①：運搬され続ける領域にあるため，静止状態にある砕屑物は静止状態のままです。したがって，この選択肢は誤りです。

②：堆積する領域にあるため，砕屑物は停止します。したがって，この選択肢が正しく，**答え ②** となります。

③：侵食・運搬される領域にあるため，砕屑物は動きます。したがって，この選択肢は誤りです。

④：堆積する領域にあるため，砕屑物は停止します。したがって，この選択肢は誤りです。

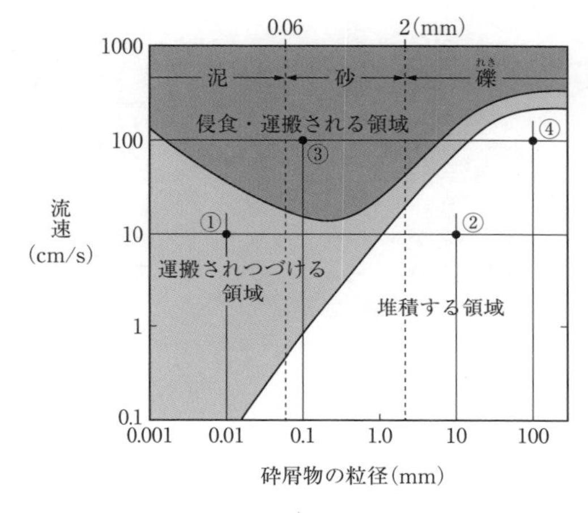

③ 地形

山や谷，丘や平野など日本にはいろいろな地形がありますよね。これらはどうやってつくられたのですか？

地形は，おもに河川などによる侵食・運搬・堆積の作用によって形成されるんですよ。

●河川による地形

・**V字谷**：**河川の流速が大きい上流域**で形成される，谷底がV字に切れ込んでいる侵食地形のこと。

・**扇状地**：河川の流速が急に小さくなる，**山地から平野に出るところ**に形成される扇型に広がる堆積地形のこと。粗粒の堆積物（砂や礫）からなります。

・**三角州**：**流れがほとんどなくなる河口**に形成される堆積地形のこと。細粒の堆積物（砂や泥）からなります。

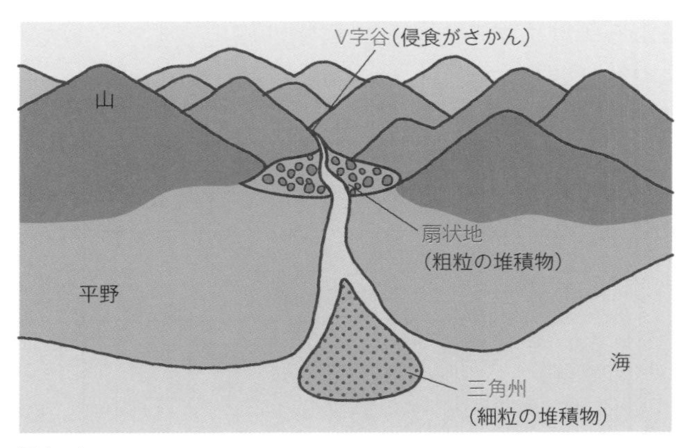

図4−4

●地下水による地形

・**カルスト地形**：石灰岩が雨水や地下水に溶けてできた侵食地形のこと。地表には陥没(かんぼつ)した凹地(おうち)ができ，地下には鍾乳洞(しょうにゅうどう)が形成されます（**図4−5**）。

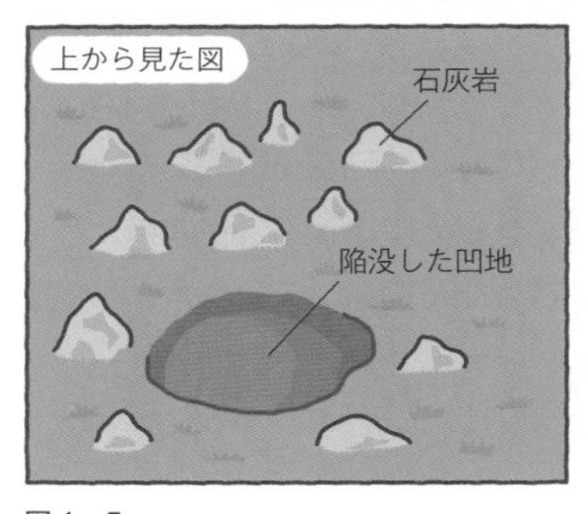

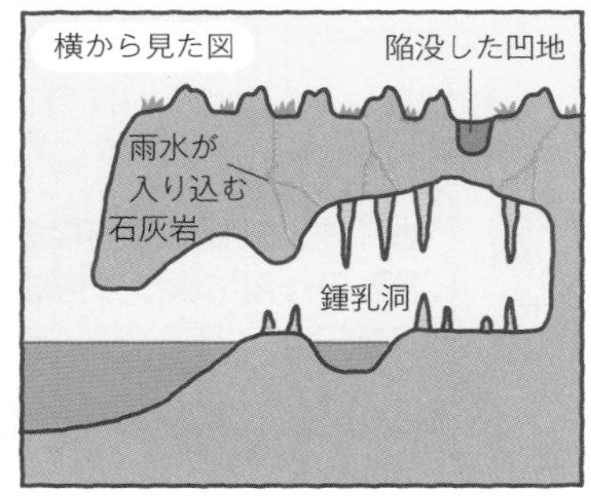

図4−5

石灰岩は化学組成が炭酸カルシウム（$CaCO_3$）で，酸性の雨水や地下水（CO_2が溶け込んだ水）に溶けやすいのです。

❹ 堆積岩

● 堆積岩の生成過程

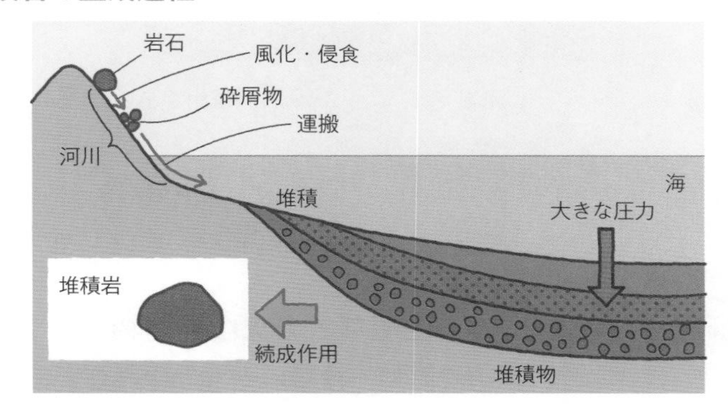

図4−6

・**堆積物**：砕屑物(さいせつぶつ)，火山砕屑物，生物の遺骸(いがい)などが流水によって，海底などに運搬されて堆積したもの，または水の中に含まれていた成分が沈殿したもののこと。

● 続成作用(ぞくせい)

堆積物が硬い堆積岩に変化する作用のことを**続成作用**といいます（図4−7）。

(1) 上にある地層の重みによって圧縮され，粒子の間にある水などがしぼり出される。

(2) 粒子の間に粘土(ねんど)や$CaCO_3$（炭酸カルシウム）やSiO_2（二酸化ケイ素）などが入り込み，新しい鉱物ができて，粒子をくっつける。

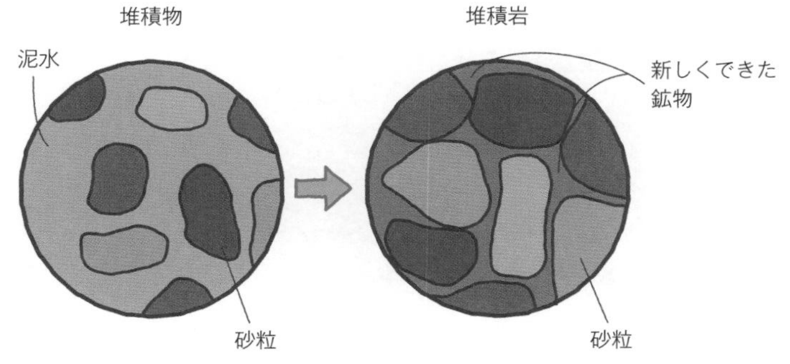

図4−7

●堆積岩の分類

・**砕屑岩**：**砕屑物**からなり，構成物質の粒径から3つに分類されます。

岩石名	粒径
泥岩	$\sim \frac{1}{16}$ mm
砂岩	$\frac{1}{16} \sim 2$ mm
礫岩	2 mm〜

表4−2　砕屑岩と粒径

・**火山砕屑岩**（火砕岩）：**火山灰などの火山砕屑物**からなり，火山砕屑物の種類により分類されます。

岩石名	火山砕屑物
凝灰岩	火山灰
凝灰角礫岩	火山灰と火山岩塊

表4−3　火山砕屑岩と構成物質

・**生物岩**：**生物の遺骸**からなり，生物の殻や骨格などの化学組成により分類されます。

岩石名	生物名	化学組成	構成鉱物	特徴
石灰岩	サンゴ，有孔虫	$CaCO_3$	方解石	やわらかく酸に溶ける
チャート	放散虫，珪藻	SiO_2	石英	硬い

表4−4　生物岩の性質

・**化学岩**：**水の中に含まれていた物質が沈殿したもの**からなり，化学組成により分類されます。

岩石名	化学組成
石灰岩	$CaCO_3$
チャート	SiO_2
岩塩	NaCl
石膏	$CaSO_4 \cdot 2H_2O$

表4−5　化学岩の化学組成

化学岩のイメージがつかめません……。

では，説明しますね。

たとえば内海（うちうみ）（陸地に入り込んだ海で，外洋と狭い海峡でつながっているもの）などが，地殻変動などの影響で，海洋から切り離されて湖になったとします。そしてその湖が乾燥などによって蒸発してしまうと，水の中に溶けていた塩類の主成分であるNaCl（塩化ナトリウム）が沈殿して，あとに残ります。これが固まったものが**岩塩（がんえん）**で，化学岩の代表です。

堆積岩については，その成り立ちや特徴，化学組成などが出題されます。今回は，火成岩と堆積岩の分類についての実験手順を図で表した，新傾向の共通テストの過去問を解いてみましょう。

過去問にチャレンジ

高校生のSさんは，次の方法a～cを用いて，花こう岩と石灰岩，チャート，斑（はん）れい岩の四つの岩石標本を特定する課題に取り組んだ。下の図1は，その手順を模式的に示したものである。図1中の ア ～ ウ に入れる方法a～cの組合せとして最も適当なものを，下の①～⑥のうちから一つ選べ。

〈方法〉

a　希塩酸をかけて，発泡がみられるかどうかを確認する。

b　ルーペを使って，粗粒の長石が観察できるかどうかを確認する。

c　質量と体積を測定して，密度の大きさを比較する。

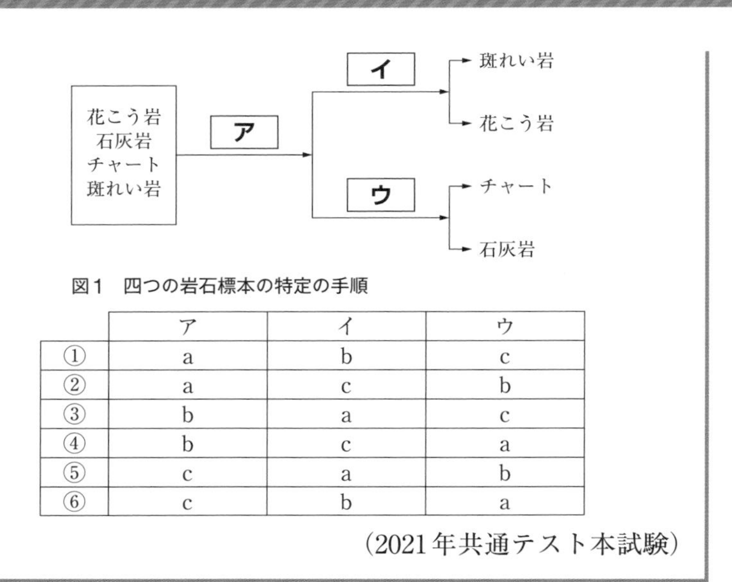

図1　四つの岩石標本の特定の手順

	ア	イ	ウ
①	a	b	c
②	a	c	b
③	b	a	c
④	b	c	a
⑤	c	a	b
⑥	c	b	a

（2021年共通テスト本試験）

花こう岩と斑れい岩は火成岩，石灰岩とチャートは堆積岩です。火成岩の特徴はp.108の「❷ 火成岩」を確認しましょう。

ア：火成岩と堆積岩を区別する方法を考えます。火成岩の構成鉱物には長石の仲間が必ず含まれます。そして，花こう岩，斑れい岩ともに深成岩であるため，大きな（粗粒）結晶からできています。また，堆積岩のチャートの構成鉱物は石英，石灰岩は方解石です。よって，bが入ります。

イ：花こう岩は無色鉱物が多いケイ長質岩，斑れい岩は有色鉱物が多い苦鉄質岩で，苦鉄質岩のほうがケイ長質岩よりも密度が大きいことからcが入ります。

ウ：チャートの化学組成は二酸化ケイ素（SiO_2），石灰岩は炭酸カルシウム（$CaCO_3$）で，炭酸カルシウムは塩酸などの酸に溶けますが，二酸化ケイ素は溶けません。よって，aが入ります。

したがって，**答え ④**です。

2 地層の形成

① 地層の重なり

・**地層**：層状に積み重なった堆積物(たいせき)や堆積岩のこと。

　たとえば河川(かせん)の河口に砕屑物(さいせつぶつ)が運搬されて，堆積する場合をイメージしてください（p.249図4－6参照）。通常は下流ほど流速が小さいため，河口には泥が堆積します。これを泥層(でいそう)，続成(ぞくせい)作用を受けて堆積岩になれば，泥岩層というんです。しかし洪水などで流速が大きくなると砂が運搬され，河口に堆積します。これを砂層，続成作用を受けて堆積岩になれば，砂岩層といいます。

・**単層(たんそう)**：地層の断面に見られる砂層や泥層などの地層の基本単位。

・**層理面(そうりめん)**：単層と単層の境界面。

・**葉理(ようり)**：単層内の構成粒子の並びかたによる，すじ模様。

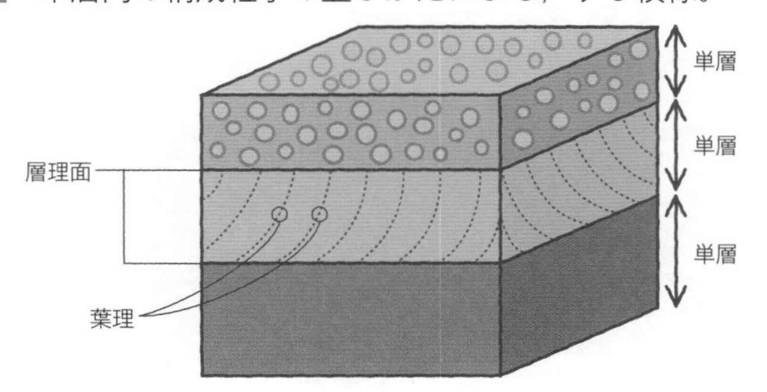

図4－8

・**地層累重の法則(ちそうるいじゅう)**：地層は順次上方に堆積していくので，**古い地層が下位，新しい地層が上位**に重なります。

地層累重の法則って，名前が難しそうですね。

難しそうなのは名前だけで，いたって簡単な話です。

自分の机の上に，学校でもらったプリントなどを重ねていくと，上のほうには最近もらったプリント，下のほうには古いプリントがあることになりますね。それと同じです。

地層累重の法則は，地層の逆転がない限り，地層が傾いている場合にも成立します。

傾いている地層に地層累重の法則が成立するって，どういう意味ですか？

次の図を見てください。

図4－9のように地層が水平な場合，下位ほど古い地層になります。**図4－10**のように地層が傾いている場合も同様に，最も下位の地層Ⓐが最初に堆積したあと，その上位の地層Ⓑ，そして最も上位の地層Ⓒが堆積します。地層は基本的には水平に積もり，地殻変動などによって地層が傾くと，斜めになります。

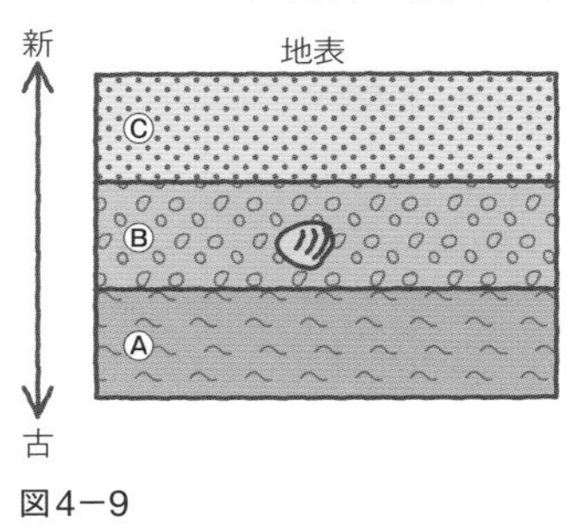

図4－9

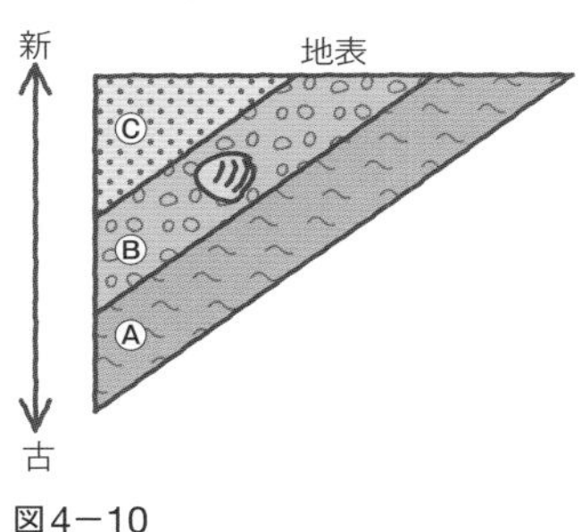

図4－10

② 整合と不整合

●整合

地層が連続的に堆積した場合の接しかたのことを**整合**といいます。

地層は通常，水中で堆積します。複数の地層があまり時間をおかずに堆積した場合，その地層は連続的であるといいます。

●不整合

地層が不連続に堆積した場合の接しかたのことを**不整合**といいます。その境界面のことを**不整合面**といいます。長期間にわたる堆積の中断や侵食が原因です。

図4－11で，不連続な堆積が起こる様子を，順を追って説明します。

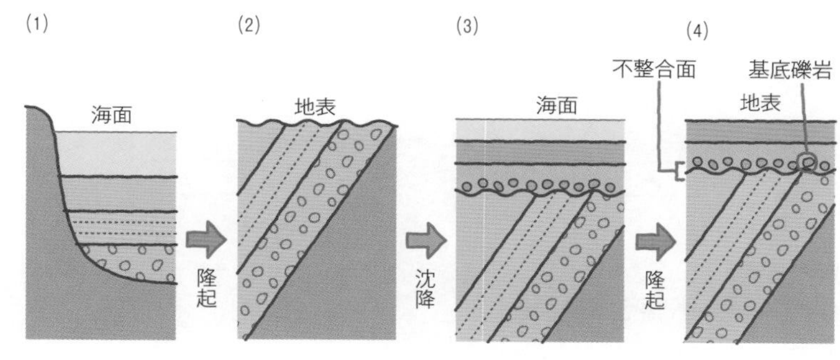

図4－11

(1) 地層は水中で水平に堆積する。
(2) 地層が隆起して傾き，陸に現れて風化や侵食作用を受けて，表面に凹凸ができる（堆積の中断・侵食）。
(3) それが沈降して水面下に下がると，凹凸面の上に新しい地層が堆積する。
(4) 再び隆起して地層が地表に現れる。

図4－11の(4)にある基底礫岩って，何ですか？

基底礫岩は，隆起したときに風化・侵食を受けた地層の礫が，不整合面上に残ったものです。

●不整合の種類

・**平行不整合**：不整合面で上下の地層が平行に接している。

・**傾斜不整合**：不整合面で上下の地層が斜めに接している。

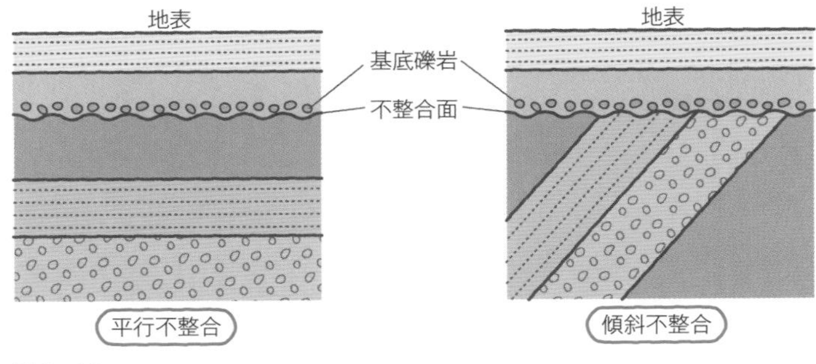

図4－12

> **POINT** 不整合の特徴
>
> - 不整合面は通常凹凸（おうとつ）がある。
> - 不整合面を境に上下の地層に時代の隔たりがある。
> - 基底礫岩が存在する場合がある。
> - 不整合面で上下の地層が斜めに接している場合がある。

③ 堆積構造（地層の中に見られる模様）

●級化層理（きゅうかそうり）（級化成層）

単層内で，**下位から上位に向かって細かい粒になっている構造**のことを**級化層理（級化成層）**といいます。

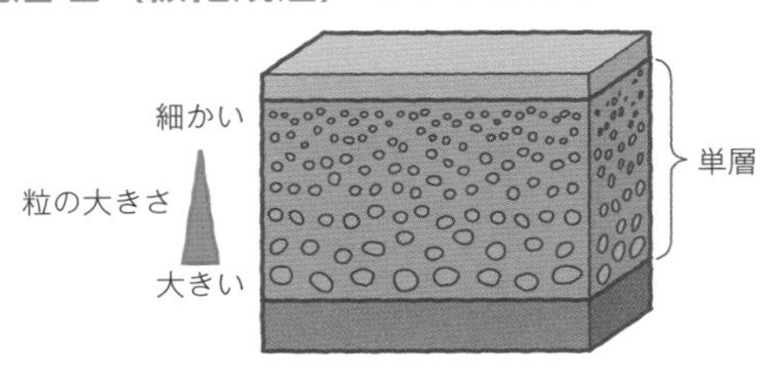

図4－13

どうして，級化層理はできるんですか？

では，具体例をあげて説明しますね。

砂や泥などの，粒の大きさが異なる粒子が入り混じっているビーカーに入った泥水をイメージしてください。これを静かに置いておくと重い砂が先に沈み，軽い泥はあとから沈みます。すると下部が粗く，上部が細かくなります。

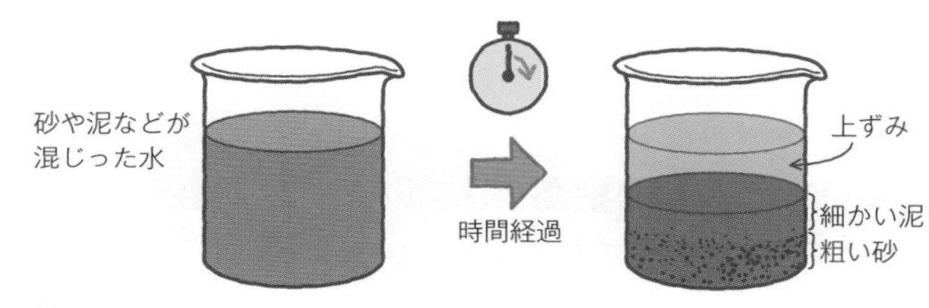

図4－14

地震や洪水などが起こると，比較的浅い海底に堆積した砂や泥が一緒に混ざり合い，一気に深海まで流れ下ります。このような流れを**混濁流**（乱泥流）とよびます。これが落ちつくと級化層理ができるのです。**級化層理は混濁流が流れ下った海底にできる，海底扇状地の堆積物に特徴的に見られます**。この堆積物のことを**タービダイト**といいます。

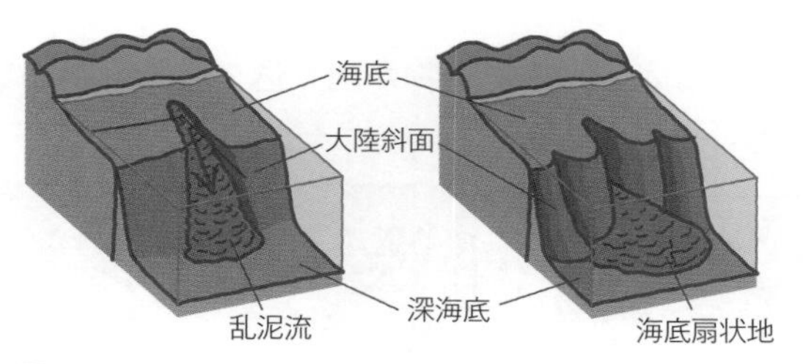

図4－15

● クロスラミナ（斜交葉理）

クロスラミナ（斜交葉理）では，**地層面と斜交した細かな縞模様（葉理）**を示す。水流の向きや速さが変化する場所にできやすい。

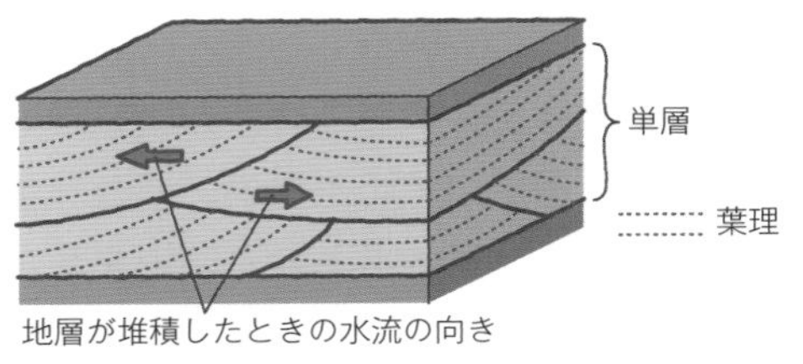

図4－16

● リプルマーク（漣痕）

層理面が波打っている構造を**リプルマーク（漣痕）**という。波や水の流れによって形成された流れの跡である。

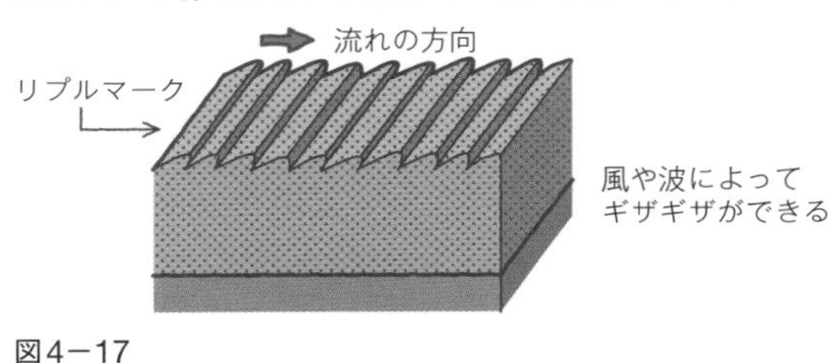

図4－17

● ソールマーク（底痕）

水流によって川底などの堆積物が削り込まれた痕跡を**ソールマーク（底痕）**という。

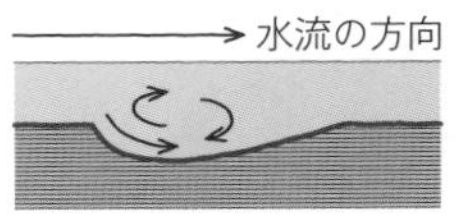

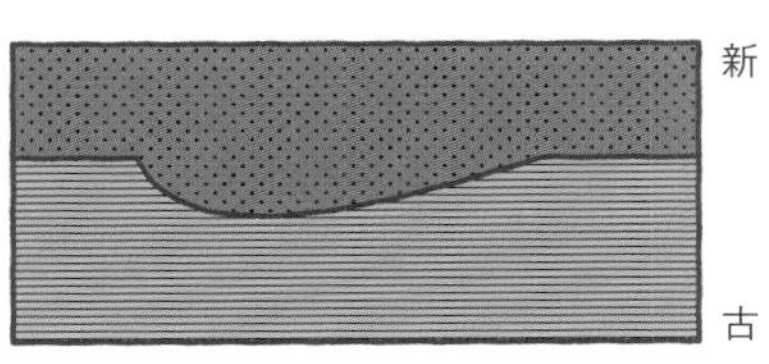

図4－18

1

堆積岩と地層の形成

不整合に関連する問題は，過去のセンター試験や共通テストでたくさん出題されています。p.256のPOINTにある不整合の特徴を思い出しながら，過去問を解いてみましょう。

過去問にチャレンジ

不整合の事例や成因を説明した次の文**a**・**b**の正誤の組合せとして最も適当なものを，下の①～④のうちから一つ選べ。

a　古生代の地層の直上に新生代の地層が堆積した関係は不整合である。

b　不整合は海水準の大きな変動で形成されるもので，地殻変動で形成されることはない。

	a	b
①	正	正
②	正	誤
③	誤	正
④	誤	誤

（2021年共通テスト本試験 第2日程）

a：地質年代は古い順に，古生代→中生代→新生代になります（THEME 3でくわしく学習します）。下の地層が古生代，上の地層が新生代ということは，中生代の地層が存在せず，その時代は堆積が中断したか，地層が侵食されたことが考えられます。よって，「不整合面を境に上下の地層に時代の隔たりがある」という不整合の条件に合っているため，正しい文です。

b：地層は水中で形成されます。不整合は，地層が陸に現れたときに形成されます。水中から陸になるためには，海面が低下する場合，または地殻変動（次のページ参照）によって地盤が隆起する場合があります。よって，誤りの文です。

以上のことから，**答え ②**です。

THEME 2 地殻変動と変成岩

ここで畝きめる!

- 地殻変動の結果できる地質構造：断層，褶曲
- 変成作用は，広域変成作用と接触変成作用の２つ。

1 造山運動による地殻変動

① 地殻変動

造山運動では地殻に大きな力がはたらくため，地盤が隆起したり沈降したりします。それにともなって，岩石や地層が変形します。このことを**地殻変動**(ちかく)といいます。

なぜ，地殻に大きな力がはたらくんですか？

p.51のプレートが収束する境界を思い出してください。プレートとプレートが衝突するとき，地盤に圧縮力がはたらくんでしたね。

② 地質構造

●**断層**

SECTION 1のTHEME 4（p.66～70）を参照。

●**褶曲**(しゅうきょく)

岩石や地層が折り曲げられた地質構造を**褶曲**といいます。岩石や地層が連続的に圧縮力を受けると形成されます。山状に盛り上がった部分を**背斜**(はいしゃ)，谷状にくぼんだ部分を**向斜**(こうしゃ)といいます。

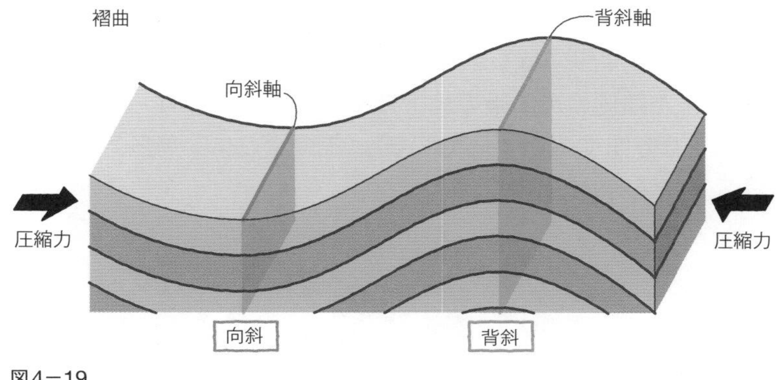

図4－19

2 変成岩

① 変成作用

変成作用とは，**岩石が高い温度や圧力のもとにおかれたとき，固体のまま岩石の組織や鉱物の種類が変化して，もとの岩石と異なった岩石になること**を表します。変成作用によってできた岩石を**変成岩**といいます。

岩石の組織って，どういうものですか？

岩石を構成している鉱物の並びかたや，鉱物の大きさのことを，岩石の組織といいますよ。

② 広域変成作用

広域変成作用とは，**造山帯の内部で，広範囲（数十km～数百km）に起こる変成作用**をいいます。

なんで，造山帯の内部で変成作用が起きるんですか？

造山帯，つまりプレートが沈み込む境界では，海洋プレートに沿って岩石が地下深部に持ち込まれて高い圧力を受けます（**図4－20**の**A**）。また陸側の造山帯の地下のマグマだまりでは，周囲の岩石が高温となります（**図4－20**の**B**）。このように，高圧，高温となる場所で広域変成作用が起こります。

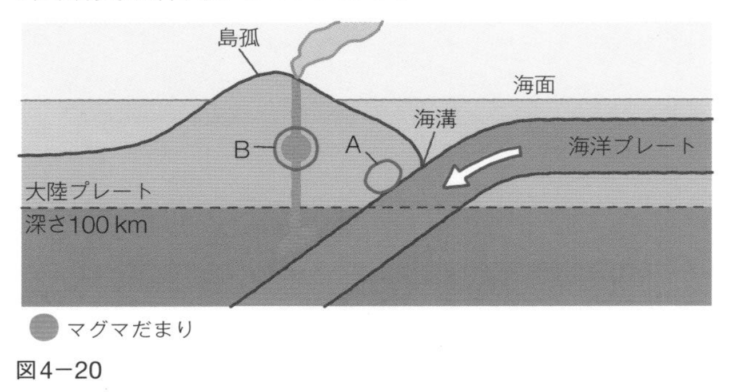

図4－20

広域変成作用でできる変成岩

- **片岩**：鉱物が一方向に並ぶ組織である**片理**が発達しており，薄くはがれやすい（**図4－21**）。**図4－20**の**A**付近で形成。
- **片麻岩**：鉱物の粒が粗く，白黒の鉱物が交互に並んだ**縞**模様をもつ（**図4－22**）。**図4－20**の**B**付近で形成。

図4－21　片岩

図4－22　片麻岩

③ 接触変成作用

接触変成作用とは，**岩石にマグマが貫入した際に，マグマの熱により周囲の岩石が変成する作用**をいいます。接触変成作用は幅数十m～数kmの狭い範囲で起こっています。

接触変成作用でできる変成岩

・**ホルンフェルス**：泥岩(でいがん)や砂岩(さがん)などが接触変成作用を受けて生成した岩石で，硬くて緻密(ちみつ)である（図4－23）。

・**結晶質石灰岩（大理石(だいりせき)）**：石灰岩が接触変成作用を受けて生成した岩石で，粗粒の方解石（組成は炭酸カルシウム $CaCO_3$）からなる（図4－24）。

標本提供：東京サイエンス

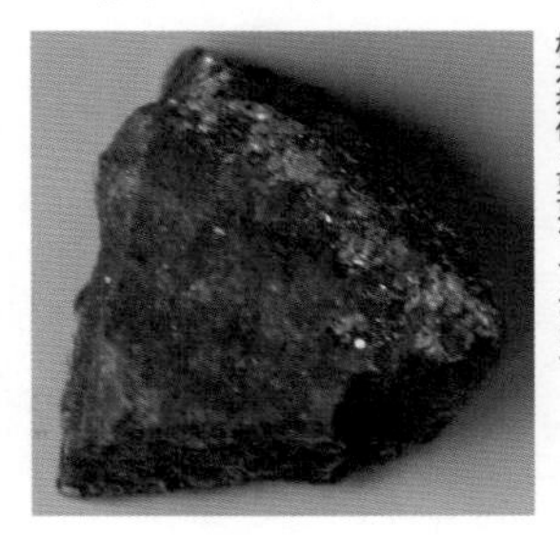

図4－23　ホルンフェルス

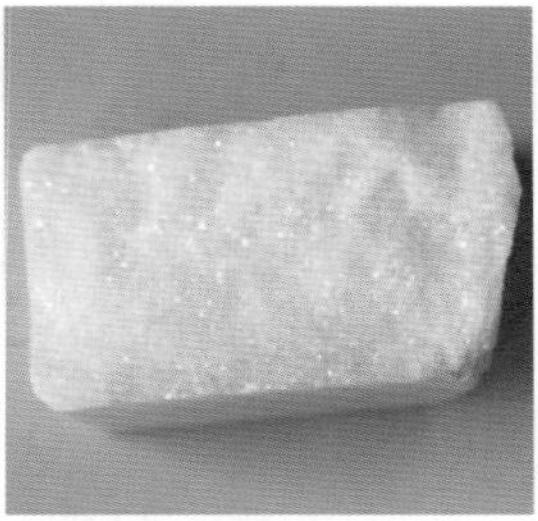

標本提供：東京サイエンス

図4－24　結晶質石灰岩（大理石）

POINT **変成岩の組織**

- 広域変成岩（片岩，片麻岩）
  圧力の影響で，鉱物の並びに方向性がある
- 接触変成岩（ホルンフェルス，結晶質石灰岩）
  圧力の影響がなく，鉱物の並びに方向性がない

変成岩の分野のうち，とくに接触変成作用に関しては，地下の岩石の分布の様子を図で表した出題がよくされます。今回は，泥岩の接触変成作用について，図を読み取る共通テストの過去問を解いてみましょう。

過去問にチャレンジ

次の文章を読み，［ア］・［イ］に入れる語の組合せとして最も適当なものを，後の①～④のうちから一つ選べ。

次の図1は，ある地域の接触変成帯を模式的に示したものである。この地域の泥岩は，花こう岩の貫入に伴う［ア］の影響により変成作用を受け，花こう岩に接した部分Cは［イ］に変わった。

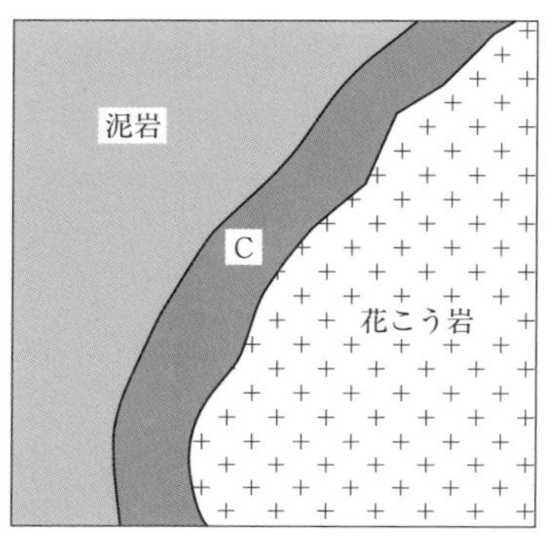

図1　ある地域の接触変成帯の模式図

	ア	イ
①	熱	ホルンフェルス
②	熱	片麻岩(へんまがん)
③	圧　力	ホルンフェルス
④	圧　力	片麻岩

（2023年共通テスト追試験）

［ア］：接触変成作用は，火成岩（マグマ）の「**熱**」によって，もともとあった岩石が変成作用を受けたものです。広域変成作用は，造山帯の内部で，もともとあった岩石が「圧力」と「熱」の影響で変成作用を受けたものです。

［イ］：泥岩が接触変成作用を受けると「**ホルンフェルス**」に変化します。「片麻岩」は広域変成作用によってできた変成岩です。

したがって，**答え** ①となります。

3　岩石循環

地表の岩石は図4－25のように，火成岩・堆積岩・変成岩と変化しながら地球表層を循環しています。

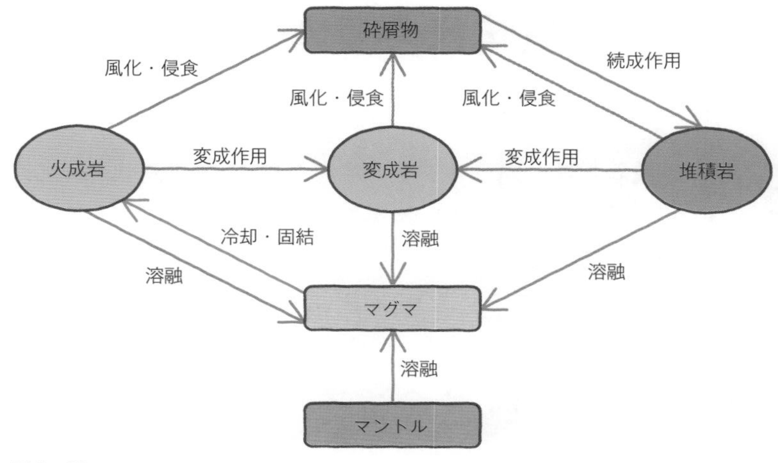

図4－25

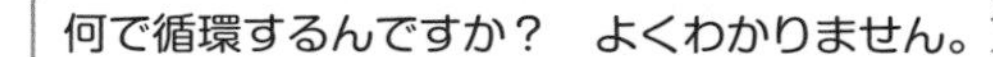

では，日本列島のような場所を例として説明しますね。

(1)　プレートが収束する境界である日本列島では，地下の岩石が溶融してマグマが発生します。それが固結して，花こう岩や玄武岩のような火成岩が形成されます。

(2)　火成岩などが地表に露出すると，風化・侵食作用を受けて，泥・砂・礫のような砕屑物となります。それらが堆積物となって続成作用を受けると，泥岩や砂岩のような堆積岩が形成されます。

(3)　また火成岩や堆積岩などが地下深くの高い温度や圧力の影響によって変成作用を受けると，ホルンフェルスや片麻岩のような変成岩が形成されます。

(4)　火成岩や堆積岩や変成岩がプレートの沈み込みなどによって，日本列島の深部に持ち込まれると再び溶融して，マグマが形成されます。そして(1)へ戻っていきます。

THEME 3 地質年代の区分

ここで畝きめる！

- 地質年代は，先カンブリア時代・古生代・中生代・新生代。
- 化石は，示準化石・示相化石・生痕化石の３つ。
- 地層の新旧関係は，示準化石・堆積構造・地質構造から判断できる。

1 地質年代区分

地球誕生から現在までの歴史を地層，岩石，化石などの解析から区分したものを**地質年代**といいます。

具体的に地質年代は，どうやって区分するんですか？

おもに，**動物の出現と絶滅などによって区分**されるんですよ。

巻末に地球の歴史をまとめた表を掲載しています。THEME 3, 4の内容がまとまっているので，参照しながら読み進めてください。

① 先カンブリア時代と顕生代

- **先カンブリア時代**：地球のはじまりである**46億年前**から**5億4千万年前**までの時代。
- **顕生代**（けんせいだい）：**5億4千万年前**から**現在まで**の時代。顕生代のはじまりごろから化石が豊富に産出される。

先カンブリア時代の化石が産出されにくいそうですね。ということは先カンブリア時代には生物が少なかったんですか？

実は，生物は多数生息していたんですよ。でも，硬い殻をもつ生物がほとんどいなかったので，化石として残りにくかったんです。

② 顕生代

顕生代は脊椎(せきつい)動物の繁栄によって大きく3つの時代に区分されます。

- 古生代：**5億4千万年前**から**2億5千万年前**までで，魚類や両生類が繁栄した時代。
- 中生代：**2億5千万年前**から**6600万年前**までで，爬虫類が繁栄した時代。
- 新生代：**6600万年前**から**現在まで**で，哺乳類(ほにゅうるい)が繁栄した時代。

POINT **地質年代と数値年代の関係**

- 地球の誕生：46億年前
- 先カンブリア時代－古生代の境界：5億4千万年前
- 古生代－中生代の境界：2億5千万年前
- 中生代－新生代の境界：6600万年前

2 化石

過去の生物の遺骸(いがい)や生活の跡が，地層中に保存されたものを**化石**といいます。

① 示準化石(しじゅんかせき)

地層が堆積した地質年代を決めるのに有効な化石を**示準化石**といいます。示準化石を満たす条件は次の3つです。

- 進化の速度が速く，種としての生存期間が短い。
- 広範囲に分布する。
- 産出数が多い。

次の図4－26～29は示準化石の一例です。

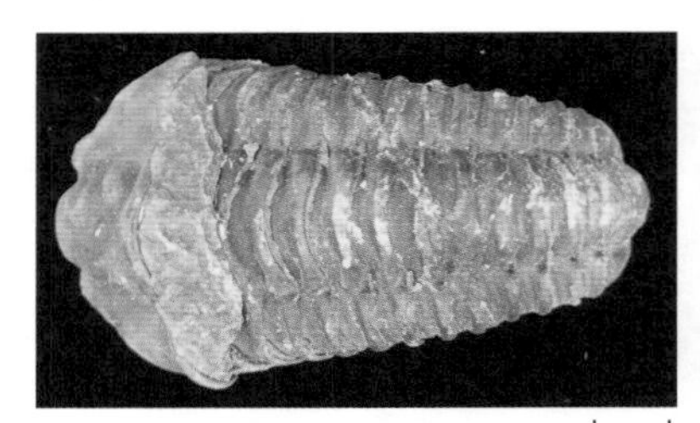

図4－26　三葉虫［古生代］　1 cm

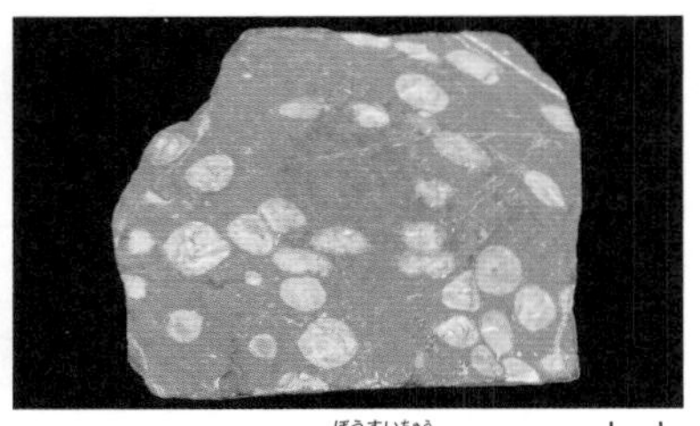

図4－27　フズリナ（紡錘虫）［古生代］　1 cm

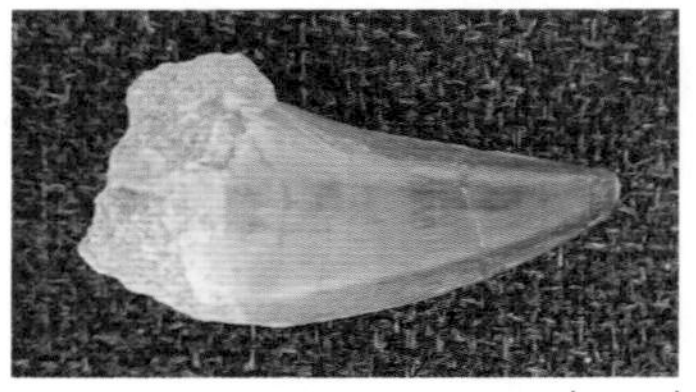

図4－28　モササウルス（海生爬虫類）の歯［中生代］　1 cm

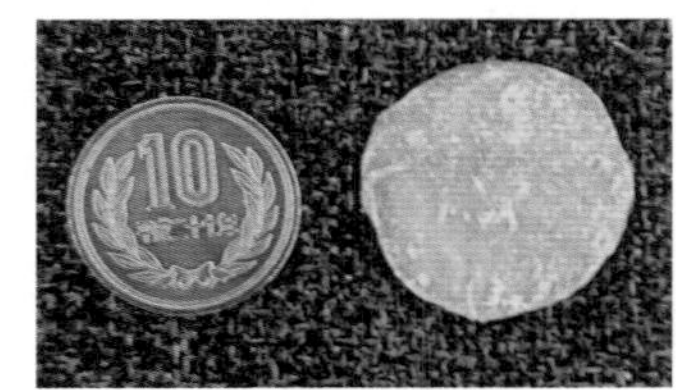

図4－29　カヘイ石［新生代］　1 cm

THEME 4にも，その時代に生きた生物のイラストや化石の写真を掲載しているので，時代と生物をリンクして覚えてください。

② 示相化石

古生物が生息していた環境を示す化石を**示相化石**といいます。次の2つは示相化石を満たす条件です。

- 限られた環境に生息。
- 生息していた場所で化石になっている。

示相化石の例としては，暖かく浅い澄んだ海に生息していた造礁サンゴや，熱帯～亜熱帯の汽水域（淡水と海水のまじった海域）に生息していたビカリア（巻貝の仲間），河口付近や湖沼に生息していたシジミなどがあります。

標本提供：東京サイエンス

1 cm　図4－30　造礁サンゴ

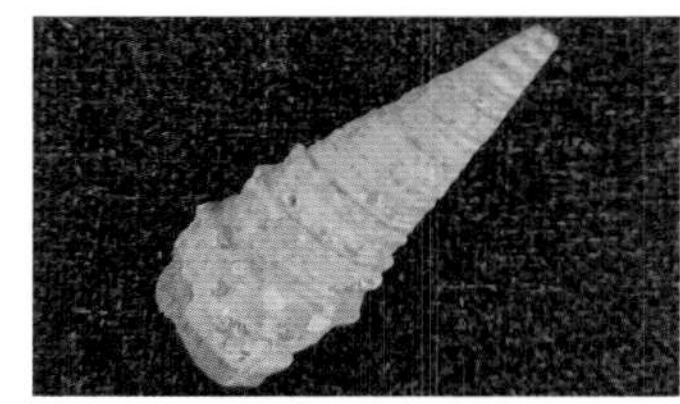

図4－31　ビカリア　1 cm

図4－32　シジミ　1 cm

③ 生痕化石（せいこんかせき）

生物の生活していた痕跡が化石になったものが**生痕化石**です。例としては，足跡，這（は）い跡，巣穴，糞（ふん）などがあります。

地質年代については，各時代の数値をしっかりと覚えておく必要があります。また，単位が億年や千万年など大きくなるため，計算する場合は，ケアレスミスがないように注意しましょう。では，過去問を解いてみましょう。

過去問にチャレンジ

地球の誕生を1月1日の午前0時として，地球の誕生から現在までの時間を1年に見立てた場合，先カンブリア時代と古生代の境界は1年のうちのいつごろに相当するか。その境界の時期として最も適当なものを，次の①～④のうちから一つ選べ。
①　2月前半　②　6月後半　③　11月後半　④　12月後半
（2012年センター本試験）

先カンブリア時代は地球の誕生である46億年前に始まり，古生代との境界である5.4億年前まで続きました。だから，先カンブリア時代の期間は46－5.4＝40.6億年になります。1年間は12か月なので，12か月間が地球の誕生から現在までの46億年間に相当します。先カンブリア時代と古生代の境界まで，地球の誕生から

40.6億年経過しています。40.6億年をxか月とすると，12か月：46億年＝xか月：40.6億年　よりx≒10.6か月となります。したがって，先カンブリア時代と古生代の境界は，1月1日から10か月＋0.6か月経過した11月後半となり，答え ③になります。

3 地層の新旧関係

地層累重の法則を使えば，上の地層ほど新しいので，地層の年代なんてすぐにわかると思うのですが……

地層が逆転する場合があるんですよ。

p.260で説明した地殻変動の影響によって，地層が垂直になったりすることもあるし，激しい褶曲（しゅうきょく）によって**地層が逆転したり（ひっくり返ったり）することもあります**。このような場合，地層累重の法則が使えないため，どちら側が新しい地層なのかが判断できなくなってしまいます。このようなときには次の方法を使って，地層の新旧判定をします。

❶ 化石による新旧判定

・示準化石：**新しい地質年代を示す示準化石が含まれる地層のほうが新しい**。

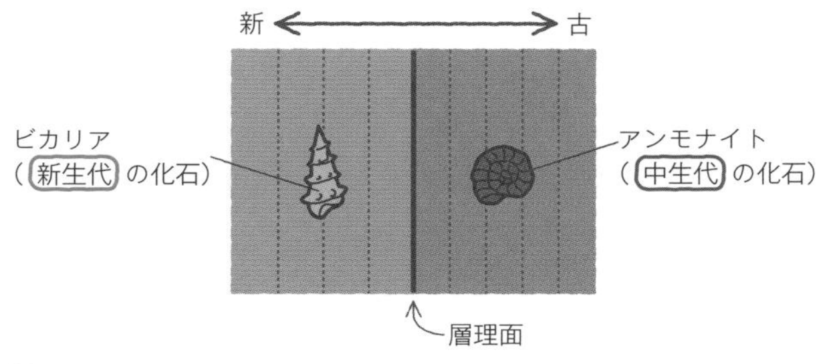

図4－33

・生痕化石（せいこん）：**巣穴がのびている方向の地層が古い。**

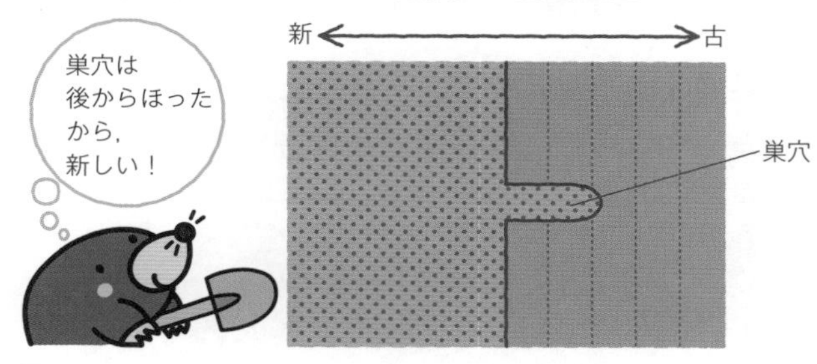

図4－34

❷ 堆積構造による判定

・級化層理（きゅうかそうり）：粒の大きさの大きなものから小さなものへと順に堆積するため，**単層中の粒径が小さいほうが新しい。**

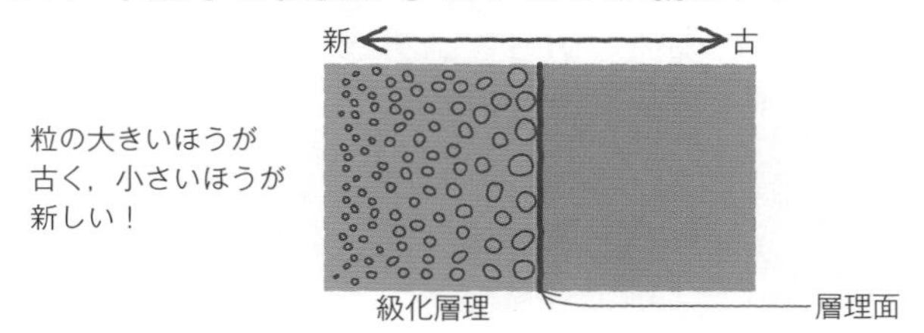

図4－35

・クロスラミナ：古い葉理が形成したあとに，新しい葉理がそれを削るように形成されるため，**切っている葉理のほうが新しい。**

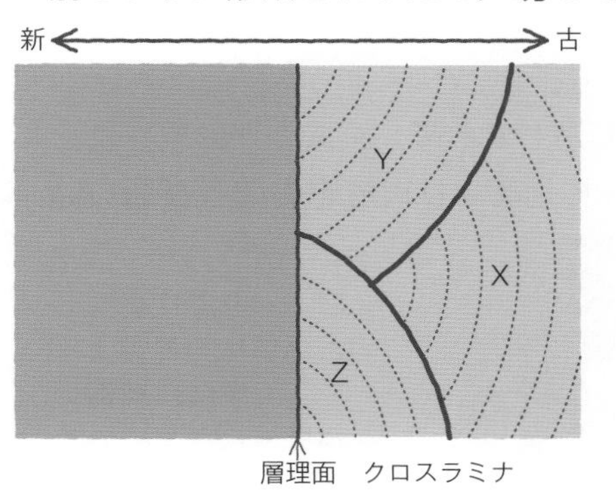

図4－36

補足

図4－36ではXの葉理をYの葉理が切っており，XとYの葉理をZが切っていることから，X→Y→Zの順に形成された。

③ 地質構造による判定

・不整合と基底礫岩：基底礫岩は不整合面の下の地層が侵食されて形成されたものなので，**基底礫岩が存在する側が新しい**。

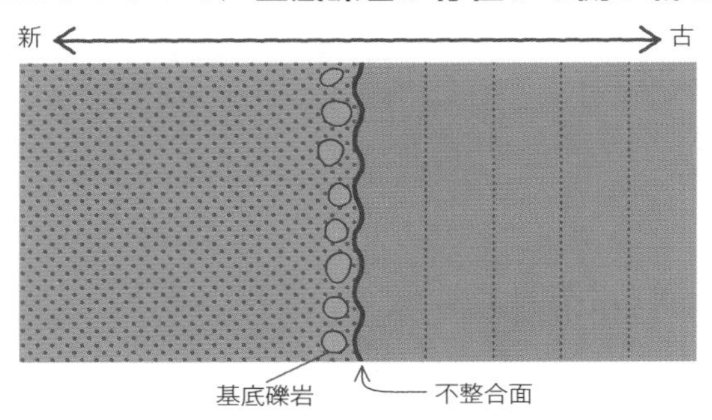

図4－37

・地質構造どうしの関係：**切っているほうが新しい**。

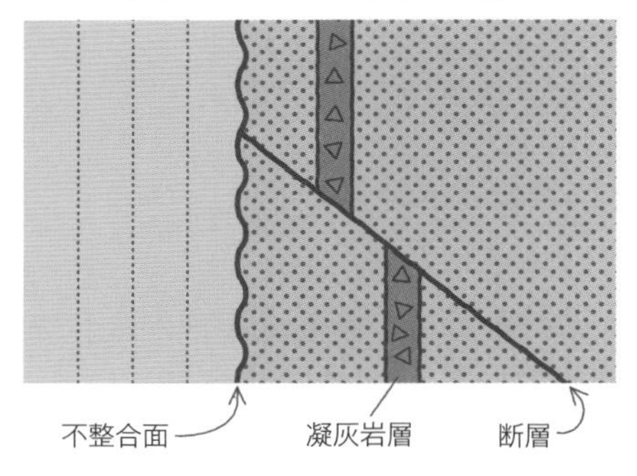

図4－38

補足

図4－38では凝灰岩層を断層がずらしており，断層を不整合面が切っていることから，凝灰岩層→断層→不整合面の順に形成された。

・貫入（かんにゅう）：マグマが地層中に入り込むことで，火成岩が形成されるため，地層のほうが古い。周囲の地層より**火成岩のほうが新しい**。

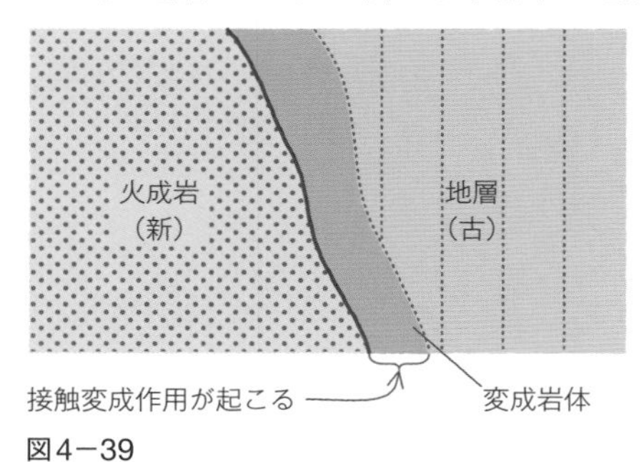

図4－39

補足

図4－39では貫入したマグマの熱によって，火成岩の周囲の地層が接触変成作用を受けている。

3

地質年代の区分

地層や岩体，断層の新旧関係
切っている現象は，切られている現象よりも新しい

では，露頭のスケッチから地層や断層，地質構造の関係を使いながら，新旧を読み解いていく過去問を解いてみましょう。

過去問にチャレンジ

ある日，ジオくんが地質調査に出かけたところ，次の図1のような露頭を観察できた。A層は泥岩層であり，褶曲（しゅうきょく）していた。B層は基底に礫岩（れきがん）を伴う砂岩層であり，西に傾斜していた。ここで見られる地層形成と変動の過程で，A層の堆積以降に起こったと考えられる下の（ア）～（オ）の順序として最も適当なものを，後の①～④のうちから一つ選べ。

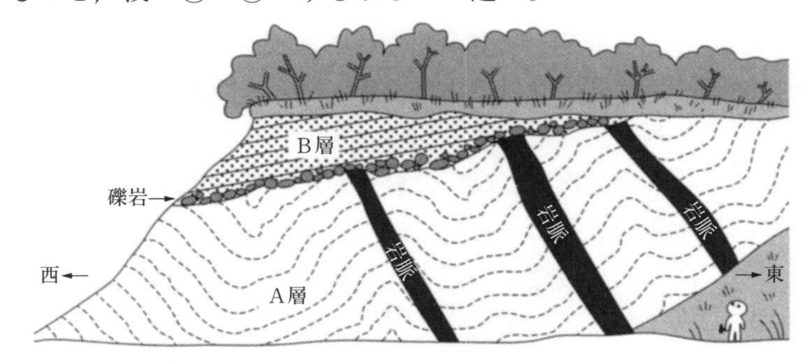

図1　露頭のスケッチ
露頭面はほぼ垂直かつ平面である。

「切っている現象は切られている現象よりも新しい」という関係を利用します。A層の褶曲は岩脈によって切られています。また，岩脈はB層との境界に切られています。よって，形成順序はA層の褶曲→岩脈の形成→B層の堆積になります。これをもとに解いていきましょう。

（ア）　マグマが貫入した。
（イ）　地層がほぼ水平（東西）方向に圧縮された。
（ウ）　隆起と侵食が起こった。
（エ）　地層全体が西に傾いた。
（オ）　B層が堆積した。

①　(イ)→(ア)→(エ)→(ウ)→(オ)
②　(イ)→(ア)→(ウ)→(オ)→(エ)
③　(ア)→(イ)→(エ)→(ウ)→(オ)
④　(ア)→(イ)→(ウ)→(オ)→(エ)

(2019年センター本試験)

褶曲は「地層が水平方向に圧縮」されて形成されます。よって，(イ)が一番はじめのできごとになります。岩脈は「マグマの貫入」によって形成されます。よって，(イ)の次のできごとが(ア)になります。B層の下位に基底礫岩が見られることから，B層とA層や岩脈との関係は不整合になります。不整合は「地盤が隆起と侵食」によって形成されます。よって，(ア)の次のできごとが(ウ)になります。そして不整合面の上に(オ)のB層が水平に堆積しました（地層は基本的に水平に堆積します)。古いA層も新しいB層も西に傾いています。よって，最後に(エ)の「地層全体が西に傾いた」ことになります。したがって，**答え ②**となります。

4　地層の対比

　離れた地域の地層が同じ時代の地層かどうかを決めることを，**地層の対比**といいます。

❶ 鍵層による対比

　地層の対比に役立つ地層を**鍵層**（かぎそう）といいます。

鍵層って難しい感じがしますが，なにか特別に意味があるんですか？

鍵層は英語で「key bed」とかいて，keyが鍵，bedが地層を表すんですよ。

　重要な用語を「key word」，事件などを解決するときの重要なことがらを「事件を解く鍵」というように使います。これと同じで鍵層は，たくさん重なっている似た地層を読み解くときの重要なヒントとなるような地層のことをいいます。

● 鍵層の条件

- 比較的短期間に堆積した。
- 広範囲に分布する。
- ほかの地層と区別がつきやすい。

● 鍵層の例

火山灰（かざんばい）や**凝灰岩**（ぎょうかいがん）（火山灰が堆積岩になったもの）

　火山噴火の期間は非常に短く，噴出した火山灰は広範囲に分布します。しかも，同じ火山から噴出した火山灰であっても，噴火した時期によって，鉱物組成が異なります。火山灰層や凝灰岩層は，ほかの地層と比較して色が特徴的であることから，地層中で非常に目立ちます。

●鍵層を使った地層の対比の例

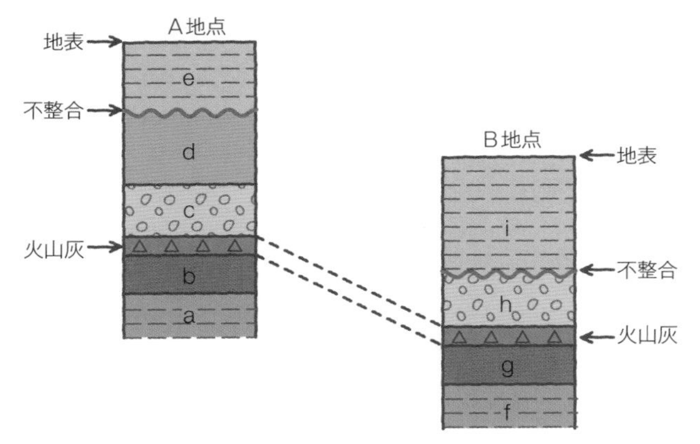

図4－40

- 地表から地下に向かって地層の分布を示した図を**地質柱状図**(ちゅうじょうず)といいます。
- 図4－40はA地点とB地点の地質柱状図で，同じ模様の地層は同じ種類の砕屑物(さいせつぶつ)からできています。
- 両地域に分布する火山灰層が，同じ火山から同時期に噴出して堆積したもので，この火山灰層を鍵層とします。
- A地点のb層とB地点のg層は同じ時代の地層です。理由は**b層，g層ともに鍵層である火山灰層の直下にある地層だから**です。
- 同様にA地点のc層とB地点のh層は同じ時代の地層です。理由は**c層，h層ともに鍵層である火山灰層の直上にある地層だから**です。

❷ 示準化石による対比

地質年代を表す示準化石は，**火山灰が届かないような，非常に広い範囲の地層の対比に役立ちます。**

なんで，示準化石が鍵層の代わりになるんですか？

p.267の示準化石の条件とp.275の鍵層の条件を，よく見比べてみるといいですよ。ほとんど同じであることがわかりますよね。

- 図4－41はC地点とD地点の地質柱状図で，同じ模様の地層は同じ種類の砕屑物からできています。
- C地点のl層とD地点のo層からは中生代の示準化石（アンモナイト）が，C地点のm層とD地点のq層からは新生代の示準化石（ビカリア）が産出します。
- **C地点のl層とD地点のo層は，示準化石から同じ中生代に堆積した**ことがわかります。
- **C地点のm層とD地点のq層は同じ新生代に堆積した**ことがわかります。

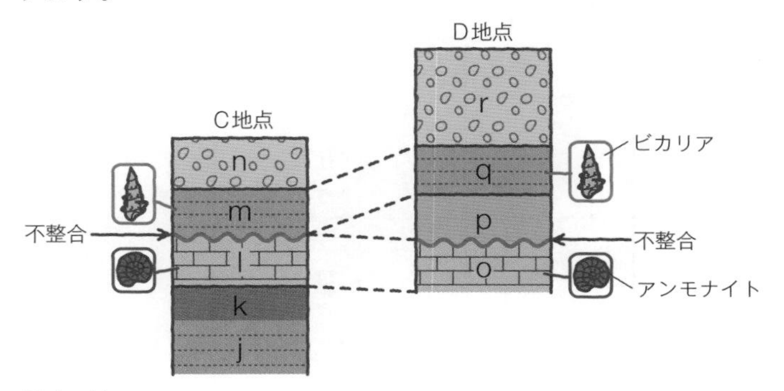

図4－41

示準化石に関する地層の対比の問題では，同じ示準化石が存在する地層は同じ時代に形成されたと判断することができます。また，地層に2つ以上の示準化石が含まれている場合は，それらの示準化石の生息期間が重なる時代に地層が形成されたことになります。これらに注意して過去問を解いてみましょう。

過去問にチャレンジ

次の文章中の ア ・ イ に入れる語の組合せとして最も適当なものを，下の①～⑥のうちから一つ選べ。

次の図1は，離れた二つの露頭Xと露頭Yにおける地層の積み重なる順序と示準化石**a**～**f**の産出状況を模式的に示したものである。図中の実線は，地層から化石が産出したことを意味する。

両露頭の示準化石の産出状況から，露頭Xの**B**層は露頭Yの ア と同時代に堆積したものとみなせる。また，露頭Xの**A**層と イ に相当する地層は，露頭Yには認められない。

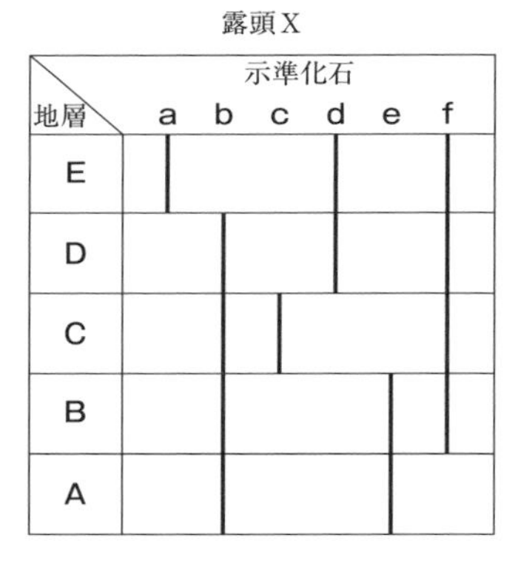

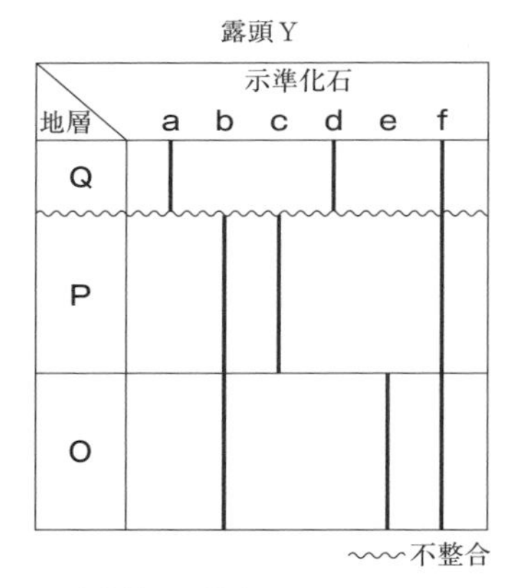

図1　露頭Xと露頭Yにおける示準化石a～fの産出状況の模式図

地層の積み重なりの順序は地層累重の法則にしたがって，下位から上位に向かって新しくなることから，露頭XではA→B→C→D→Eの順に，露頭YではO→P→Qの順に堆積したことがわかります。

露頭XのA層には示準化石b，eの2つが含まれていて，露頭YのO層には示準化石b，eとfの3つが含まれています。示準化石fはA層に含まれていないことから，A層はO層よりも古く同じ時代ではないと判断することができ，露頭Yには A 層と同時代の地層はないと判断できます。

	ア	イ
①	**O** 層	**C** 層
②	**O** 層	**D** 層
③	**P** 層	**C** 層
④	**P** 層	**D** 層
⑤	**Q** 層	**C** 層
⑥	**Q** 層	**D** 層

(2019年センター本試験)

ア：露頭XのB層には示準化石b，e，fの3つが含まれており，露頭Yでその3つが含まれているのは，O層です。よって，B層とO層は同じ時代に堆積したとみなせます。

イ：露頭XのC層には示準化石b，c，fの3つが含まれています。露頭YではP層にその3つが含まれています。よって，C層とP層は同時代に形成された地層とみなせます。

露頭XのD層には示準化石b，d，fの3つが含まれています。露頭YのP層は示準化石b，c，fの3つが含まれており，dよりも古いcが含まれていることから，D層はP層よりも新しいとみなせます。また，露頭YのQ層は示準化石a，d，fの3つが含まれており，bよりも新しいaが含まれていることから，D層はQ層よりも古いとみなせます。よって，D層の同時代の地層は露頭Yにはないと判断できます。露頭XのE層には示準化石a，d，fの3つが含まれており，露頭Yでその3つが含まれているのはQ層です。よって，E層とQ層は同じ時代に堆積したとみなせます。

したがって，**答え** ② となります。

THEME 4

古生物の変遷

ここで畝きめる!

- 各地質年代の重要なできごとをおさえる。
- 先カンブリア時代：生命の誕生，光合成生物の出現，全球凍結
- 古生代：生物の爆発的な進化，生物の陸上進出，大量絶滅
- 中生代：恐竜の繁栄，大量絶滅
- 新生代：哺乳類の繁栄，人類の誕生

1 先カンブリア時代（46億年前～5.4億年前）

① 冥王代（めいおうだい）（46億年前～40億年前）：地球上に岩石の記録がない時代

● 地球の誕生

地球は，46億年前に微惑星（びわくせい）が衝突・合体をくり返して誕生しました。

微惑星とは，どんな惑星ですか？

SECTION 3のTHEME 3で説明しましたね。

おもに岩石成分や，鉄などの金属成分からなるもので，直径が数km程度の小さな天体です。今から46億年前，太陽系が誕生するときに多数形成されました。

● 大気の形成

微惑星に含まれていたガス成分である水蒸気（H_2O），二酸化炭素（CO_2），窒素（N_2）が衝突によって放出され，原始大気となりました（図4−42）。

●マグマオーシャン

微惑星の衝突の熱と，大気による**温室効果**によって，表面温度が高くなり，地表には**マグマオーシャン**（マグマの海）ができました（図4－42）。

大気による温室効果って，どういう意味ですか？

水蒸気（H_2O）や二酸化炭素（CO_2）は温室効果ガスとよばれます。地表から放出される熱（赤外線）を宇宙に逃がさず，地表付近を高温に保つはたらきがあるんですよ。SECTION 2のTHEME 2で扱いましたね。

●地球の層構造の形成

マグマオーシャンの中で，**重い鉄はマグマオーシャンの底に沈み，軽い岩石成分は浮かび上がります**。このようにして中心部に鉄（Fe）からなる核ができ，そのまわりを岩石質のマントルが取り囲む層構造ができました（図4－42）。

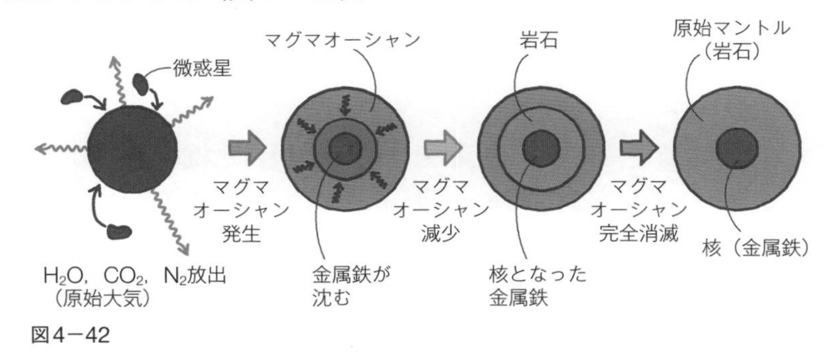

図4－42

●原始海洋の形成

微惑星の衝突が減少することによって地表付近の温度が低下しました。すると**大気中の水蒸気が凝結(ぎょうけつ)して雨となり，海洋が誕生しました**。

● **原始大気の変化（図4－43）**

・　水蒸気（H_2O）の減少：地表付近の冷却により凝結して海になりました。

・　二酸化炭素（CO_2）の減少：海水にとけ，海水中のカルシウムイオン（Ca^{2+}）と反応して**石灰岩**（$CaCO_3$）となり，海底に固定されました。

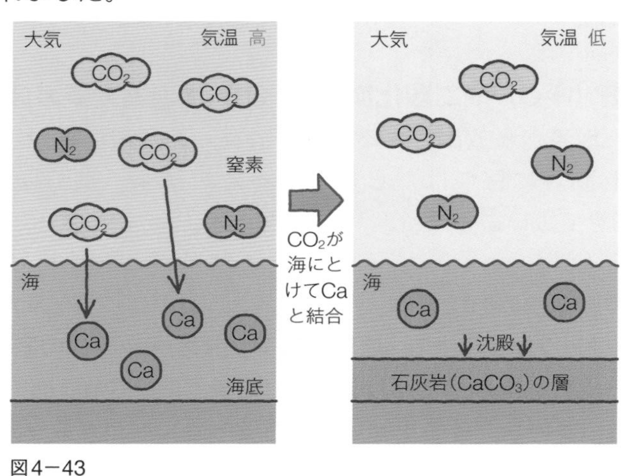

図4－43

② **太古代（始生代）**（40億年前～25億年前）：原核生物の誕生

● **最古の岩石**

約40億年前の片麻岩（へんまがん），約38億年前の堆積岩と**枕状溶岩**（まくらじょう）が見つかっており，このころには海洋が形成されていたことがわかります。

枕状溶岩ってどのような溶岩でしたっけ？

水中に溶岩が流れ出すと急冷して，図4－44のような枕を積み重ねたような形状を示すんですよ。これが枕状溶岩です。p.102でも説明しましたね。

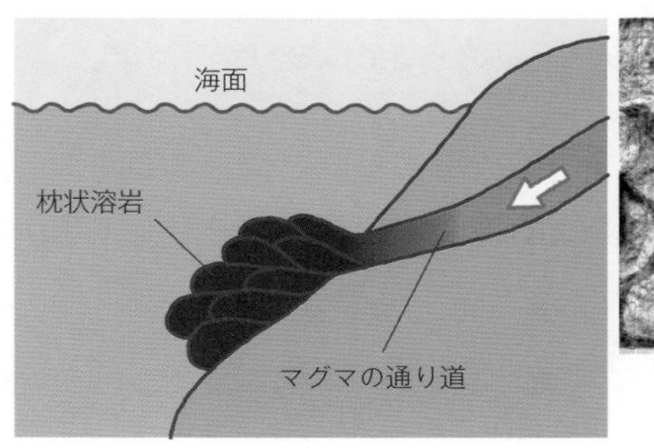

図4－44

●最古の化石

約35億年前のチャートから，核膜をもたない微生物（原核生物）が見つかっています。原核生物とは，細胞内に核をもたずDNAが細胞内に直接含まれる単細胞生物をいいます。

最初の生物は深海底にある**熱水噴出孔**（ねっすいふんしゅつこう）のまわりで誕生した可能性が指摘されています。

熱水噴出孔とは，どういうものなんですか？

海嶺（かいれい）付近の海底などで，マグマに暖められた熱水が海底から噴き出しているところがあり，これを熱水噴出孔といいます。熱水中には硫化水素や金属などの無機物が含まれており，このような高温で水圧が高い条件下でも生息できる微生物がいます。最初の生物も，このような場所で発生した可能性があると考えられています。

●光合成生物の出現

約27億年前以降，ラン藻類（そうるい）の**シアノバクテリア**が**ストロマトライト**という層状の構造物をつくり始めました。**シアノバクテリアは光合成を行い**，その結果，海水中に酸素（O_2）が放出されました。

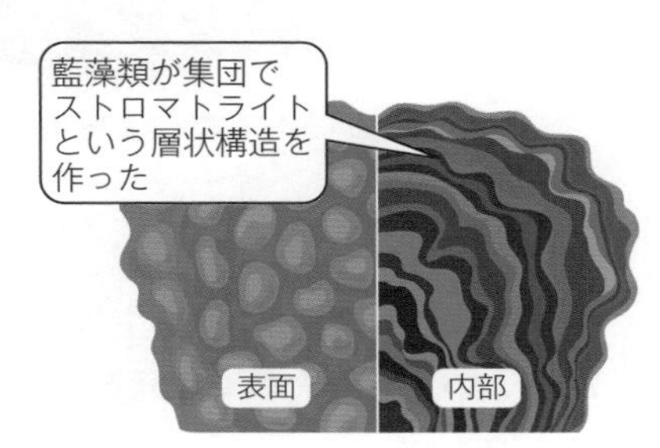

図4－45

光合成って，どういうはたらきでしたっけ？

太陽の光を使って，二酸化炭素と水から有機物と酸素をつくる反応ですよ。有機物は生物の体の成分となり，酸素は気体として放出されます。

③ 原生代（25億年前～5.4億年前）：真核生物の出現

●縞状鉄鉱層（しまじょうてっこうそう）の形成

海水中にとけていた鉄イオンが光合成によって生成した酸素と反応して**酸化鉄となり，海底に堆積**して**縞状鉄鉱層**が形成されました（図4－46）。

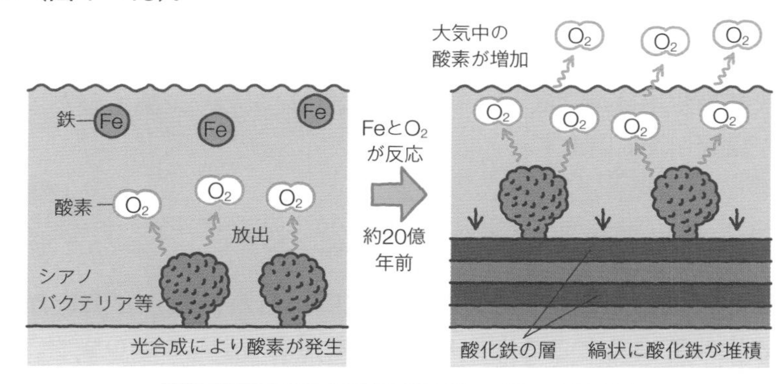

図4－46　縞状鉄鉱層の標本

●大気の変化

25億年前以降，光合成生物が増加しました。これによって図4－47のように，**大気中の酸素濃度は増加し，二酸化炭素濃度は減少していきました。**

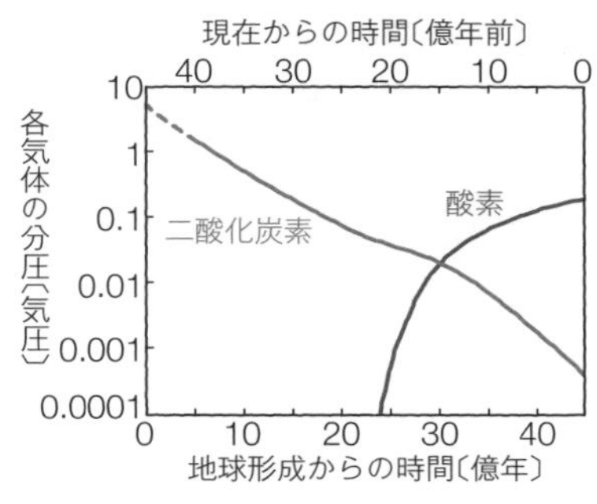

図4－47

●全球凍結（スノーボールアース）

約23億年前に1回と約7億年前に2回，地球は寒冷化して，地表全体が氷におおわれたと考えられています。この状態を**全球凍結（スノーボールアース）**といいます。これは世界各地の当時の地層中に，氷河堆積物が見つかっていることから推測されました。

どうして地球がすべて凍ってしまうほど，寒くなったんですか？

なんらかの原因で，温室効果ガスである二酸化炭素濃度が減少して寒冷化した説が有力です。

1回目の全球凍結後，真核生物が発生，3回目の全球凍結後は大型生物が誕生しています。このように，全球凍結は，**生物の大進化に大きな影響を与えている**ことが指摘されています。

●真核生物の出現

約21億年前に**真核生物**が出現しました。真核生物は核膜やミトコンドリアなどの複雑な組織をもつ生物です。真核生物は海水中の酸素濃度の増加に対応し，エネルギーを多量に生み出せる酸素呼吸を効率よく行う機能をもっています。そしてその中から，原生代中期に**多細胞生物**が現れました。

●エディアカラ生物群（約６億年前）

全球凍結終了後，**南オーストラリアの砂岩から，硬い組織をもたない大型の多細胞生物群が見つかり**ました。これを**エディアカラ生物群**といいます（図4－48）。

図4－48

POINT **先カンブリア時代の化石**

- シアノバクテリア：光合成をはじめた生物
- エディアカラ生物群：硬い組織をもたない大型の多細胞生物群

先カンブリア時代については，地球の形成過程や地球大気の変化，生物の発生と進化などに関する知識問題がよく出題されます。しっかりと上記の知識を整理しておきましょう。では，過去問を解いてみましょう。

過去問にチャレンジ

地球形成初期の地球の大気と海洋について述べた次の文a・bの正誤の組合せとして最も適当なものを，下の①～④のうちから一つ選べ。

a　原始地球の地表の温度が下がると，原始大気中の水蒸気が凝結して雨として地表に降り，原始海洋ができた。
b　原始大気に含まれていた大量の二酸化炭素は，原始海洋に溶け込んで減少した。

	a	b
①	正	正
②	正	誤
③	誤	正
④	誤	誤

(2021年共通テスト本試験 第2日程)

a：原始地球が誕生したとき，微惑星の衝突などの影響で表面は高温になっていて，H_2Oは気体の水蒸気でした。しかし，微惑星などの衝突が減少すると徐々に表面の温度は低下し，水蒸気は水となって雨が降り，それが表面のくぼみに溜まって原始海洋ができました。したがって，この文は正しいです。
b：原始大気中の二酸化炭素は，液体の原始海洋ができると水に溶けました。そして，海水中のカルシウムイオンと反応して，水に溶けにくい炭酸カルシウムとなって沈殿し，取り除かれていきました。したがって，この文は正しいです。

以上のことから，答え ①となります。

2 古生代（5.4億年前～2.5億年前）

古生代以降の時代を顕生代（けんせいだい）とよび，**古生代・中生代・新生代**に区分されます。顕生代のはじまりから化石の産出が豊富になります。生物の進化が進み，**硬い殻や骨格をもった生物が出現した**からです。

① カンブリア紀（5億3900万年前～4億8500万年前）

●カンブリア紀の爆発

カンブリア紀には，多種多様な硬い殻や骨格をもった動物が，爆発的に増加しました。これを**カンブリア紀の爆発**といいます。

なぜ，動物が突然そんなに増加したんですか？

大気の成分が変化したことが原因なんですよ。

温暖な気候や海水中の酸素濃度が増加したことによって，活発に動くことができる動物が増加したからです。そして，ほかの生物を食べる動物が現れたことから，進化が進んだと考えられています。

●バージェス動物群

中国やカナダ西部で見つかった，カンブリア紀中期の多様な化石群です（図4－49）。また，中国では，カンブリア紀前期末の澄江（チェンジャン）動物群が見つかっています。

バージェス動物群は進化の実験場とよばれていて，時代に最も適した生物だけが，次の時代に続いたと考えられています。

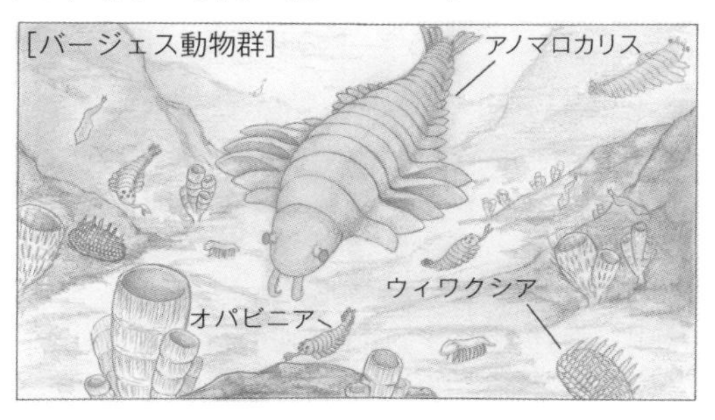

図4－49

これらの生物の中で生き残った生物はどれですか？

図4−49中の生物はほとんど絶滅してしまいました。

図4−50の**三葉虫**(さんようちゅう)は古生代に繁栄した生物で，**節足**(せっそく)**動物である昆虫やエビ・カニと共通の祖先をもつ**と考えられています。三葉虫の化石はp.268の写真も見てください。

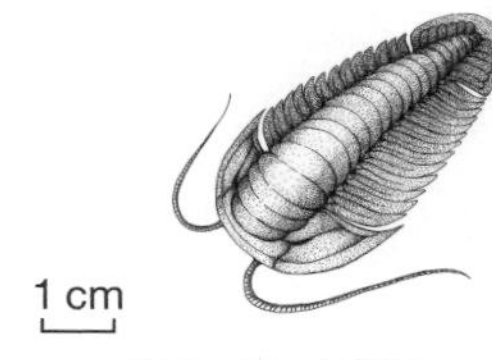

図4−50　三葉虫

●魚類

カンブリア紀の中頃には，脊椎動物である原始的な**魚類**が誕生しました。

❷ オルドビス紀（4億8500万年前〜4億4400万年前）

・海の中で**フデイシ（図4−51）**とよばれる生物やサンゴの仲間，三葉虫が繁栄した時代です。

図4−51　フデイシ

・成層圏に**オゾン層**が形成されました。コケ植物や節足動物の上陸もオルドビス紀といわれています。

・また，この時代の終わりに1回目の**大量絶滅**がありました。

大量絶滅ってなんですか？ “1回目”ということは，何度もあったんですか？

大量絶滅とは，短い期間で多くの動物が地上から姿を消してしまうことです。

古生代から現在までに，大量絶滅は少なくとも5回ありました。くわしくはp.293で説明します。

③ シルル紀（4億4400万年前〜4億1900万年前）

・成層圏にはオゾン層が形成されていたため，**陸上にさまざまな生物が進出する**ようになりました。オルドビス紀に上陸した植物と異なり，陸上での生活に適応した組織をもつ図4－52の**クックソニア**が現れました。それに続いて体が根・茎・葉に分かれた**シダ植物**が進出しました。また，昆虫の仲間も陸上に上がったと考えられています。

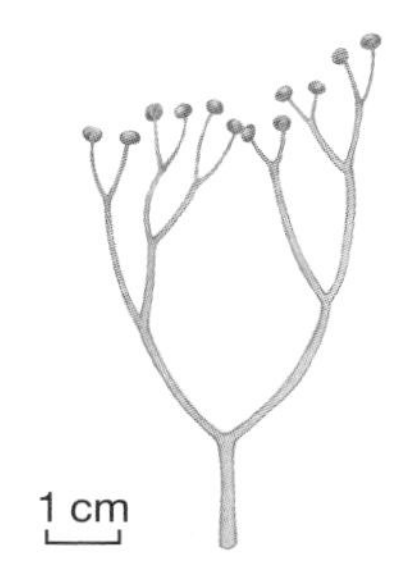

図4－52　クックソニア

オゾン層と生物の陸上進出には，どのような関係があるんですか？

大気中にバリアができたからなんですよ。

オゾンの化学式はO_3で，大気中の酸素（O_2）濃度が増加すると，その一部がオゾンに変化するんです。**オゾンは生物に有害な太陽からの紫外線を吸収する**ため，地上に届く紫外線が減少しました。これによって，生物の陸上進出が容易になったと考えられています。

・海ではクサリサンゴ（図4－53），ウミサソリ（図4－54），ウミユリ（図4－55）などが繁栄しました。

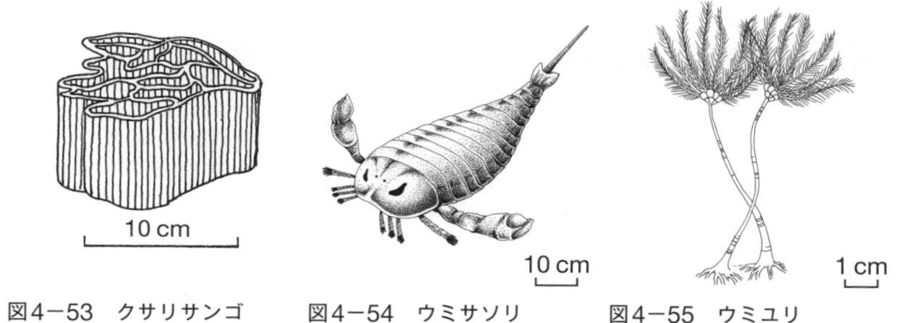

図4－53　クサリサンゴ　図4－54　ウミサソリ　図4－55　ウミユリ

④ デボン紀（4億1900万年前～3億5900万年前）

・海では**魚類**が繁栄しました。
・陸上には水際で生活できる，**両生類**のアカントステガやイクチオステガ（図4－56）が進出しました。**これらは魚類から分かれた**ものと考えられています。

図4－56　イクチオステガ

・陸上では，**シダ植物**が森林を形成しはじめました。デボン紀の後期には，陸上の乾燥した環境にも適応できる**裸子植物**の祖先が出現しています。胞子でふえるシダ植物と異なり，裸子植物は種子でふえます。

・この時代の終わり頃に２回目の大量絶滅がありました。

❺ 石炭紀（3億5900万年前～2億9900万年前）

・陸上ではシダ植物であるロボク，リンボク，フウインボクなどが繁栄し，森林が広がりました。**光合成のはたらきなどにより大気中の酸素濃度が上昇し**，大型の**昆虫類**も繁栄しました。

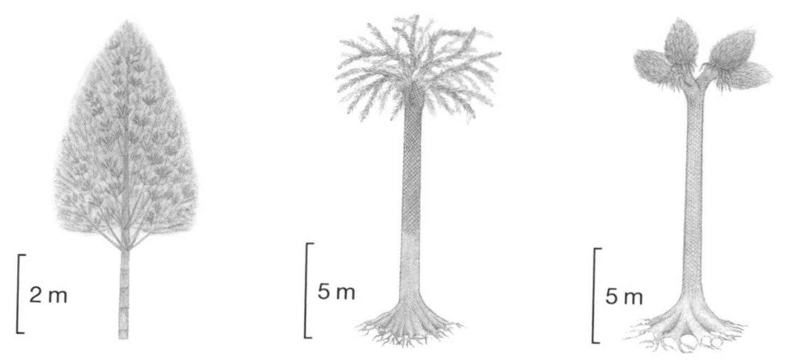

図4－57　ロボク　　図4－58　リンボク　　図4－59　フウインボク

・さらに，殻に包まれた卵を産む**爬虫類**と，哺乳類につながる動物である**単弓類**が誕生しました。いずれの生物も乾燥した大陸地域の環境に適応したものです。

石炭紀という名前は，燃料の石炭となにか関係があるんですか？

関係あります！

シダ植物の遺骸が分解されずに石炭になりました。石炭は，石炭紀のシダ植物によって，大気中の二酸化炭素が地層中に固定されたものなんです。そのため，大気中の二酸化炭素濃度が低下して，気候が寒冷化しました。

❻ ペルム紀（2億9900万年前～2億5200万年前）

・プレート運動によって，大陸が合体して**超大陸パンゲア**が形成されました。

・海では**図4－60**の**フズリナ（紡錘虫）**，サンゴ，二枚貝などが繁栄しました。フズリナの化石はp.268の写真を見てください。日本列島各地にみられる石灰岩（$CaCO_3$）の多くは，この時代のこれらの古生物の化石から構成されています。

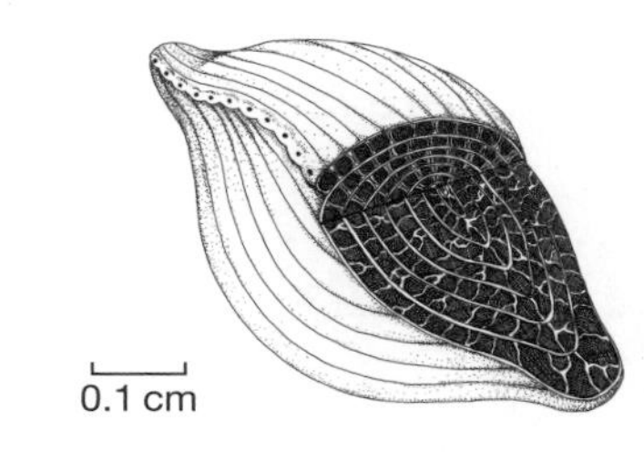

図4－60　フズリナ（紡錘虫）

・陸上では，爬虫類や単弓類が繁栄しました。

・この時代の終わり（2億5200万年前）に3回目の大量絶滅がありました。**大量絶滅**は図4－61に示すように**5回ありましたが，ペルム紀末のものがそのうち最大規模**で，海生無脊椎動物の90%以上の種が絶滅しました。

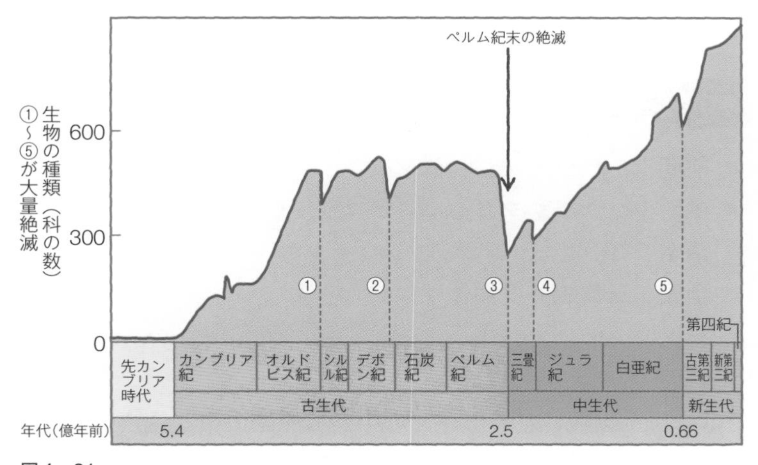

図4－61

ペルム紀末の大量絶滅の原因は，わかっているんですか？

酸素が減ったことが原因と考えられています。

図4－62に示した大気中の酸素濃度の変化から，**ペルム紀末の2億5000万年前に酸素濃度が急激に減少**して，地球環境に大きな変化が生じていることがわかります。この原因はよくわかっていないんですが，巨大なホットプルーム（p.64）の上昇にともなう，**火山活動によって気候変動が起きた**とする説が有力です。

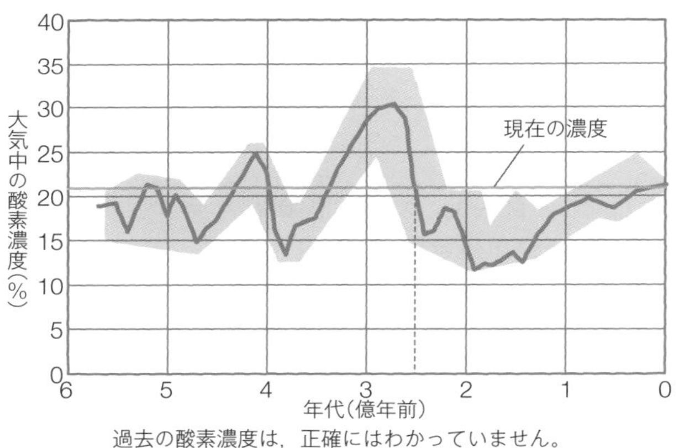

過去の酸素濃度は，正確にはわかっていません。計算で見積もった幅を，うすい青で表しています。

図4－62

POINT 古生代の示準化石

- 前期：バージェス動物群
- 中期：クサリサンゴ，ウミサソリ，クックソニア
- 後期：ロボク，リンボク，フウインボク，紡錘虫（フズリナ）
- 全般：三葉虫，ウミユリ

では，よく出題されるテーマの中から原始大気と生物の陸上進出についての過去問を解いてみましょう。

過去問にチャレンジ

次の文章中の ア に入れる語と下線部のできごとの証拠となる化石の組合せとして最も適当なものを，下の①～⑥のうちから一つ選べ。

地球の原始大気は，水蒸気と ア が主成分であったが，原生代初期にはシアノバクテリアによる光合成の結果，大気中に酸素が放出された。古生代になると，さらに酸素濃度が上昇し，大気中にオゾン層が形成された。これにより地表に届く紫外線が大幅に減少して，生物が陸上に進出できたと考えられている。

ア についてはは先カンブリア時代のできごと，下線部についてはは古生代のできごとです。

	ア	下線部のできごとの証拠となる化石
①	メタン	三葉虫
②	メタン	ロボク
③	二酸化炭素	クックソニア
④	二酸化炭素	三葉虫
⑤	アンモニア	ロボク
⑥	アンモニア	クックソニア

(2019年センター本試験)

ア：地球の原始大気は水蒸気と二酸化炭素が主成分でした。これらの大気は温室効果ガスです。

下線部：三葉虫は，古生代カンブリア紀に出現し，ペルム紀に絶滅した海の中に住んでいた節足動物です。ロボクは石炭紀に繁栄したシダ植物です。クックソニアは，最古の陸上植物化石でシルル紀に現れました。

したがって，答え ③となります。

3　中生代（2.5億年前～6600万年前）

ペルム紀の大量絶滅を生き残った生物の中から，爬虫類が繁栄しました。

いよいよ，恐竜の時代ですね。

楽しみにしていてください。

恐竜の姿だけに目を奪われるのではなく，いろいろな地学現象と結びつけて勉強していきましょう。中生代は顕生代の中でも温暖な気候が続き，恐竜や海中の生物も増加しました。

①三畳紀（トリアス紀）（2億5200万年前～2億100万年前）

・**超大陸パンゲアが分裂・移動をはじめました。**

古生代末（2.5億年前）

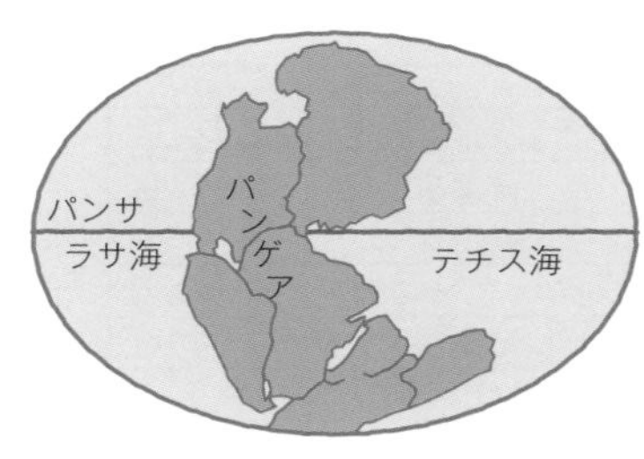

図4－63

中生代末（6600万年前）

大西洋
太平洋

図4－64

・ペルム紀末の大絶滅を生き延びた，単弓類が繁栄しました。

・爬虫類の中から**恐竜**が出現しました。

・**哺乳類**（ほにゅうるい）が出現しました。

へ～。恐竜と哺乳類は同じ時代に誕生したんですね。でも哺乳類は中生代の間，目立たなかったんですよね。なぜですか？

これはいろいろな説があるんですよ。

その1つとして、ペルム紀末の大量絶滅のあと，中生代に入ってからもp.294の図4－62のように低酸素状態が続いたことがあります。**恐竜が繁栄したのは，哺乳類より低酸素環境に適した肺をもっていたからだ**と考える説もあります。

・海では**アンモナイト**，モノチスが繁栄しました。
・この時代の終わりに4回目の大量絶滅がありました。

図4－65　アンモナイト

❷ ジュラ紀（2億100万年前～1億4500万年前）

・陸上には恐竜，海には魚竜，空には翼竜が繁栄しました。これらは大型爬虫類の仲間です。

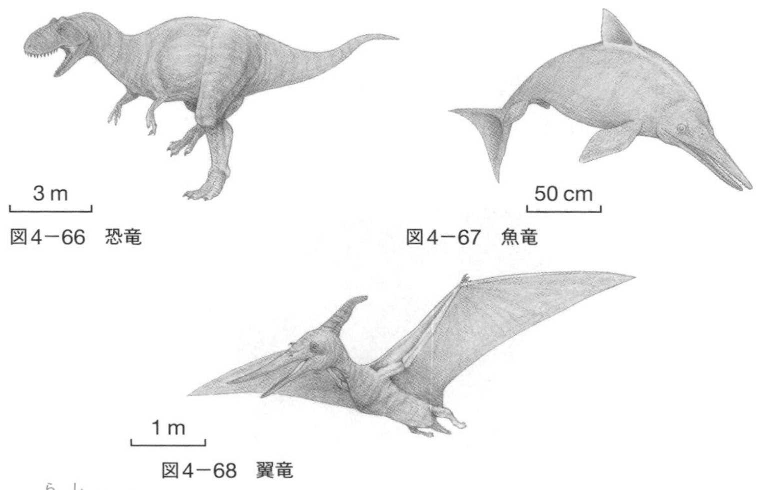

図4－66　恐竜
図4－67　魚竜
図4－68　翼竜

・**裸子植物**が繁栄しました。

裸子植物って今も生えている植物としては，どんなものがありますか？

イチョウやソテツ，マツやスギの仲間がそうですよ。

・爬虫類から**鳥類**が出現しました。ジュラ紀に現れた，鳥類に近い生物として，始祖鳥（アーキオプテリックス）（図4－69）が有名です。

図4－69　始祖鳥（アーキオプテリックス）

❸ 白亜紀（1億4500万年前～6600万年前）

・ジュラ紀に続き，**大型爬虫類の繁栄**が続きました。
・海ではアンモナイトや二枚貝のイノセラムス（図4－70），トリゴニア（三角貝）などが繁栄しました。

図4－70　イノセラムス

・火山活動が活発化し，温暖な気候が続きました。

なんで火山活動が活発になると，
地球は温暖化するんですか？

p.95の火山ガスの成分とp.147の温室効果ガスを思い出してください。火山ガスの成分である二酸化炭素の濃度が増加し，地球が温暖化したんですよ。

・裸子植物にかわって，花を咲かせる**被子植物**（ひし）が繁栄するようになりました。
・浅い海に生息するプランクトンの遺骸が堆積して，現在の石油の元になる物質が形成されました。
・この時代の終わり（6600万年前）に5回目の大量絶滅がありました（p.293図4－61参照）。陸上の恐竜や海中のアンモナイトなどが絶滅しました。**原因として，直径約10 kmの巨大隕石**（いんせき）**の衝突によって環境が激変したため**だと考えられています。

どうして，巨大隕石が衝突したと
わかったんですか？

では，説明しましょう。

メキシコの**ユカタン半島**沖に隕石衝突の痕跡（こんせき）であるクレーターが見つかっているんです。また隕石衝突によって巻き上げられた塵（ちり）が，世界各地の白亜紀末の地層から見つかっているんです。

POINT
中生代の示準化石

アンモナイト，イノセラムス，トリゴニア，モノチス

中生代については，示準化石，中生代末の大量絶滅などをテーマとする問題がよく出題されます。今回は，地質断面図と示準化石を組み合わせて，地質年代を問う過去問を解いてみましょう。

過去問にチャレンジ

次の図1は，ある地域の模式的な地質断面図である。地層**X**からはイノセラムス，地層**Y**からはフズリナ，地層**Z**からは三葉虫の化石がそれぞれ産出した。また，不整合面と断層Ⅰ，断層Ⅱが見られた。断層はその傾斜方向にのみずれており，地層の逆転はない。

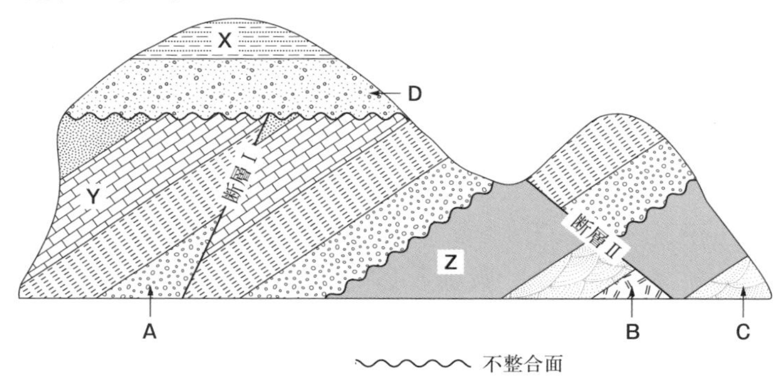

図1　ある地域の模式的な地質断面図
同じ模様は同一の地層を表している。

上の図1の断層Ⅰの種類と活動の時期の組合せとして最も適当なものを，次の①〜⑥のうちから一つ選べ。

	断層の種類	活動の時期
①	正断層	三畳紀
②	正断層	古第三紀
③	正断層	オルドビス紀
④	逆断層	三畳紀
⑤	逆断層	古第三紀
⑥	逆断層	オルドビス紀

(2021年共通テスト本試験 第2日程)

地層の逆転がないと書かれているため，地層累重の法則より，下位にある地層Zが最も古く，上位にある地層Xが最も新しく形成されたことがわかります。

断層の種類：断層Ⅰの左側が上盤になっていて，上盤側の地層が下盤側の地層に対してずり上がっているため，逆断層と判断できます。

活動の時期：フズリナは古生代後期の示準化石，イノセラムスは中生代の示準化石です。断層Ⅰはフズリナを含む地層Yをずらしていますが，イノセラムスを含む地層Xはずらしていません。よって，断層の活動時期は，古生代後期から中生代の期間になります。三畳紀は中生代，古第三紀は新生代，オルドビス紀は古生代前期です。よって，断層の活動時期は三畳紀が当てはまります。

したがって，答え ④となります。

4 新生代（6600万年前～現在）

白亜紀の大量絶滅を生き残った生物の中から**哺乳類**（ほにゅうるい）**が繁栄**しました。

❶ 古第三紀（6600万年前～2300万年前）

・現在の哺乳類の祖先のほとんどが出現しました。

・暖かい海には，大型有孔虫である**カヘイ石**（ヌンムリテス）が繁栄しました。有孔虫とは石灰質の殻と網状の仮足をもつ原生生物のことです。

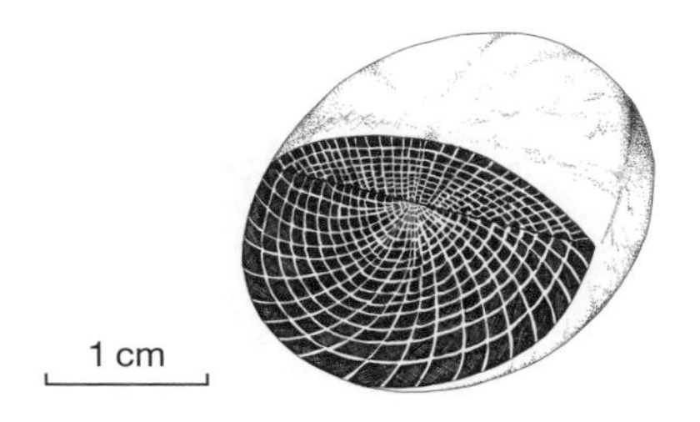

図4－71　カヘイ石（ヌンムリテス）

カヘイ石という名前の生物なんて，おもしろいですね。

SECTION 4 地表の変化と古生物の変遷

カヘイ石は貨幣石とかいて，ちょうどコインのような形と大きさをしているんです（p.268の図4－29）。

ピラミッドをつくっている石材は石灰岩で，カヘイ石をたくさん含んでいます。

・被子植物が繁栄しました。
・現在のインドにあたる大陸がアジア大陸に衝突して，ヒマラヤ山脈が形成され始めました。

② 新第三紀（2300万年前～260万年前）

・温暖な干潟や浅い海では巻貝の仲間である**ビカリア**（図4－72）が繁栄しました。
・海辺には哺乳類の**デスモスチルス**（図4－73）が繁栄しました。
・約700万年前に最初の人類である初期の**猿人**（サヘラントロプス・チャデンシス）が誕生しました。
・ヒマラヤ山脈やチベット高原が形成された結果，東アジアに梅雨をもたらすモンスーン気候が成立しました。

図4－72　ビカリア

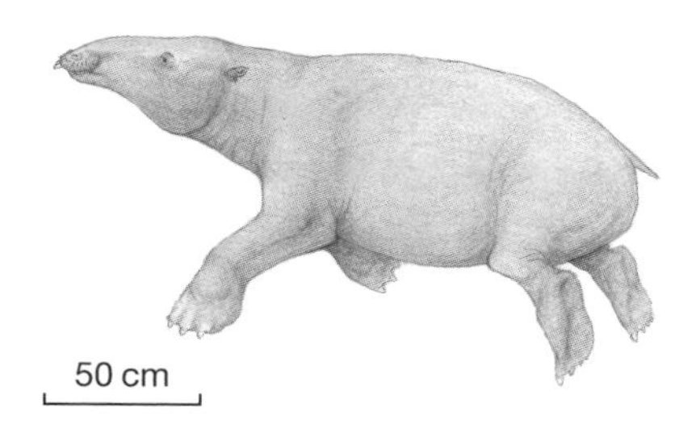

図4－73　デスモスチルス

③ 第四紀（260万年前～現在）

・260万年前～現在に続く時代です。
・大陸を氷河が広く覆う寒冷な**氷期**と，地球全体が温暖な**間氷期**

をくり返す時代です。**氷期は寒冷で，大陸に氷河が発達して海面が低下し，間氷期は温暖になって氷河が減少し，海面が上昇**しました。

なんで気温が変化すると，海面が上がったり下がったりするんですか？

水の状態変化が影響しているんですよ。

海の水は蒸発して雲になり，陸で雨を降らせて，その水が川となって海に戻ります。だからふつうは，海水の量が急に変化することはありません。しかし氷期になると，雨が雪になって陸上に降り積もり，氷河となって大陸上に蓄積されるため，海に戻る川の水の量が減少してしまいます。そのため，海水の量が減るんです。

・**マンモス**やナウマンゾウが繁栄しました。

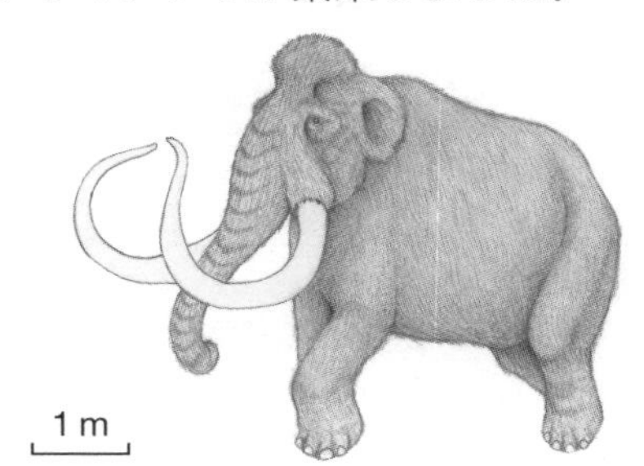

図4−74　マンモス

・**約1万年前に最後の氷期が終わり**，現在まで温暖な気候が続いています。260万年前から約1万年前の年代を更新世（こうしんせい），約1万年前の最終氷期終了後，現在までを完新世（かんしんせい）といいます。

④ 人類の進化

・最初の人類（猿人）：アフリカ大陸で新第三紀の約700万年前に，初期の猿人であるサヘラントロプス・チャデンシス，続いて約400万年前に同じく猿人であるアウストラロピテクスが誕生しました。

猿と人の違いって，なんですか？

難しい質問ですね！　**猿人（人類）の定義の1つとして，直立二足歩行ができたこと**があげられますね。

・**原人**：第四紀の約230万年前にホモ・ハビリスが誕生し，その後，ホモ・エレクトスが出現しました。ホモ・エレクトスは**アフリカを出てユーラシアに分布を拡大した**んですよ。

・**旧人**：約30万年～3万年前にヨーロッパなどでネアンデルタール人が分布していました。

・**新人**：約20万年前にアフリカで，**現代人の直接の祖先であるホモ・サピエンス**が出現しました。

新生代の示準化石

・古第三紀：カヘイ石（ヌンムリテス）

・新第三紀：ビカリア，デスモスチルス

・第四紀：マンモス

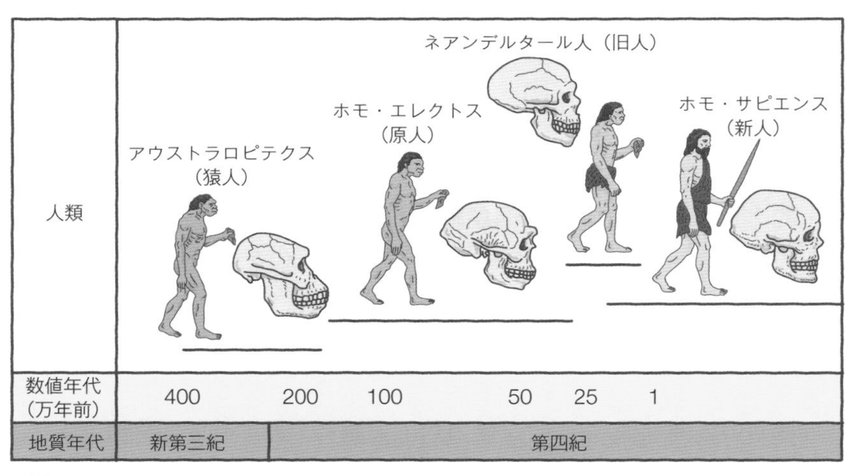

図4－75

地球の歴史の総まとめの問題を用意しました。各地質年代の示準化石やおもなできごとと，数値の年代を結びつけることが重要です。

過去問にチャレンジ

生物進化の大きな傾向として，生物は海洋から陸域へ生息場所を広げていった。一方，ある分類群に着目すると，陸域に現れたのち，海洋を新しい生息場所として獲得したものもある。たとえば，(a)爬虫類（はちゅうるい）は，まず陸域に現れ，ジュラ紀になると首長竜が海洋へ進出した。また，(b)哺乳類（ほにゅうるい）も同様に，まず陸域に現れ，古第三紀にクジラが海洋へ進出した。次の表1は，これらのできごとの一部を示したものである。

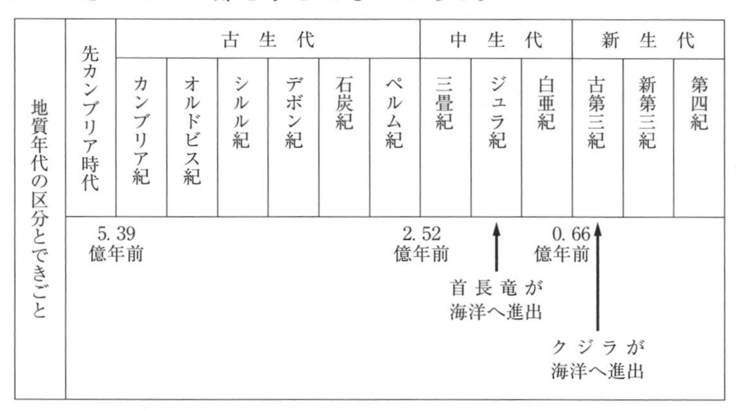

地質年代の区分とできごと	先カンブリア時代	古生代						中生代			新生代		
		カンブリア紀	オルドビス紀	シルル紀	デボン紀	石炭紀	ペルム紀	三畳紀	ジュラ紀	白亜紀	古第三紀	新第三紀	第四紀
	5.39億年前						2.52億年前		首長竜が海洋へ進出	0.66億年前	クジラが海洋へ進出		

表1　地質年代の区分と爬虫類・哺乳類の進化

問1　上の文章中の下線部(a)と(b)に関連して，爬虫類が陸域に現れてから首長竜が海洋へ進出するまでにかかった時間と，哺乳類が陸域に現れてからクジラが海洋へ進出するまでにかかった時間はほぼ等しい。この時間として最も適当なものを，次の①～④のうちから一つ選べ。

① 約5000万年　② 約1億5000万年

③ 約3億5000万年　④ 約5億5000万年

（2023年共通テスト追試験　改題）

地質年代のできごとについては，おおよその年代を知っておく必要があります。爬虫類が出現した石炭紀のはじまりは約3.6億年前，首長竜が海洋に進出したジュラ紀の始まりは約2億年前，哺乳類が出現した三畳紀の始まりは約2.5億年前，クジラが海洋に進出した古第三紀の始まりは約0.66億年前です。よって，爬虫類が現れてから首長竜が海洋に進出するまでの期間と，哺乳類が現れてからクジラが海洋に進出するまでの期間は，およそ1.5億年間と考えることができます。したがって，答え ②となります。

続けて，もう1問解いてみましょう。

問2　前の文章中の下線部(a)と(b)に関連して，爬虫類が陸域に現れてから首長竜が海洋へ進出するまでの時代と，哺乳類が陸域に現れてからクジラが海洋へ進出するまでの時代は一部重なる。その重なった時代に起きたできごととして最も適当なものを，次の①～④のうちから一つ選べ。

①　裸子植物の出現　　②　縞状(しまじょう)鉄鉱層の形成
③　生物の大量絶滅　　④　全球凍結（スノーボール・アース）

（2023年共通テスト追試験）

2つのできごとが重なった時代は，中生代の三畳紀からジュラ紀にかけてです。①は古生代デボン紀，②と④は先カンブリア時代原生代です。③の大量絶滅のうち，4回目は中生代三畳紀に起こりました。したがって，答え ③となります。

SECTION 5
地球の環境

THEME

SECTION 5 で学ぶこと

天気図や平均気温の経年変化を示すグラフの読み取りがよく問われます。図の読み取りに慣れておきましょう。

各THEMEの必修ポイント

1 大気と海洋の相互作用

- 水循環の収支
- エルニーニョ現象とラニーニャ現象

2 日本の天気

- 日本の春夏秋冬の天気図からの気象状況の読み取り
- 低気圧，高気圧の等圧線の向きからの風向の読み取り

3 日本の自然災害

- 溶岩流，火砕流，火山泥流，火山灰の降下などの火山災害
- 液状化現象，津波などの地震災害
- 高潮，強風，大雨，洪水など気象災害
- 緊急地震速報，ハザードマップに関連する防災・減災

4 地球環境問題

- 地球温暖化・酸性雨・オゾン層破壊の原因物質，その影響と対策
- 水汚染，大気汚染，ヒートアイランドなどの環境問題
- 環境や災害に関する時間的，空間的なスケール（新傾向）
- 正のフィードバックと負のフィードバック（新傾向）

頻出用語と解きかたのコツ

・天気図：日本の天気図を見て，天気の変化を読み取る
　例）台風は，はじめは北上し，その後，日本付近の上空を吹く風の影響で，西から東に向かって移動する（d→c→b→a）

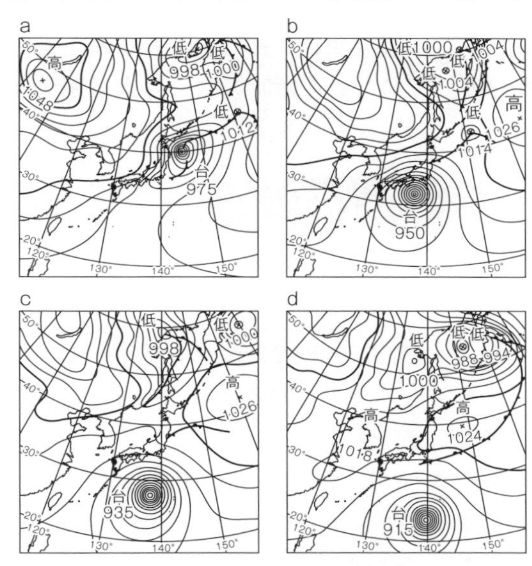

図1　台風が日本に接近した際の，順不同に並べた連続する4日分の天気図

（2024年共通テスト本試験）

・低気圧や高気圧の移動速度：速度 v〔km/時〕，時間 T〔時間〕，距離 L〔km〕とすると，

$$v=\frac{L}{T}$$

・地球環境問題：経年変化のグラフを読み取る
　メディアなどを通して環境問題に関する知識を深める

・ハザードマップ：自分が住んでいる地域のハザードマップのチェックを行い，見かたに慣れておく

自然災害や地球環境問題では，身近な題材が多いです。メディアを利用して知識を深めることが大切です。

THEME 1

大気と海洋の相互作用

ここで畝きめる!

- 水循環は収支のバランスがとれている。
- エルニーニョ現象やラニーニャ現象を考えるときは，それらが起こっていない通常時の太平洋赤道域を理解する。

1 水循環

① 地表の水

表5－1のように，地球上の水のうち約97%が海水です。残りのほとんどは，淡水として陸上に存在します。**淡水のうち最も多いのは，氷河(ひょうが)です**。氷河とは，極域などの寒いところや，高い山にできる，巨大な氷の塊(かたまり)で，自分の重さによって少しずつ動いているものをいいます。その次が地下水です。**湖や河川の水，大気中の水は非常に少ないのです**。

分布		質量%
海水		97.4
淡水	氷河	1.986
	地下水	0.592
	湖沼・河川	0.021
大気		0.001

表5－1　地球上の水の分布

POINT 地球の水分布

海水＞淡水

淡水では，氷河＞地下水＞湖沼・河川

❷ 水の循環

地表の水は**太陽エネルギー**を原動力として，水，水蒸気，氷と状態を変化させながら移動しています。このとき熱の輸送が行われます（p.142参照）。つまり，**水の循環を介して，地球全体に太陽エネルギーを輸送している**とみることができます。

図5－1は，水の循環とその量を表したものです。

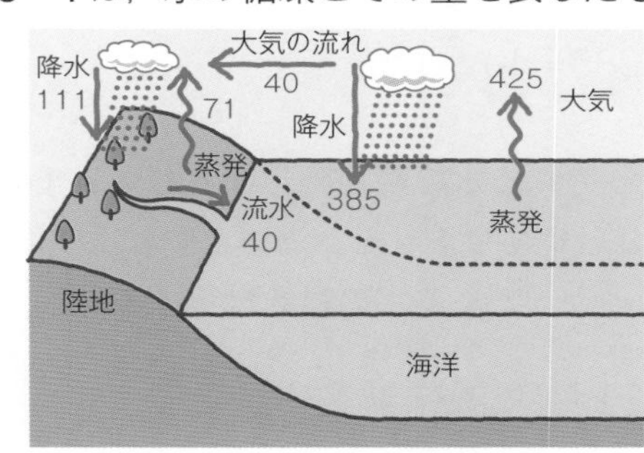

図5－1

海洋と陸地では，水の循環の向きが異なります。

・海洋：蒸発量＞降水量

海洋では蒸発量が降水量より多いため，流れ込む水がなければ海水が減っていきます。この海水の減少は，河川など，陸からの流水によって補われます。また，海洋から大気中に移動した水蒸気の一部は，大気の流れで陸地に移動します。

・陸地：蒸発量＜降水量

降水による水の増加は，流水として海洋へ移動します。

・地球全体：蒸発量＝降水量

結果として，**地球全体では蒸発量と降水量がつり合っています**。そのため，大気中の水蒸気量や海水の量が減ることはありません。

少しわかりづらいので，海水がどんどん減っていかないことを，数値を使って説明してくれませんか？

図5−1で海洋に着目して，出ていく水の量をマイナス，入ってくる水の量をプラスとして計算してみましょう。

海洋：(−425)＋385＋40＝0
（蒸発：−425，降水：385，流水：40）

出ていく水の量と，入ってくる水の量が等しいとわかります。だから海水の量が変化することはありません。海洋と同じように陸地，大気でも出ていく水の量と入ってくる水の量を計算すると

陸地：(−71)＋111＋(−40)＝0
（蒸発：−71，降水：111，流水：−40）

大気：425＋71＋(−385)＋(−111)＝0
（蒸発：425＋71，降水：(−385)＋(−111)）

というように，同じになります。

2 エルニーニョ現象

太平洋の東部・赤道直下の海域（南米ペルー沖など）で，海水温が数℃上昇する現象が半年以上続くことがあります。これを**エルニーニョ現象**といいます。エルニーニョ現象は数年に一度の周期で起こり，**世界的な気候変動が起こる原因となります**。

❶ エルニーニョ現象のメカニズム

・エルニーニョ現象が起きていないとき（図5−2）

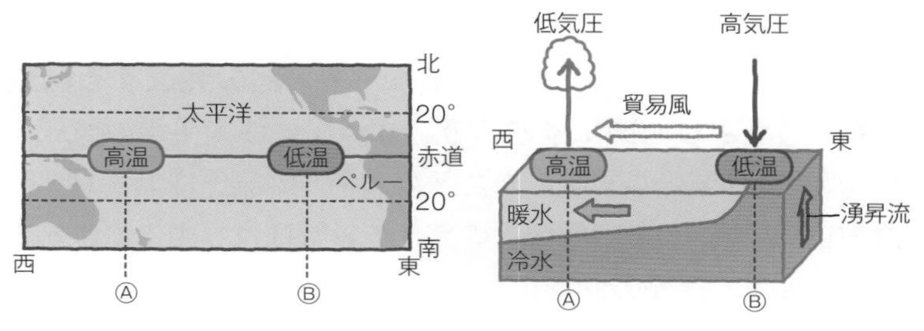

図5−2

赤道付近にはつねに，東から西へ貿易風が吹いています。そのため西向きの海流が生じ，東太平洋の暖かい海水は西に運ばれます。すると，**西太平洋の海水の温度が高くなります**（これを**暖水**といいます）。海水の温度が高くなると，その場所の気温も高くなり，低気圧が生じるんでしたね（p.161参照）。低気圧が生じると，雨が多くなります。

いっぽう，**東太平洋では暖水が西に運ばれるため，深海から冷水が湧き上がります**（これを**湧昇流**（ゆうしょうりゅう）といいます）。そのため海水の温度が低くなります。海水の温度が低くなると，今度は逆に高気圧が生じます。高気圧が生じると，晴天になりやすくなります。

つまり，**西太平洋には低気圧があって雨が多く，東太平洋は高気圧があって晴れ上がっている，というのが通常の状態**なわけです。

・エルニーニョ現象発生時（図5−3）

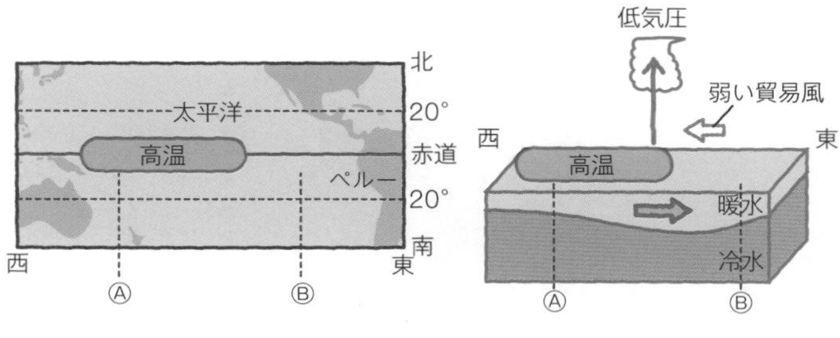

図5−3

エルニーニョ現象のそもそもの原因は，貿易風が弱まることです。エルニーニョ現象が発生すると，貿易風によって西に運ばれていた表層の暖水が東に戻され，高温域が広がります。すると，湧昇流が弱まるため，太平洋中部から東部にかけての水温が上昇して，低温域がなくなります。それにともなって，**雲の発達する低気圧の場所が通常よりも東にずれます**。よって，西太平洋の気圧は上昇し，降水量は減少します。また，東太平洋の気圧は低下し，降水量は増加します。この気圧配置の変化の影響は世界中におよんで，**日本では冷夏・暖冬の傾向になります**。

❷ ラニーニャ現象

エルニーニョ現象とは逆に，貿易風が強くなることもあります。このときは，西太平洋の海水温が平年時より高くなり，東太平洋の冷水の湧き上がりが強くなるため，エルニーニョ現象とは逆で，かつ通常の状態よりも強い気圧傾向となります。この現象を**ラニーニャ現象**といいます。**日本では猛暑・厳冬の傾向になります。**

POINT **エルニーニョ現象**

貿易風	太平洋西部	太平洋東部
弱まる	水温低下 気圧上昇 降水量減少	水温上昇 気圧低下 降水量増加

エルニーニョ現象の問題は，**図5－2，3**のような太平洋赤道域の断面図や水温の分布などの図を読み取っていくパターンと，図が頭の中に入っていることを前提に解く知識問題のパターンがあります。今回は知識問題を解いてみましょう。断面図を考える場合，**西が左側，東が右側ということに注意しましょう。**

過去問にチャレンジ

エルニーニョ（エル・ニーニョ）現象が発生しているときには，貿易風の強さと太平洋赤道域西部の表層の暖かい水の厚さが平年より変化している。この変化について述べた文として最も適当なものを，次の①～④のうちから一つ選べ。

① 貿易風は強く，暖かい水の厚さは薄くなっている。
② 貿易風は強く，暖かい水の厚さは厚くなっている。
③ 貿易風は弱く，暖かい水の厚さは薄くなっている。
④ 貿易風は弱く，暖かい水の厚さは厚くなっている。

（2011年センター本試験）

図5－2，3を見てみましょう。エルニーニョ現象が発生すると，貿易風は弱まります。よって，選択肢は③か④に絞れます。太平洋赤道域**西部**（**図5－3**では左側）では，貿易風の弱まりにより暖かい海水の吹き寄せが弱まるため，暖かい水の厚さは薄くなります。したがって，**答え ③**です。

THEME 2 日本の天気

ここできめる!

- 四季の天気と高気圧をおさえる。
- 冬：シベリア高気圧
- 春と秋：移動性高気圧
- 梅雨：オホーツク海高気圧と太平洋高気圧
- 夏：太平洋高気圧

1 日本付近の高気圧

1 天気図

●天気図の読みかた

次の天気図中の線は気圧の等しい点を結んだもので，**等圧線**といいます。天気図では細線が4 hPa（ヘクトパスカル），太線が20 hPaごとに引かれています。

例　東京の天気：くもり，南風，風力3（矢羽根の数），1008 hPa

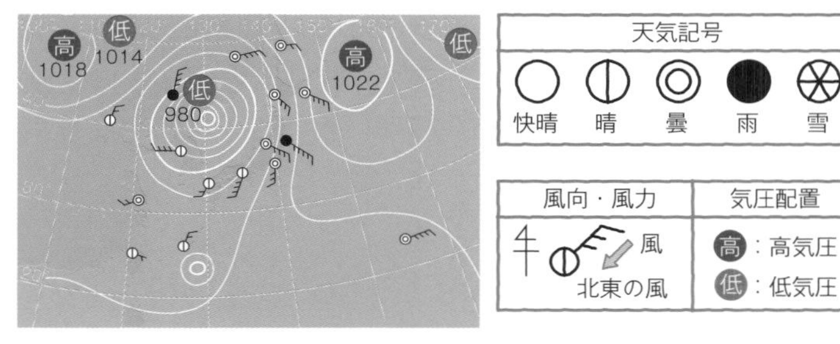

図5－4

●季節の高気圧

日本の天気に影響を与える高気圧は，季節ごとに異なります。**図5－5**のように**シベリア高気圧**，**オホーツク海高気圧**，**太平洋高気圧**（小笠原高気圧），**移動性高気圧**の４つがあります。

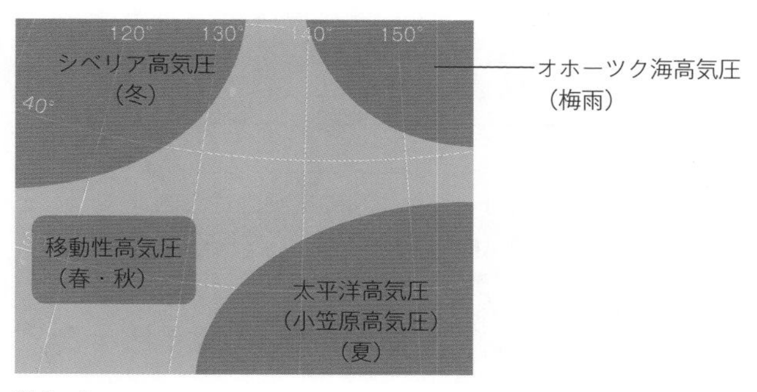

図5－5

季節	高気圧	性質
冬	シベリア高気圧	寒冷・乾燥
春・秋	移動性高気圧	温暖・乾燥
梅雨	オホーツク海高気圧 太平洋高気圧	寒冷・湿潤 温暖・湿潤
夏	太平洋高気圧	温暖・湿潤

表5－2　高気圧とその特徴

2 日本の天気

① 冬

●気圧配置

大陸から**シベリア高気圧**（1060 hPa と 1056 hPa）が張り出し，北海道の東の海上に低気圧（996 hPaや988 hPaなど）が発達します。**日本列島の西に高気圧，東に低気圧が発達する**ことから，この気圧配置を**西高東低の冬型**（せいこうとうてい）とよびます。日本列島上では，等圧線が南北に狭い間隔で並びます。

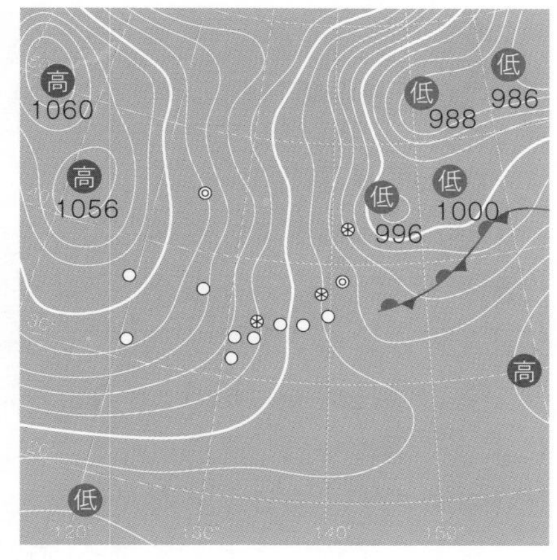

図5－6

SECTION 5 地球の環境

暖かい空気は軽いため，上昇気流を形成し低気圧ができ，逆に，冷たい空気では高気圧ができます。

図5－7のように，冬は陸（シベリア地域）が冷えて（－30℃以下にもなる）高気圧になり，海（太平洋）は暖かく，その上の空気の温度が高くなるため，海の上では低気圧ができます。

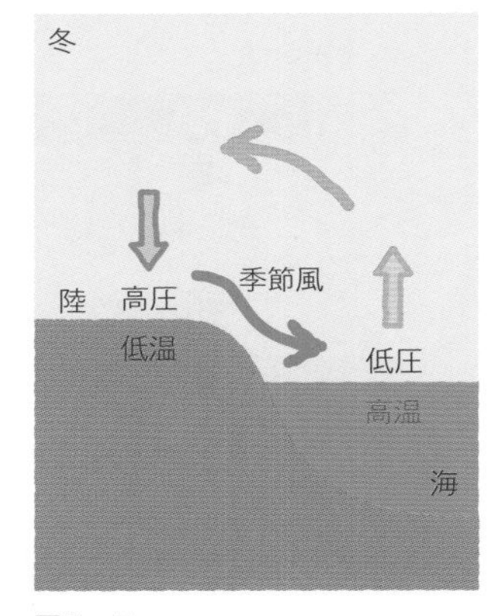

図5－7

●季節風

西高東低の冬型の気圧配置のとき，**高気圧から低気圧に向かって，北西の季節風（きせつふう）（モンスーン）が吹きます**（図5－7）。

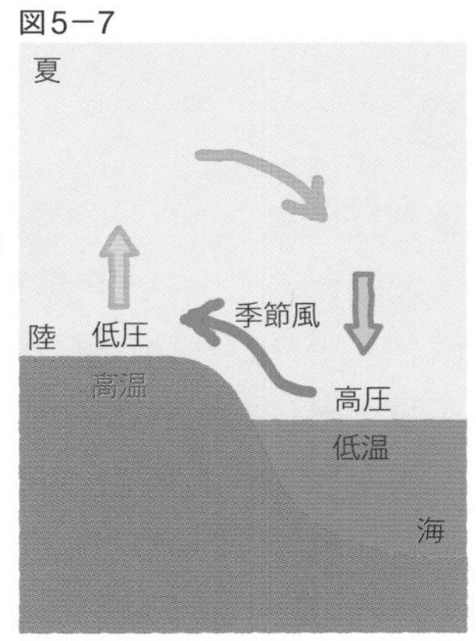

図5－8

大陸と海洋の間で，季節によって気圧配置が変化します。**図5－7**は冬の気圧配置による季節風を示していますが，夏の気圧配置は**図5－8**のようになります。夏は陸が強い日射によって暖められて高温低圧となり，海は暖まりにくいため低温高圧となります。すると，海から陸へと季節風が吹きます。このように，**季節の変化によって異なる向きに吹く風を季節風といいます**。

●災害

西高東低の冬型の気圧配置のときは，**日本海側は雪，太平洋側は乾燥した晴天**になります。この原因を図5－9に示しています。低温で乾燥したシベリア高気圧からの風が，日本海を流れる暖流から大量の水蒸気と熱の供給を受けると雲ができて，日本海側の山地にぶつかるとき，上昇気流となって積乱雲を発生させて雪を降らせます。そして，山脈を越えて太平洋側に到達するときには，再び乾燥した空気になります。

シベリア高気圧の勢力が強いと日本列島は低温となり，日本海側では大雪による被害が出ます。

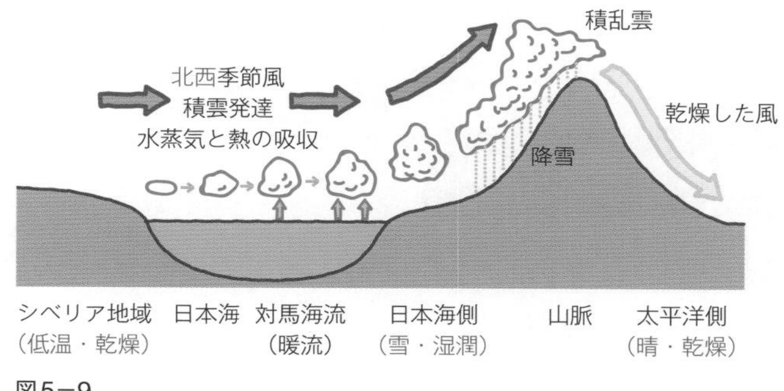

図5－9

暖流から水蒸気の供給ってイメージできないんですが…。

そうですね。冬の露天風呂をイメージしてみましょう。

露天風呂のお湯の上に，冷たい空気の風が吹くと，もくもくと湯気（ゆげ）ができます。冷たい空気の風をシベリア高気圧からの風，お湯を暖流，湯気を雲と考えましょう。

POINT 冬の天気の特徴

- 天気図：大陸にシベリア高気圧，海洋に発達した低気圧がある西高東低，北西の強い季節風，等圧線が日本列島上で南北に狭く並ぶ
- 天気の特徴：日本海側で雪，太平洋側で晴れ

冬の代表的な天気図は，西高東低の気圧配置で等圧線の間隔が狭く，強い北西風が吹くことが特徴で，共通テストでは梅雨の天気図とともによく出題されます。今回は，天気図の気圧の読み取りについての過去問を解いてみましょう。

過去問にチャレンジ

次の図1はある年の1月23日9時の地上天気図である。日本周辺は西高東低の冬型の気圧配置になっている。

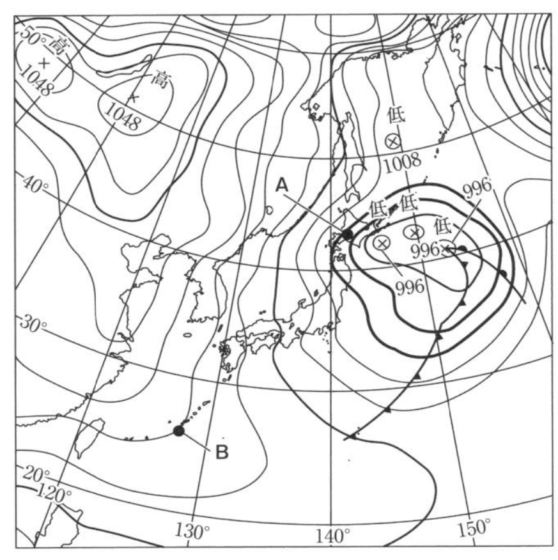

図1　ある年の1月23日9時の地上天気図
太線は20 hPaごとの等圧線を示す。

図1から読み取れる気圧に関連した特徴を述べた文として最も適当なものを，次の①〜④のうちから一つ選べ。

① 地点**A**の海面気圧は992 hPaである。

② 海面気圧は，地点**A**の方が地点**B**よりも高い。

③ 水平方向の気圧の差によって空気にはたらく力の大きさは，地点**A**の方が地点**B**よりも大きい。

④ 地点**A**の空気には，水平方向の気圧の差によって南西向きに力がはたらく。

(2019年センター本試験)

太い等圧線の間に細い等圧線が4本あることから，細い等圧線は20÷5＝4 hPaごとであることがわかります。

①：地点**A**の西に1048 hPaの高気圧があることから西側の気圧が高く，東に996hPaの低気圧があることから東側の気圧が低いことがわかります。そして，996 hPaの低気圧の中心にある等圧線（996 hPaを表す）の隣の太い等圧線の気圧はそれよりも4 hPa高い1000 hPaになります。地点**A**と1000 hPaの太い等圧線の間に1本細い等圧線があるため，地点**A**の気圧は1008 hPaになります。したがって，この選択肢は誤りです。

②：地点**A**と地点**B**の間にある太い等圧線の気圧は1020 hPaになります。東側ほど気圧が低いため，地点**A**のほうが地点**B**よりも気圧が低くなります。したがって，この選択肢は誤りです。

③：水平方向の気圧の差は等圧線の間隔が狭いほど大きくなり，空気にはたらく力も大きくなります。図1を見ると地点**A**のほうが地点**B**よりも等圧線の間隔が狭くなっていることから，地点**A**のほうが空気にはたらく力が大きいことがわかります。したがって，**答え ③**となります。

④：気圧の差による力は気圧の高いほうから低いほうに向かってはたらきます。地点**A**では，北西側の気圧が高く，南東側が低くなっているため，力は図のように南東向きにはたらきます。したがって，この選択肢は誤りです。

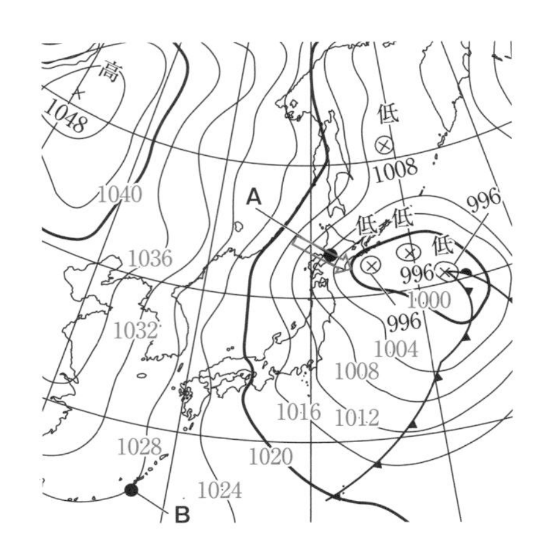

❷ 春

立春（2/4 ごろ）以降，最初に温帯低気圧が日本海を進んで発達したときに吹く強い南寄りの暖かい風を春一番といいます。

なぜ，日本海に低気圧があると南風が吹くのですか？

低気圧は反時計回りに風が中心に向かって吹き込みましたね。

だから**図5－10**のように低気圧の南側に日本が位置すると，南寄りの風が吹きます。

全国的に荒れた天気になりやすく，雪の多い地域では，雪崩（なだれ）が発生することもあります。

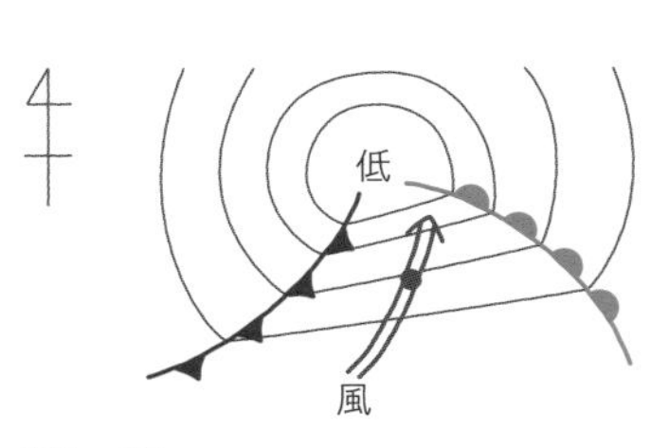

図5－10

●気圧配置

春になると**図5−11**のように，**温帯低気圧**（1012 hPa）（p.173）と**温暖で乾燥した**性質をもつ**移動性高気圧**（1026 hPa）が，**偏西風**（p.170）に乗って日本列島に交互に移動してきます。低気圧では天気が悪くなり，高気圧では天気がよくなるので，天気が3～5日周期で変化します。

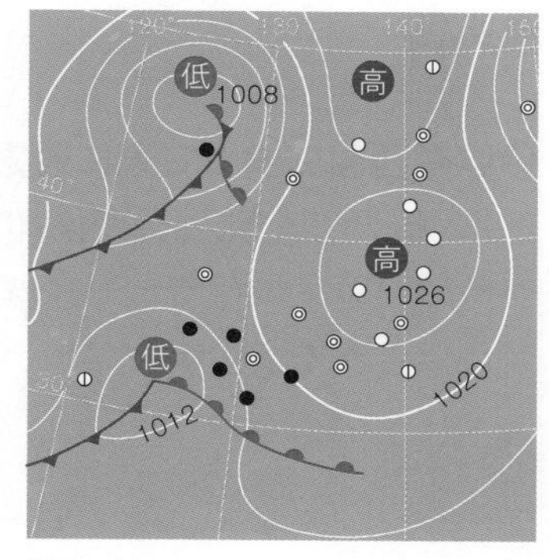

図5−11

●放射冷却

地表から赤外線が放射されることによって，地表の温度が下がる現象を放射冷却といいます。日本列島が移動性高気圧に覆われるとき，夜半から明け方にかけて放射冷却によって気温が著しく低下して，農作物に霜害（そうがい）が発生することがあります。

移動性高気圧に覆われると，なぜ気温が大きく下がるのですか？

移動性高気圧に覆われると，空気が乾燥するため温室効果ガスである水蒸気が少なくなります。だから地表から放射された赤外線が大気に吸収されず，直接宇宙空間に放射されるため，地表付近の温度が低下します（SECTION 2，THEME 2の温室効果参照）。

身体を地表，お布団を温室効果ガスにたとえます。お布団をかけずに寝てしまうと，熱が逃げて身体が冷えてしまうのと同じ現象です。

●災害

　中国やモンゴルの砂漠から発生する砂塵を**黄砂**とよびます。**黄砂は偏西風によって東に運搬されて，日本でも観測されています。** 近年，観測域や発生数が増加しており，中国で排出された汚染物質が黄砂の粒子に付着して運ばれてくるため，健康に影響が出ることが危惧されています。

③ 梅雨

●気圧配置

　梅雨になると図5−12のように，日本列島付近に**オホーツク海高気圧**（1014 hPa）と**太平洋高気圧**（1016 hPa）があり，その境界上に**前線が形成され，日本付近に停滞する状態**になります。この停滞前線を**梅雨前線**といい，**長雨が続きます。**

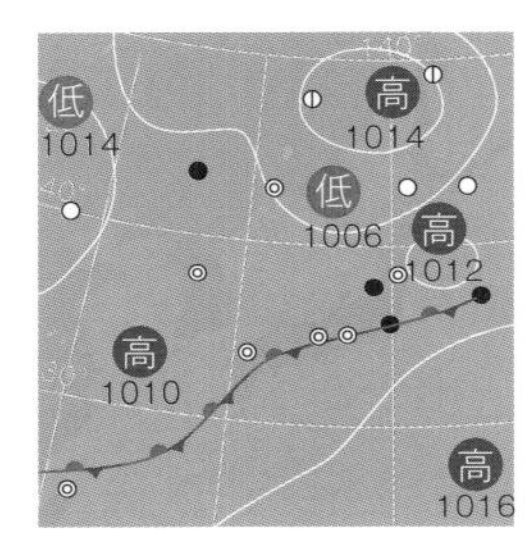

図5−12

どうして，2つの高気圧の境目で天気が悪くなるんですか？

オホーツク海高気圧は低温，太平洋高気圧は高温ですよね。

　冷たい空気と暖かい空気の境目には前線ができます（p.174）。そして梅雨の時期には，冷たい空気と暖かい空気の勢力がつりあうので，発生した前線が動きにくくなります。また，2つの高気圧はどちらも湿潤な空気をもっているため，前線の活動が活発になります。このように，動きにくい前線を停滞前線といい，とくに梅雨にできる停滞前線を梅雨前線といいます。

●災害

前線や前線上に発生した低気圧の影響により，大雨になります。また梅雨の末期には，南から暖かく湿った空気が流れ込みやすくなり，**狭い範囲に数時間にわたり激しい大雨が降ることがあります**。これを**集中豪雨**（ごうう）といい，河川の急激な増水などによる洪水を引き起こすことがあります。

また，発達した積乱雲が列をなして，数時間にわたってほぼ同じ場所を通過または停滞する**線状降水帯**が発生することがあります。

④夏

●気圧配置

太平洋高気圧の勢力が強まり，梅雨前線が北へ押し上げられると，梅雨が明けて，夏となります。日本列島は図5－13のように**暖かく湿った空気をもつ太平洋高気圧**（1014 hPa）**に覆われて，蒸し暑い日が続きます**。内陸部では高温となって上昇気流が発生して，積乱雲による夕立が局地的に起こることがあります。

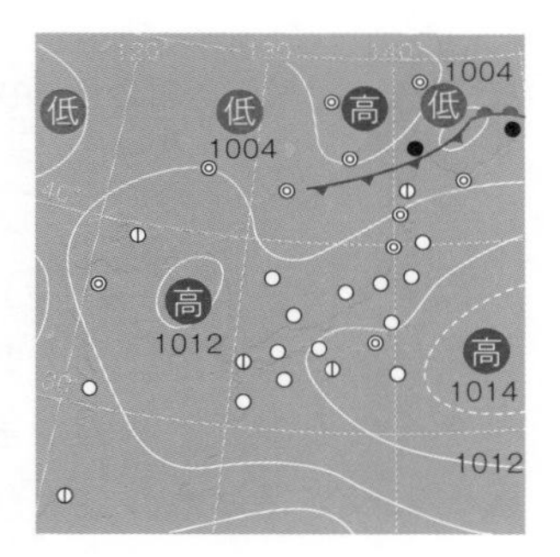

図5－13

⑤秋

●気圧配置

太平洋高気圧の勢力が弱まると，図5－14のように大陸からの高気圧（1018 hPa）が南下して，**日本列島付近に停滞前線が現れます**。この前線を**秋雨前線**（あきさめ）といい，**長雨が続きます**。また太平洋高気圧の勢力が弱くなると，高気圧の縁に沿うように**台風**（p.175）が日本列島に接近するようになります。

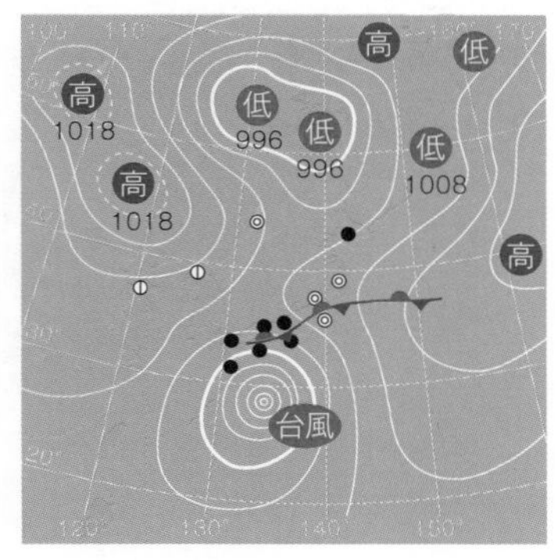

図5－14

●災害

・台風が近づいたとき，日本列島上に秋雨前線があると，暖かく湿った空気が流れ込みやすくなり，集中豪雨が発生することがあります。
・台風が日本列島に接近または上陸すると，**大雨による洪水，海面が上昇することで沿岸部が浸水する高潮（たかしお），強風による風害**などが発生することがあります。

台風がくるとなんで，海面が上がる高潮が起こるんですか？

気圧と風の2つの効果が合わさった影響によって発生します。

海面には平均して，1013 hPaの気圧がかかっています（p.123）。しかし，台風は気圧がそれよりずっと低いため，海面を押す圧力が小さくなるので，海面が盛り上がります。さらに，台風による強い風によって，海水が沿岸部に吹き寄せられるので，海面が上がります。

台風については，台風の風向の読み取りや通過による風向の変化，台風の進路，災害などがよく出題されます。等圧線と風向の関係も読み取れるようにしておきましょう。では，共通テストの過去問を解いてみましょう。

過去問にチャレンジ

台風はしばしば高潮の被害をもたらす。これは，(a)気圧低下によって海水が吸い上げられる効果と，(b)強風によって海水が吹き寄せられる効果とを通じて海面の高さが上昇するからである。次の図1は台風が日本に上陸したある日の18時と21時の地上天気図である。

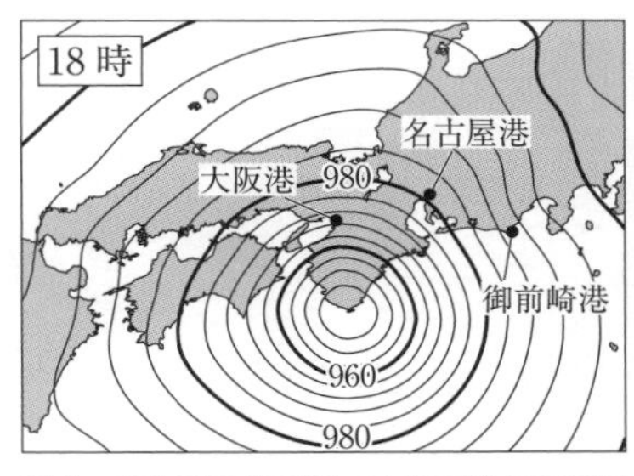

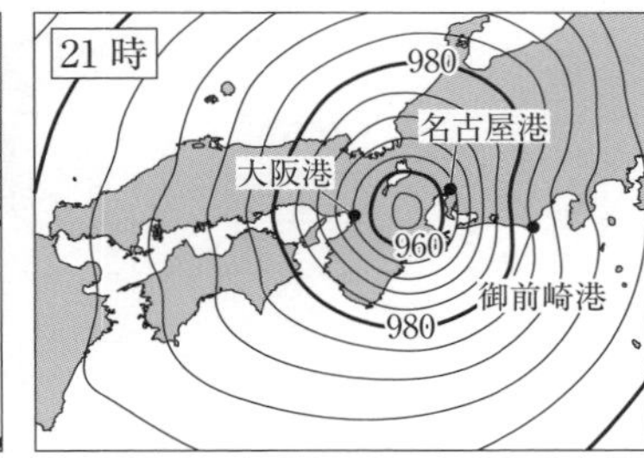

図1　ある日の18時と21時の地上天気図
等圧線の間隔は4 hPaである。

問1　図1の台風において**下線部(a)の効果のみ**が作用しているとき，名古屋港における18時から21時にかけての海面の高さの上昇量を推定したものとして最も適当なものを，次の①～④のうちから一つ選べ。なお，気圧が1hPa低下すると海面が1 cm上昇するものと仮定する。［　　］cm

① 9　② 18　③ 36　④ 54

名古屋港の18時の気圧は約980 hPa，等圧線の間隔が4 hPaであることから，21時の気圧は約962 hPaと読み取れます。よって，気圧の低下は980－962＝18 hPaで，1 hPaの低下で海面が1 cm上昇することから，名古屋港の海面は18 cm上昇します。したがって，**答え ②**となります。

問2　次の表1は，前の図1の台風が上陸した日の18時と21時のそれぞれにおいて，前の文章中の**下線部(b)の効果のみ**によって生じた海面の高さの平常時からの変化を示す。X，Y，Zは，大阪港，名古屋港，御前崎港のいずれかである。各地点に対応するX～Zの組合せとして最も適当なものを，下の①～⑥のうちから一つ選べ。

表1　下線部(b)の効果による海面の高さの平常時からの変化（cm）
＋は上昇，－は低下を表す。

	18時	21時
X	−66	+5
Y	+63	+215
Z	+31	+32

	大阪港	名古屋港	御前崎港
①	X	Y	Z
②	X	Z	Y
③	Y	X	Z
④	Y	Z	X
⑤	Z	X	Y
⑥	Z	Y	X

（2021年共通テスト本試験）

表1から，海面の上昇が最も大きいのはY，小さいのはX，一定の上昇がみられるのがZになっています。風の吹き寄せを考えるため，それぞれの場所での風向の変化をかき込んでいきます。海から陸へ吹いている場所では海水が陸の方向に運搬されるため，海面の上昇が大きくなります。

大阪港は18時，21時ともに風は陸から海へ向かって吹いていることから，海面は上昇しにくいと考えられます。

御前崎港は18時，21時ともに風は海から陸へ向かって吹いていることから，海面は上昇しやすいと考えられます。

また，21時の名古屋港は台風の中心により近く，等圧線の間隔が狭いことから，風が強く，海面の上昇が大きいと予想できます。

よって，大阪港が海面の上昇が最も小さく，名古屋港が最も大きい 答え ① となります。

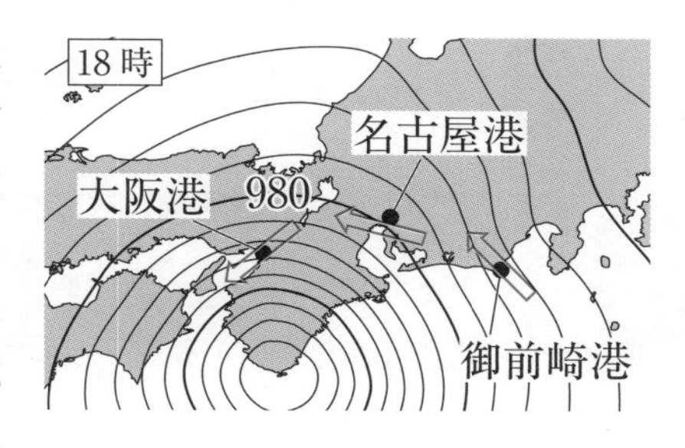

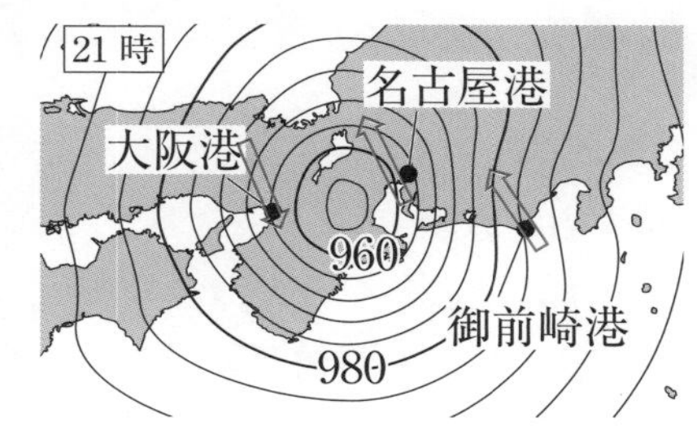

THEME 3 日本の自然災害

ここで 働きめる！

- 火山：溶岩，火山噴出物（火山砕屑物，火山ガス）
- 地震：地震動，津波，液状化現象

1 災害と防災

① 火山

● 火山の恩恵

日本には数多くの火山が分布し，これらの火山地帯では，観光・保養施設として**温泉**が利用され，**地熱発電**も行われています。

火山地帯では，地下の浅いところにマグマが存在するため，地下の温度が高くなっています。このため，地下水が高温になって温泉がわき出しやすくなっています。また，地下から高温の蒸気や熱水を取り出すことで，地熱発電が行われています。

株式会社フォトライブラリー

図5－15　地熱発電

● 火山災害

・**火山灰**：火山の噴火によって噴出した粒子が上空の風に流され，**風下に広範囲に降灰**します。この粒子を火山灰といいます。火山灰は微細な粒子のため，人が吸い込めば**呼吸器に障害**を起こし，コンピュータなどの**精密機械に入り込めば，故障の原因**となります。**農作物にも大きな被害**が出ます。

株式会社フォトライブラリー

図5－16　火山灰の噴出

・**火山ガス**：火山の火口付近では，火山ガスが噴出していることがあり，**有毒ガス（二酸化硫黄，硫化水素，一酸化炭素など）による健康被害**が起こることがあります。

　また，大規模な噴火の場合，**火山灰と火山ガスが成層圏まで達して，世界的な気温低下をもたらす**こともあります。

火山灰が，何で気温低下につながるんですか？

火山灰が日傘のような効果をするんですよ。

　勢いよく噴き出した火山灰や火山ガスは，成層圏まで上昇して，上空の強い風によって地球全体に広がり，長い間浮遊し続けるんです。それが**太陽光をさえぎって，地表に届く太陽放射を減少させる**ため，地表の気温が下がります。

・**溶岩流**：大量の溶岩が流出すると，家屋の埋没（まいぼつ）や火災が発生し，溶岩流の流れたあとは溶岩の裸地（らち）となってしまうため，土地の利用ができなくなります。

溶岩流の被害が出やすいのは，粘性（ねんせい）が低く大量のマグマを発生させる玄武岩質マグマの火山です。ハワイ島が有名ですが，日本では過去に，伊豆大島の三原山の噴火で溶岩流が発生しました。

・**火砕流（かさいりゅう）**：高温の火山ガスと火山砕屑物（かざんさいせつぶつ）が混じり合い，高速で山の斜面を流れ下る現象です。**温度が数百℃，速度も時速約100 kmに達することもあるため，発生後の避難が難しく**，とても危険です。

図5－17

・**火山泥流**：火山砕屑物(さいせつぶつ)に，雪解けなどによって水が加わり，谷や川に沿って高速で流れ下る現象です。家屋や農地が埋没することもあります。

POINT **火山災害**

火山灰，火山ガス，溶岩流，火砕流，火山泥流

●観測と防災

・観測：日本には噴火の可能性のある活火山が111個あります。そのうち**5割の火山では**，地震計・GPS・傾斜計(けいしゃけい)・望遠カメラなどで**常時，活動状況を監視し，噴火の予測をしています**。

・防災：噴火の可能性が高く，被害の出る可能性が高い火山では，**ハザードマップ**が作成されており，地域の住民の防災に役立つ情報を提供しています。

ハザードマップって最近よく耳にするんですが，どういう地図なんですか？

自分の身を守るためにも覚えておきましょう。

ハザードマップは，自然災害による被害を予測し，被害範囲を地形図に表したものです。予測される自然災害の発生場所，被害の範囲および被害の程度，そして避難経路や避難場所などの情報が図示されています。ハザードマップは**火山以外に気象災害（洪水，高潮など），土砂災害，地震災害（津波など）の危険度を予測したものが各地域で作成されています**から，自分が住んでいる町のハザードマップを確認してみましょう。

以下の**図5－18**は，富士山のハザードマップです。

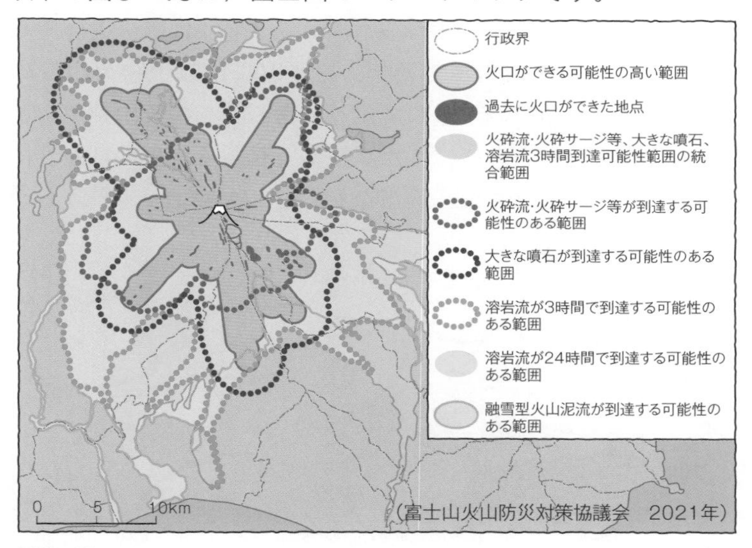

図5－18

富士山は噴火すると，巨大な火口ができて，広い範囲に大きな被害が出るってこと？

この図に示されているすべての範囲が同時に危険だ，というわけではないんですよ。

噴火は現在の火口で起こるとは限らず，山腹からの噴火の可能性もあるため，火口の範囲が広く設定されています。だから，噴火の可能性があるすべての火口と，噴火の規模をすべて重ね合わせて，火砕流や溶岩流，噴石などの到達予想の範囲を示しています。

火山については，噴火の特徴と災害を結びつける出題がよくされます。SECTION 1のTHEME 5の「火山と火成岩」と関連がありますので，その分野も復習しましょう。では，今回は火山のハザードマップについての過去問を解いてみましょう。

過去問にチャレンジ

次の図1は，成層火山であるX岳が，現在の火口から噴火したことを想定したハザードマップである。図1には，火砕流や溶岩流の流下，火山岩塊の落下，厚さ100cm以上の火山灰の堆積が予想される範囲が重ねて示してある。この火山が想定どおりの噴火をしたときに，地点ア～エで起きる現象の可能性について述べた文として最も適当なものを，次の①～④のうちから一つ選べ。

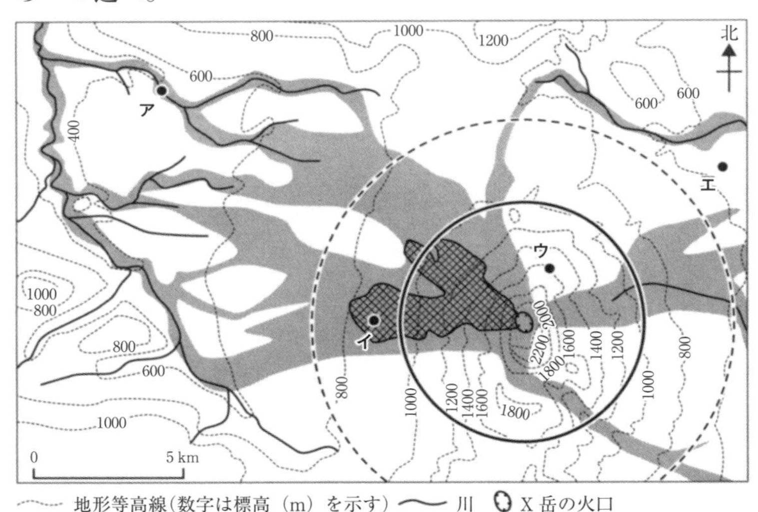

地形等高線(数字は標高（m）を示す)　川　X岳の火口

火砕流　溶岩流　火山岩塊　厚さ 100 cm 以上の火山灰の堆積

図1　X岳のハザードマップ

成層火山，火山岩塊，火山灰などの用語がたくさん出てきました。忘れてしまった人は，SECTION 1のTHEME 5を見直してください。

① 地点**ア**は火口から離れているため，噴火してから数時間経って火砕流が到達する可能性が高い。
② 地点**イ**には，火砕流や溶岩流の流下だけでなく，火山灰の降下の可能性も高い。
③ 地点**ウ**が火口に対して風上側にある場合には，そこに火山岩塊が落下してくる可能性は低い。
④ 地点**エ**は，火砕流や溶岩流の流下，火山岩塊の落下や火山灰の降下のいずれも可能性が低い。

（2020年センター本試験）

①：地点**ア**は火口から約15 km離れているが，火砕流は高速で流れ下る（速い場合は時速100 km）ため，数分で達する可能性があります。したがって，この選択肢は誤りです。

②：地点**イ**は火砕流，溶岩流，火山灰の堆積範囲に入っています。したがって，**答え ②**となります。

③：地点**ウ**は火山岩塊の落下範囲に入っています。火山岩塊は火山砕屑物のうち，粒径が最も大きなものなので風の影響はほとんど受けません。したがって，この選択肢は誤りです。

④：地点**エ**は厚さ100 cm以上の火山灰の堆積の範囲に入っていませんが，100 cm未満の火山灰が堆積することはありえます。したがって，この選択肢は誤りです。

❷ 地震とその災害

●地震動による災害

・表層の地盤の状態：新しい堆積物が厚く分布する，**やわらかい地盤では，地震動が増幅されて震度が大きくなります**。海や川に隣接した低地や埋立地などでは，地震動による被害が大きくなります。

・急斜面を切り開いた土地では，崖崩(がけくず)れが発生しやすいです。

・長周期地震動：周期2～20秒のゆっくりとした揺れ。長周期地震動は減衰しにくく，遠距離まで伝わります。高層ビルなどが大きく揺れる場合があり，注意が必要です。

●液状化現象

・液状化現象：**水を多く含んだ砂の層**で，地震の揺れによって地盤全体が液体のような状態になる現象を，**液状化現象**(えきじょうかげんしょう)といいます。海や川に隣接した**低地や埋立地などで発生しやすく**，建物が傾いたり，護岸が崩壊したりします。地上にあった重いものは沈み，地中にあった軽いものは浮かび上がって地上に飛び出したりします。

・液状化現象のメカニズム：図5－19は，地盤の様子を拡大したモデルです。地震前の地盤は，左の図のように砂の粒子がたがいにゆるやかに密着し，その隙間を地下水が満たしています。**地震が起こると地面が揺れて，中央の図のように砂の粒子どうしが離れ，水に浮いた状態になります**。そして，右の図のように，砂の粒子が沈み，水が分離するので，地面から水が噴出するのです。海岸の波打ち際などで足踏みをすると，地面がどんどんやわらかくなって，水がしみ出てきます。これも，液状化現象と同じしくみです。

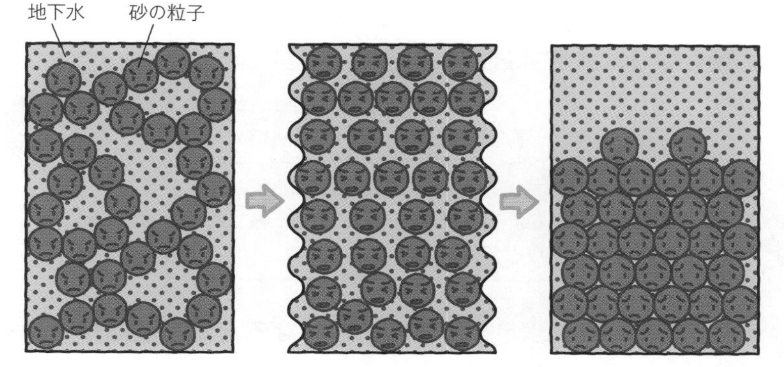

図5−19

●津波による災害

・津波：海底を震源とするマグニチュード（p.82）の大きな地震が発生すると，**断層運動によって海底が隆起，または沈降します**。これによって海水が移動し，大きな波となって押し寄せるものが，**津波**です。

津波発生の４ステップ

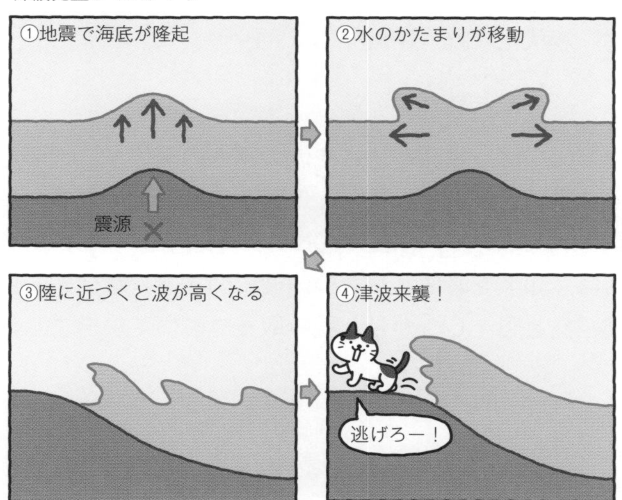

図5−20

・津波の被害：リアス海岸など，**湾奥が狭まった海岸では，波高が高くなり，大きな被害が出る**ことが多くなります。

津波から逃れるポイントはありますか？

説明しますね。自分の身を守ることにもなるので，しっかりと覚えておきましょう。

津波は図5－20のように，**水深が浅くなると急に波高が大きくなります**。だから海岸や海の近くの低地にいるときは，**速やかに高いところ**に，それが難しい場合は，**強固な建造物の最上階に避難する**ように心がけましょう。また，地震の揺れを感じなくても，同じ海洋で大地震が起きた場合，**津波ははるか遠くからも到達します**。1960年のチリ地震で発生した津波は，地球を半周して，およそ1日後に日本の太平洋岸に達し，多くの死傷者が出てしまいました。

地震による災害

地震動，液状化現象，津波

津波については，水深と速さや波の高さの関係や，地形と被害の関係がよく出題されます。また，地震との関係ではプレート境界地震が出題されますので，SECTION 1のTHEME 4を確認しましょう。今回は，知識を必要としない津波に関する考察問題を用意しました。問題文と図をしっかりと読み取って解いていきましょう。

過去問にチャレンジ

次の図1は，ある海域の鉛直断面を示している。この海域のX点で津波が発生し，海岸のA点まで伝わる場合を想定する。津波の伝わる速度は水深によって決まり，X−B間では水深2000 mに応じた速度で伝わる。津波が発生してからB点に到達するまでの所要時間はおよそ［ア］分である。その後，津波はB−A間を水深150 mに応じた速度で伝わる。津波がB点に到達してからA点に到達するまでの所要時間はおよそ［イ］分である。

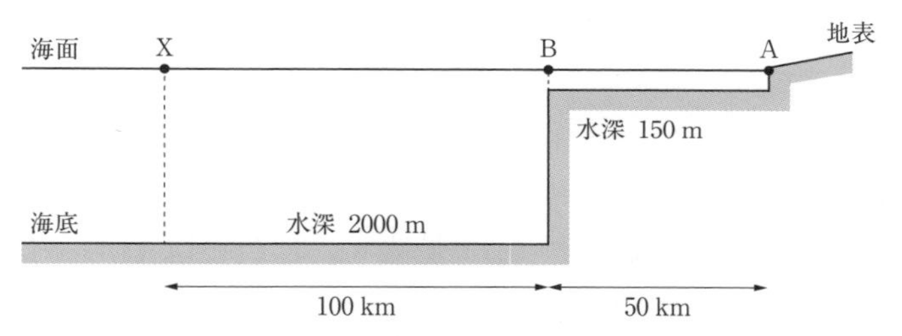

図1　津波を想定する海域の鉛直断面図

次の図2は，水深と，ある距離を津波が伝わるのに要する時間との関係を示している。図2に基づいて，前の文章中の［ア］・［イ］に入れる数値の組合せとして最も適当なものを，後の①〜④のうちから一つ選べ。

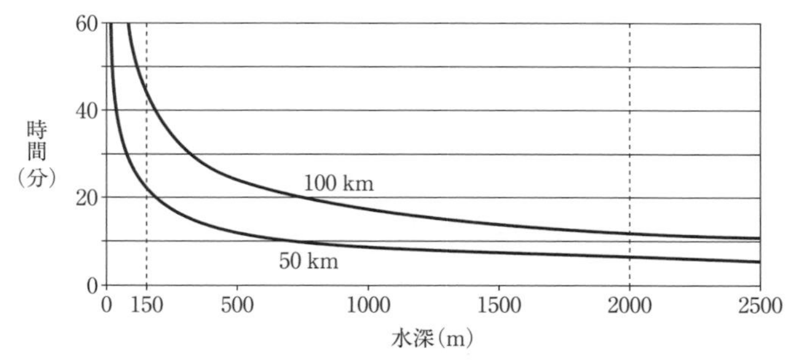

図2　水深と，距離50 kmおよび100 kmを津波が伝わるのに要する時間との関係

	ア	イ
①	6	22
②	6	43
③	12	22
④	12	43

（2022年共通テスト本試験）

ア：X－B間の水深は2000 mで距離は100 kmであることから，図2より12分と読み取ることができます。
イ：B－A間の水深は150 mで，距離は50 kmであることから，図2より22分と読み取ることができます。

したがって，答え ③となります。

●地震の予測

・プレート境界地震（p.87）：図5－21のように，**駿河**（するが）**トラフ**から**南海トラフ**に沿って，**東海地震**，**東南海地震**，**南海地震**といったプレート境界地震が発生しています。**これらは100～200年の周期でくり返し発生しており，震源域が想定されています**。また，これらの地震が連動して起こる**南海トラフ巨大地震**の発生も危惧されています。その震源域の海底には，数多くの地震計やひずみ計などが設置され，地震の前兆になるような現象の監視が行われています。しかし，いつ起こるかを予測するのは難しく，日々研究を重ねています。

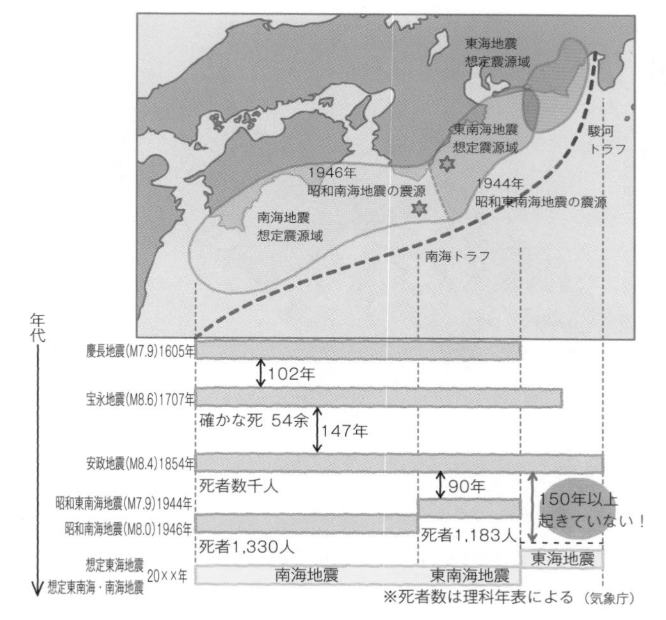

図5−21

・内陸地殻内地震（p.88）：内陸地殻内地震は**活断層**（かつだんそう）が動くことによって発生します。そのため，**プレート境界地震よりも断層の位置が正確に把握**されており，地震発生の際の被害の想定や対策がなされています。しかし，地震発生の周期がプレート境界地震よりずっと長いため，いつ発生するのかを予測することは難しいのが現状です。また，発見されていない活断層も数多く存在していると考えられています。

●地震防災

・プレート境界地震のうち，南海トラフに沿って起こる巨大地震では，今後30年の発生確率や各地の震度，津波の高さなどが予想されており，これらをもとに防災対策がたてられています。図5−22は，南海トラフ巨大地震が発生したときの各地の震度の予想を表しています。

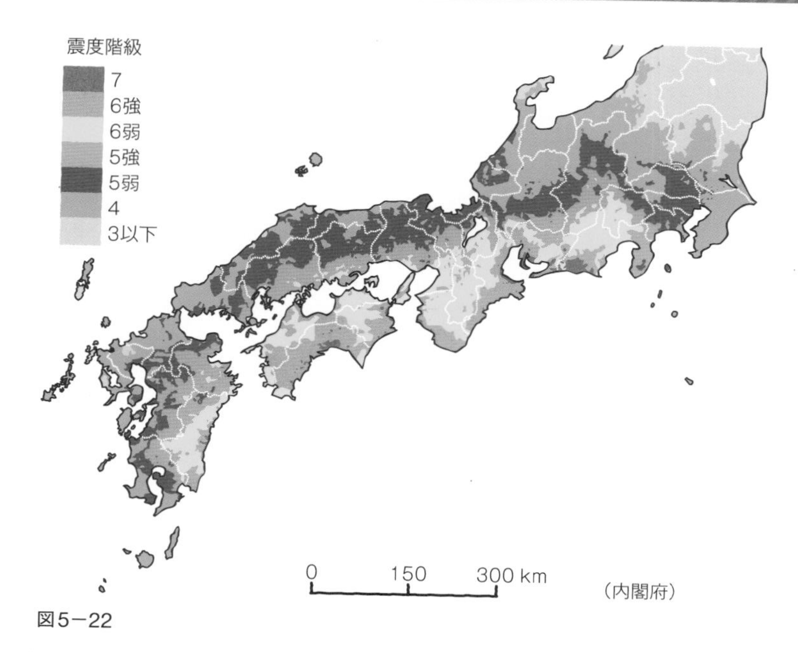

図5－22

・緊急地震速報（きんきゅうじしんそくほう）：**地震の発生直後に，震源に近い地震計でとらえたP波の観測データを解析することによって，震源やマグニチュードが推定**できます。これに基づいて各地での**S波**の到達時刻や震度を予測し，素早く知らせる地震動の予報を，**緊急地震速報**（きんきゅうじしんそくほう）といいます。

緊急地震速報について，もう少し，具体的に説明してくれませんか？

生活にも役立つことなので，しっかり理解してくださいね。

地震が発生すると地表には先にP波が到達し，**初期微動**が観測されます。そのあと遅れてS波が到達して，大きな揺れを起こす**主要動**が発生することは覚えていますか（p.72）？　この**主要動が被害を引き起こすので，その到達前に，地震が来ることを警告するシステム**が緊急地震速報です。

では，具体的な例で，考えてみましょう。P波の速度を6 km/s，S波の速度を4 km/sとします。**図5－23**のように震源の深さを36 kmとし，震央Oに地震計があるとし，地震計がP波を感知してから5秒後に，震源距離80 kmのA町と40 kmのB町に緊急地震速報が伝わったとします。A町とB町では緊急地震速報が発表された後，何秒後にS波（主要動）が到達するか順を追って計算してみましょう。

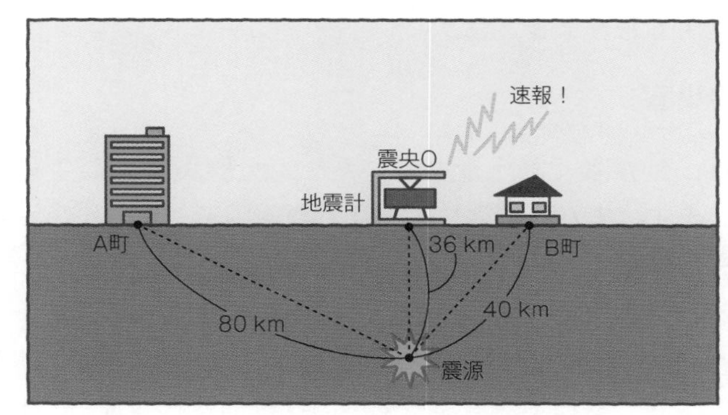

図5－23

① 地震が発生してから，震央Oに36÷6＝6秒後にP波が到達する。

② A町とB町には地震発生後，6＋5＝11秒後に緊急地震速報が届く。

③ A町にはS波が80÷4＝20秒後に到達する。
よって，緊急地震速報の発表から，20－11＝9秒後にS波が到達する。

④ B町にはS波が40÷4＝10秒後に到達する。
B町では，S波の到達時間（10秒）が緊急地震速報の届く時間（11秒）より短いことから，緊急地震速報は間に合わないことになる。

えっ？　緊急地震速報がS波の到達に間に合わないこともあるんですか？

はい，そういうこともあります。

緊急地震速報は災害を減らす効果はありますが，震源に近い地域では，S波が先に到達してしまい，間に合わない場合もあることを覚えておきましょう。

③ 土砂災害

日本は山地が多く降水量も多いため，**土砂災害**（どしゃ）が発生しやすくなっています。また，地震による揺れが原因で，土砂災害が発生することもあります。

- **崖崩れ**（がけくず）：急斜面で，土砂や岩石が一気に崩れ落ちる現象。
- **地すべり**：斜面の一部または全部が，もとの形を保ったまま下方にすべって移動する現象。土砂の移動の速さが遅く，1日に数cm～数mであるが，広範囲で多量の土砂が流れる。
- **土石流**（どせきりゅう）：岩石や土砂を含んだ水が，谷や川に沿って高速で流れ下る現象。

土砂災害については，地震（SECTION 1のTHEME 4）や日本の天気（SECTION 5のTHEME 2）と関連させて出題されることが多いので，その部分の復習もしながら問題を解いていってください。では，共通テストの過去問を解いてみましょう。

過去問にチャレンジ

台風や前線の活動による大雨は，斜面崩壊（がけ崩れ）や土石流，地すべりなどの大規模な土砂災害を引き起こすことがある。土砂災害について述べた文として**適当でないもの**を，次の①～④のうちから一つ選べ。

① 土砂災害は大雨だけでなく，地震や火山噴火などでも引き起こされる。

② 土石流は，泥から礫（れき）までさまざまな大きさの粒子が，水とともに流れる現象である。

③ 地すべりが発生すると，続いてその場所で液状化現象が引き起こされる。

④ 大雨の後は地下に含まれる水の量が増えるため，雨が止んだ後も土砂災害への注意が必要である。

（2023年共通テスト追試験）

①：地震や火山噴火による振動などによって，斜面崩壊や山体の崩壊など土砂災害が発生することがあります。したがって，この選択肢は正しい文です。

②：土石流の記述で，この選択肢は正しい文です。

③：地すべりは大量の土砂がゆっくりと移動する現象で，地震によって発生する液状化現象とは直接関係がありません。したがって，この選択肢は誤った文です。

④：雨が止んでも地盤に大量の水が含まれている状態では，土砂災害が発生する可能性があります。したがって，この選択肢は正しい文です。

よって，答え ③ となります。

THEME 4

地球環境問題

ここできめる!

- 重要な人間活動による地球環境の変化３つをおさえる。
- 地球温暖化：原因物質は，二酸化炭素
- オゾン層破壊：原因物質は，フロン
- 酸性雨：原因物質は，窒素酸化物と硫黄酸化物

1 地球温暖化

1 地球温暖化の原因

図5−24は，1991年～2020年の30年間の地球平均気温を基準にして，各年の地球平均気温がどれだけ差があるかを示したものです。各年の気温の推移を見ていくと，130年間におよそ0.7℃上昇し，とくに1975年以降は上昇の割合が大きくなっているのがわかります。

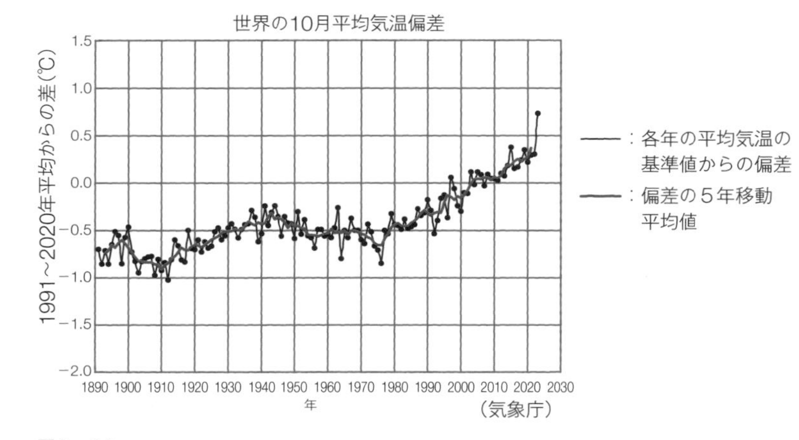

図5−24

なぜ近年になって，温度が上昇したんですか？

それはおもに，**温室効果ガス**の増加が原因といわれています。

温室効果ガスには，**二酸化炭素**（CO_2），**水蒸気**（H_2O），そのほかに**メタン**や**フロン**がありました（p.147）。そのうち二酸化炭素は，燃料を燃やすと発生します。図5－25のように**二酸化炭素濃度は，人間による化石燃料（石炭，石油，天然ガス）の消費が増大するとともに増加**しています。

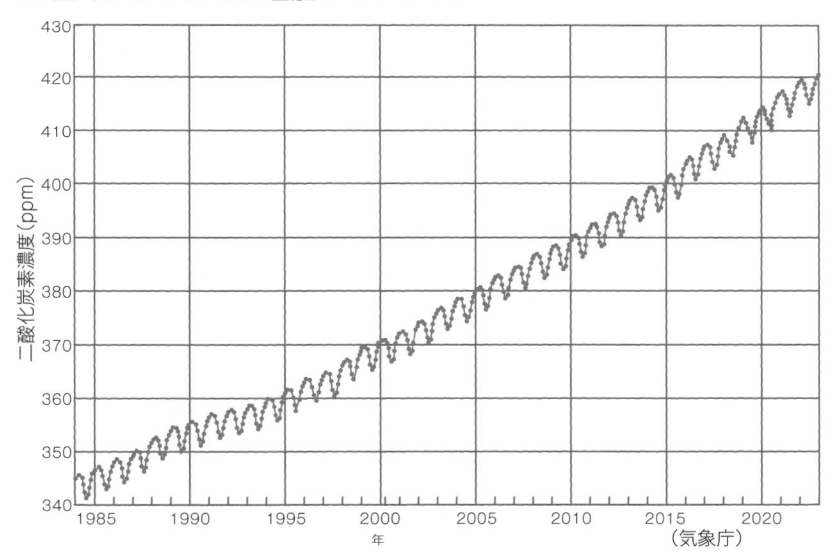

ppmは100万分の1を表すため，2023年の420ppmは0.042％である。
図5－25

図5－25で，二酸化炭素濃度が増加しているのはわかりますが，何でグラフがガタガタしているんですか？

いい質問ですね。

これは，季節の変化による陸上の植物活動を反映しています。春から秋にかけては，日が長くなるため，植物の光合成が活発になり，二酸化炭素の吸収量が大きくなるので，二酸化炭素濃度が減少します。逆に，秋から冬にかけては，日が短くなり，光合成がおさまるため，二酸化炭素濃度が増加しています。

❷ 地球温暖化の影響

●高緯度地域の雪や氷の減少

地表にある**雪や氷は，太陽放射の反射率が高い**です。地球温暖化により，高緯度地域の雪や氷が融(と)けると，太陽放射の反射量が減少するので（p.145），地表が多くの太陽放射を吸収するようになります。すると，気温が上昇して，さらに雪や氷の減少が進みます。

このように最初の環境変化を強める方向に作用するはたらきを，**正のフィードバック**といいます。

正のフィードバックがあるということは，負のフィードバックもあるのですか？

負のフィードバックは，最初の環境変化を弱める方向に作用するはたらきです。例をあげますね。

地球温暖化で気温が上昇→植物の光合成が活発化→二酸化炭素濃度の低下→温室効果の減少→気温の低下

●海水面の上昇

地球温暖化により気温が上昇すると，それにともなって海水温が上昇します。水は温まると膨張する（体積が増える）ので海水面が上昇します。また，気温が上昇すると氷河の融解によって海水量が増加し，標高の低い沿岸地域が水没したり，土壌が塩分を含んだ海水にひたることで作物が育たなくなる塩害が発生したりします。

地球温暖化と海水面の上昇
・海水温の上昇による海水の膨張
・氷河の融解による海水量の増加

●異常気象の増加

規模の大きな台風の増加，局地的な豪雨，干ばつ，異常高温など，異常気象が増加し，人間も含めた動植物への影響などが生じています。

③ 地球温暖化の予測と抑制に向けての取り組み

IPCC（気候変動に関する政府間パネル）とは，地球温暖化に関する発表済の研究を評価する国際的な組織です。二酸化炭素の排出量の減少と化石燃料の代替となるエネルギー源への移行を提唱しています。

地球温暖化については，知識問題としては，温室効果ガスの種類とその影響，考察問題としては，二酸化炭素濃度や気温の長期間の変化のグラフの読み取りが出題されることが多いです。今回は，二酸化炭素濃度の推移についての過去問を解いてみましょう。

過去問にチャレンジ

次の図1は沖縄県の与那国島における大気中の二酸化炭素濃度の変化を表したものである。この15年間の変化傾向のまま二酸化炭素濃度が増加し続けるとすると，2100年の年平均濃度は何ppmになるか。最も適当な数値を，下の①～④のうちから一つ選べ。［　　］ppm

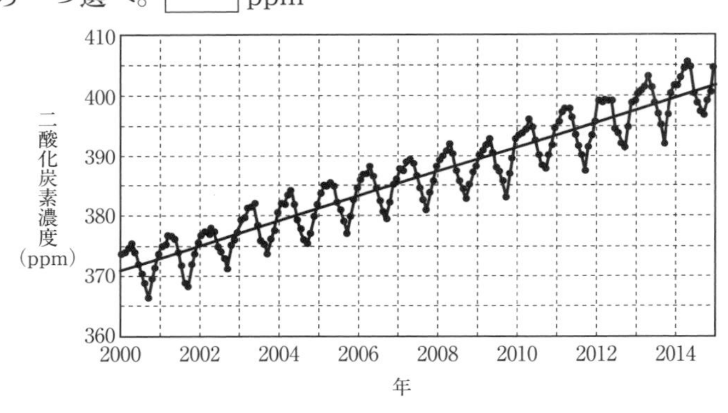

図1　与那国島における2000年1月から2014年12月までの大気中の二酸化炭素濃度の変化
図中の黒点は月平均値，直線は15年間の変化傾向を表す。

①　530　　②　580　　③　630　　④　680

（2020年センター追試験 改題）

直線の傾向から，2000年1月の二酸化炭素濃度は約371 ppm，2015年1月は401 ppmより，2015−2000＝15年間の二酸化炭素濃度の増加量は401−371＝30 ppmです。2015年から2100年の85年間の二酸化炭素濃度の増加量をx〔ppm〕として，2000～2015年のデータと比較する式をつくります。
15年間：30 ppm＝85年間：x〔ppm〕　より，x＝170 ppm
したがって，2100年の二酸化炭素濃度は，401＋170＝571 ppm
より，最も近い数値である **答え ②** となります。

2 オゾン層破壊

① オゾン層破壊の原因

大気圏のうち**成層圏には，オゾンの濃度が高いオゾン層が存在し，太陽放射の紫外線を吸収**しています（p.129）。またオゾン層の形成が生物の陸上進出に重要な役割を果たしました（p.290）。

図5−26のように，1979年と比較して，2022年は南極上空のオゾン濃度が極めて低い領域（**オゾンホール**）が大きくなっていることがわかります。オゾンホールの大きさは1980年以降，年を追うごとに拡大する傾向にありましたが，現在は拡大するスピードは小さくなっています。

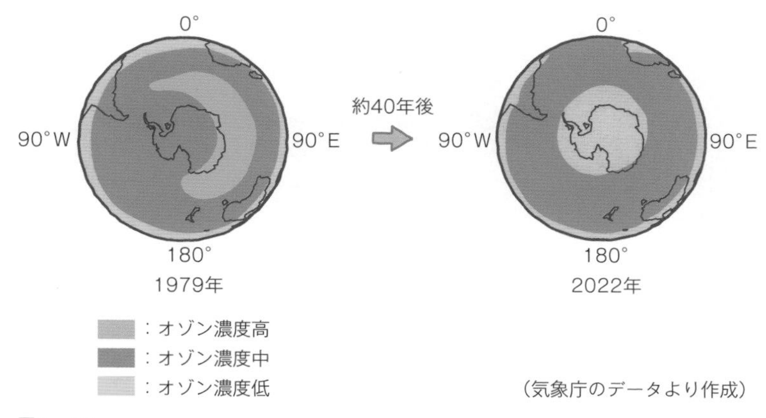

図5−26

何でオゾン層は破壊されたんですか？

フロンという人工の気体が原因です。

フロンは，炭素（C），水素（H），フッ素（F），塩素（Cl）などの化合物で，冷蔵庫やエアコンの冷却剤，スプレー缶の噴射剤，電子機器や精密機械の洗浄剤などに幅広く使われた物質です。

フロンが分解して放出された塩素原子から塩素化合物が生成します。冬の南極（太陽光が当たらない）の成層圏で形成される**極成層圏雲**の表面で，その塩素化合物から塩素分子が生成されます。春の南極の成層圏で太陽光が当たりだすと，塩素分子が紫外線を受けて塩素原子となります。その塩素原子が**図5－27**のように，次々とオゾンを破壊します。

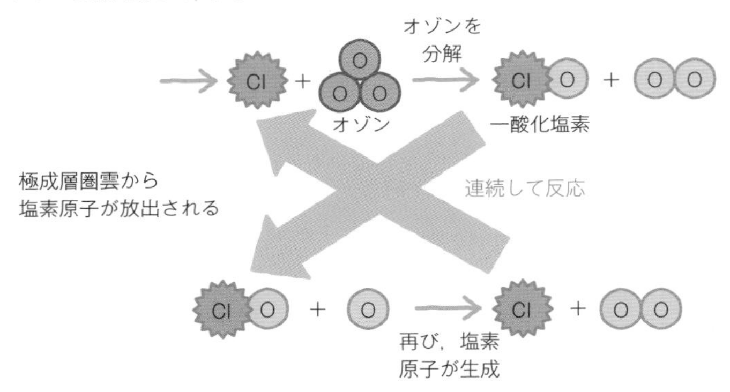

図5－27

オゾン層破壊のしくみをくわしく見てみましょう。フロンが紫外線を受けて，塩素原子（Cl）を放出します。塩素原子がオゾン（O_3）を分解して酸素分子（O_2）と一酸化塩素（ClO）になります。

生じた一酸化塩素（ClO）は，大気中の酸素原子（O）と反応して塩素原子と酸素分子（O_2）になります。生じた塩素原子（Cl）が再びオゾン（O_3）を分解します。こうして塩素原子（Cl）は長期間，大気に残り続け，連鎖的にオゾンが破壊されていきます。

❷ オゾン層破壊の影響

地表に届く有害な紫外線量が増加するため，皮膚がんや白内障の発生率が高くなると考えられており，そのほかにも生態系に重大な影響をもたらす恐れがあります。

❸ オゾン層保護の取り組み

1985年に『ウィーン条約』，1987年に『モントリオール議定書』が採択され，これらに基づいて，**すべての国でフロンなどの物質の規制が行われる**ようになりました。

しかし，面積は減少ぎみであっても図5－26のように2022年にもオゾンホールは発生しています。これは，**オゾンを破壊するフロンは，一度放出されると，フロンやフロンが分解してできた塩素原子を含む化合物が長期間大気中にとどまるため，フロンを全廃してもオゾン層はすぐに回復しない**からです。将来の予測としては，オゾン層の回復には50年以上かかるといわれています。

オゾン層破壊については，成層圏の構造やオゾンの破壊のメカニズム，環境への影響などの知識問題が出題されやすいです。では，オゾンとオゾンホールについての過去問を解いてみましょう。

過去問にチャレンジ

オゾンやオゾンホールに関して述べた文として最も適当なものを，次の①～④のうちから一つ選べ。

① オゾンは，冷蔵庫やエアコンなどの冷媒（れいばい）として使用される気体である。

② オゾンは，太陽からの紫外線を吸収して地表付近の大気を暖めるので，温室効果ガスの一つとみなされている。

③ フロンがほとんど排出されなくなったことによって，オゾンホールの面積は近年急激に減少している。

④ オゾン層は，太陽からの紫外線の作用によるフロンの分解で生じた塩素原子によって破壊される。

（2019年センター追試験）

①：フロンが冷蔵庫やエアコンの冷媒で使用された気体であり，オゾンの破壊の原因物質です。したがって，この選択肢は誤りです。

②：地表付近を暖めるのは，地表からの赤外線を吸収する温室効果ガスが原因です。温室効果ガスは，二酸化炭素，水蒸気，メタンやフロンなどがあります。したがって，この選択肢は誤りです。

③：フロンが排出されなくなっても，フロンや塩素原子を含む化合物が成層圏にとどまり，塩素が生じてオゾンを破壊し続けるため，オゾンホールの面積は急激に減少していません。したがって，この選択肢は誤りです。

④：正しい文なので，答え ④ となります。

3 いろいろな環境問題

① 酸性雨

●酸性雨の原因

雨水は，大気中の二酸化炭素が溶けこんでいるため，弱酸性（pH 5.6程度）です。

pH 5.6以下になるような酸性度が高い雨を酸性雨というんです。その原因は，化石燃料の消費にともない，大気中に放出される**硫黄酸化物**や**窒素酸化物**が雨粒に溶け込むからです。

●酸性雨の影響

図5－28のような工場や自動車などの使用で発生した硫黄酸化物や窒素酸化物により酸性雨となり，土壌（どじょう）や湖沼（こしょう）が酸性化して，**森林や魚貝類に被害**を与えます。また，**建造物の腐食や溶解**も起こります。

図5－28

●酸性雨対策

原因物質が上空の風に乗って，国境を越えて運ばれることもあるため，硫黄酸化物や窒素酸化物の排出規制など，国際的な取り組みが必要です。

❷ 森林破壊と砂漠化

過剰な灌漑(かんがい)や放牧，森林の伐採(ばっさい)（図5－29）によって，砂漠化が進んでいます。灌漑とは，農地に人工的に水を供給することです。

株式会社フォトライブラリー

図5－29

4 地球環境問題

灌漑で水を農地に引き入れるのに，何で砂漠化するんですか？

確かにわかりにくいですね。

植物を新たに育てるためには，水や肥料が大量に必要になります。したがって，過度の灌漑によって地下水などが枯渇(こかつ)し，灌漑地以外の場所で乾燥が進んだり，肥料中や灌漑用に使用された水の中に含まれていた塩類（p.180）が土壌に残って塩害となり，植物が生育できない土地になるなどして，砂漠化が進みます。

❸ そのほかの環境問題

●水の汚染

地球上の水の中で淡水は3%以下で，そのうち人間が利用しやすい水の量は，湖や河川に限られていて，非常に少ないんです。それにも関わらず，湖や河川には，人口増加や急激な都市化によって，工場や家庭などから排水が流れ込み，魚貝類が減少したり飲料水の安全が脅(おびや)かされたりしています。

●大気の汚染

自動車の増加や工業化による有害物質の排出によって，呼吸器などに障害が発生します。

●都市気候

人口の集中により，都市部の気温が周辺と比べて上昇するヒートアイランド現象が起きています。また，都市化によって洪水が発生しやすくなっています。

どうして都市化をすると，洪水が多くなるんですか？

都会は人工物がたくさんあることが原因です。

都市には植物や土壌が露出している場所が少なく，そのかわりにアスファルトやコンクリートで覆われています。これらは土壌と比べて水を吸収する能力が小さい（保水力が乏しい）です。ヒートアイランド現象の影響によって低気圧ができやすくなり，大雨が降ることが多くなると，水が行き場を失って洪水が発生しやすくなります。

4 地球環境の変動と時間・空間スケール

地球は46億年前に誕生し現在までの時間経過の中で，いろいろな地学的な現象が起こって，地球の環境はどんどん変化していきました。そこで，代表的な地学的な現象が継続する時間（時間スケール）と，その大きさ(空間スケール)の関係を**図5−30**で示しました。時間スケールは，最大で地球の歴史の46億年＝46×10^8年，空間スケールは，最大で地球一周の長さの4万km＝4.0×10^4 kmを表します。

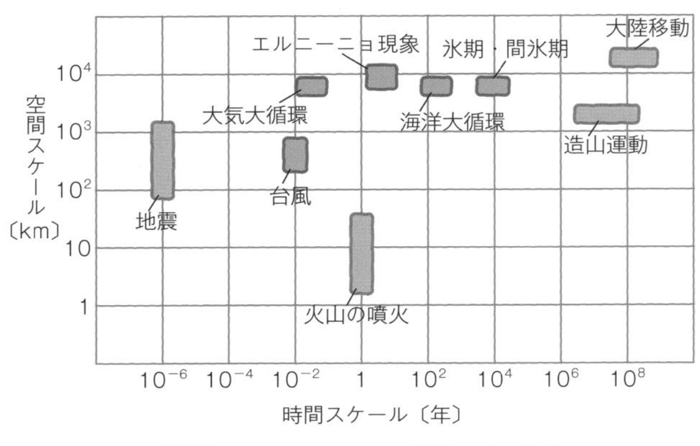

図5−30　地球環境の空間・時間スケール

今一つイメージがつかめません。

では，地震とエルニーニョ現象を例にあげて説明しますね。

地震は揺れの時間は短く，およそ10^{-6}年≒30秒単位です。その広がりは100～1000 kmくらいです。エルニーニョ現象の継続期間は1年くらい，広がりは太平洋赤道域で，1万kmくらいです。

地球環境問題については，大気と海洋の分野を関連させた総合問題が出題されることがあります。今回は人間活動と自然現象の違いを考える共通テストの過去問を解いてみましょう。

過去問にチャレンジ

人間活動の影響ではなく，自然現象であると考えられている現象を記述した文として最も適当なものを，次の①～④のうちから一つ選べ。

① 1900年代の半ば以降，地球全体の平均気温はそれまでに比べて急激な上昇を示しており，氷河の後退や海面の上昇が起こっている。

② 近年，南極上空でオゾン濃度の著しく低い部分が生じ，地上に到達する紫外線が増加している。

③ 窒素酸化物などが溶け込んだ酸性度の高い雨が降ることによって，世界各地の植生や建造物に大きな影響を与えている。

④ 太平洋赤道域の東寄りの海域で，数年に一度海面水温が高くなり，それに対応して降雨の分布が変化するという現象が起こっている。

(2015年センター本試験)

①：化石燃料の使用による地球温暖化についての記述です。したがって，この選択肢は人間活動の影響です。

②：フロンによるオゾン層破壊についての記述です。したがって，この選択肢は人間活動の影響です。

③：化石燃料の使用による酸性雨についての記述です。したがって，この選択肢は人間活動の影響です。

④：エルニーニョ現象に関する記述で，これが自然現象にあたります。したがって，**答え ④**となります。

地球の歴史年表

年代	地質年代		動物		
260万	新生代	第四紀	哺乳類・鳥類	マンモス・ナウマンゾウ	新人 旧人
2300万		新第三紀		人類の誕生	原人 猿人
				デスモスチルス・ビカリア	
6600万		古第三紀		カヘイ石(ヌンムリテス)	
	中生代	白亜紀	爬虫類		アンモナイト トリゴニア イノセラムス
		ジュラ紀		恐竜の繁栄・鳥類の出現	
2.5億		三畳紀		恐竜の出現・哺乳類の出現	
	古生代	ペルム紀	両生類		フズリナ
		石炭紀		爬虫類の出現・単弓類の出現	
		デボン紀	魚類	魚類の繁栄・両生類の出現	三葉虫
		シルル紀			
		オルドビス紀	無脊椎動物	無脊椎動物の陸上進出 フデイシ	
5.4億		カンブリア紀		魚類の出現 バージェス動物群	
25億	先カンブリア時代	原生代		エディアカラ生物群	
40億		太古代			
46億		冥王代			

	植物	できごと
被子植物		氷河時代（氷期と間氷期の繰り返し）
		モンスーン気候の成立
		ヒマラヤ山脈の形成
	被子植物の繁栄	大量絶滅
裸子植物		石油の形成
		大量絶滅
		超大陸パンゲアの分裂
シダ植物		大量絶滅 超大陸パンゲアの形成
	ロボク・リンボク・フウインボク	石炭の形成 酸素濃度の増加
	裸子植物の出現	大量絶滅
	シダ植物の出現 クックソニア（最古の陸上植物の化石）	↑
藻類		大量絶滅　オゾン層の形成
		↑
	真核生物	全球凍結 縞状鉄鉱層・全球凍結
	シアノバクテリア 原核生物	酸素の発生 最古の岩石（40億年前）・最古の化石（35億年前）
		マグマオーシャン

index

さくいん

き

く

け

こ

さ

し

す

せ

そ

た

ち

つ

て

と

な

に

ぬ

ね

は

ひ

ふ

へ

ほ

ま

み

む

め

も

ゆ

よ

［著者］

田島 一成　Kazunari Tajima

地学大好きな，河合塾地学科講師。目で見て肌で感じたことを，わかりやすい言葉で受験生に伝えている。また，共通テスト模試の作成にも長年携わる受験地学のエキスパートである。大学やNPOでも教鞭をとり地学を教えている。地球を楽しむ「地楽」をモットーに野山を日々駆けまわっている。

きめる！　共通テスト　地学基礎　改訂版

監　　　修	岡口雅子
カバーデザイン	野条友史（buku）
カバーイラスト	九島優
本文デザイン	宮嶋章文
本文イラスト	ハザマチヒロ
図 版 作 成	田島一成，有限会社 熊アート
標 本 提 供	株式会社 東京サイエンス
写 真 提 供	株式会社 アフロ，株式会社 フォトライブラリー，ピクスタ株式会社，イメージナビ株式会社，神奈川県立生命の星・地球博物館，群馬大学教育学部　早川由紀夫研究室，国立天文台，気象庁，成相俊之，NASA
編　　　集	竹本和生
校　　　正	株式会社 メビウス，須郷和恵，林千珠子
データ作成	株式会社 四国写研
印　刷　所	株式会社 リーブルテック
編 集 担 当	荒木七海

読者アンケートご協力のお願い
※アンケートは予告なく終了する場合がございます。

この度は弊社商品をお買い上げいただき，誠にありがとうございます。本書に関するアンケートにご協力ください。右のQR コードから，アンケートフォームにアクセスすることができます。ご協力いただいた方のなかから抽選でギフト券（500 円分）をプレゼントさせていただきます。

アンケート番号：　305807

Gakken

きめる! KIMERU SERIES

［別冊］

地学基礎
Basic Geoscience

直前まで役立つ!
完全対策BOOK

この別冊は取り外せます。矢印の方向にゆっくり引っぱってください。

きめる! KIMERU SERIES

別冊の特長

別冊では，共通テストの概要と，各SECTIONの分析と対策を掲載しています。また，本冊で扱った内容のうち，とくに重要なポイントを要点集としてまとめています。取り外して持ち運ぶことができるので，すきま時間を利用した知識の整理や，模擬試験・共通テスト本番直前の確認などに活用してください。

もくじ

知っておきたい共通テストの形式

試験概要

問題選択	物理基礎／化学基礎／生物基礎／地学基礎から２科目選択
日程	１月中旬の土日に実施　　理科①は２日目の９：30～10：30
時間	２科目合わせて60分　時間配分は自由
配点	各50点の計100点満点

理科①について

共通テストの理科①では，**物理基礎／化学基礎／生物基礎／地学基礎**の**４つのうちから２科目を選び**ます。解答用紙に選択科目をマークする欄があるので，解く科目のマークを間違えないように気をつけてください。

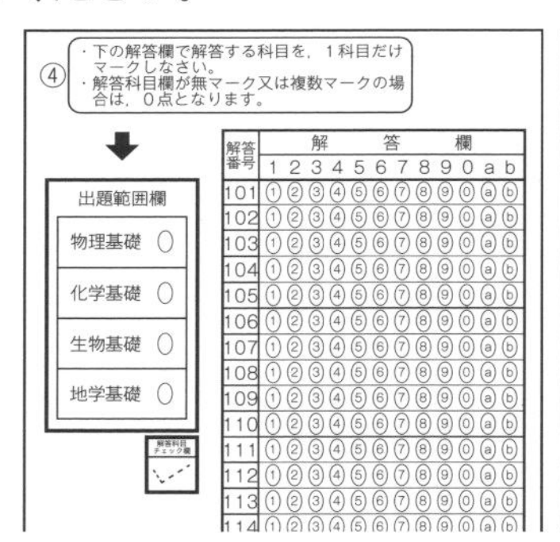

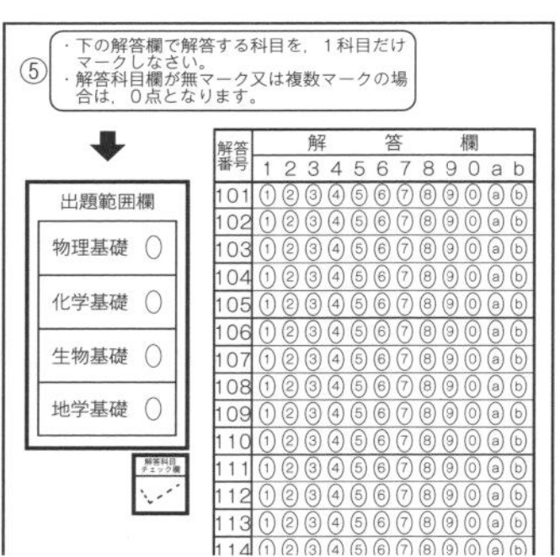

要check!　**解答用紙の選択科目のマークに注意する**

試験時間

解く順番の指定はありません。**２科目で合計60分間**を使えます。地学基礎を20分間，生物基礎を40分間のように，時間配分は自由です。

地学基礎について

出題範囲

地学基礎は，「地球とその活動」，「大気と海洋」，「宇宙と太陽系」，「地表の変化と古生物の変遷」，「地球の環境」の５分野から構成されています。どの分野からも出題されるので，抜け漏れのないように対策しましょう。

出題傾向と対策

地学基礎では，知識問題と思考問題の両方が出題されます。

知識問題については，まずは地学用語や地学現象を正確に覚えて理解していきましょう。加えて，過去問を解く際には，各選択肢の文章について，誤った部分を正しいものに置き換えることができるようにトレーニングするとよいでしょう。

要check!

知識問題の対策
- **用語や現象を正確に覚えて，理解する**
- **選択肢の誤った部分を正しく置き換えられるようにする**

思考問題では，覚えた基本公式や重要事項を正しく運用することが求められます。過去問を解きながら慣れていきましょう。また，図やグラフ使った問題も多く出題されるため，地学現象が起こる原理を図やグラフを用いて理解することも大切です。

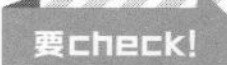

思考問題の対策
- **基本公式や重要事項を正確に運用できるようにする**
- **地学現象が起こる原理を図やグラフを利用して理解する**

SECTION別「分析」と「対策」

SECTION 1 で学ぶこと

地球とその活動

地球の形や測定方法に関する問題が頻出！プレート運動や火成岩に関する知識もおさえておきましょう。

各THEMEの必修ポイント

1 地球の形と大きさ

・地球の形が球として認識された3つの証拠
・エラトステネスによる地球の大きさの測定方法
・地球楕円体の形状の特徴と，測定方法

2 地球の内部構造

・地表から地殻・マントル・外核・内核の境界までの深さ
・各層を構成する物質や化学組成

3 プレートの運動

・3種類のプレート境界でのプレートの動きかたと地形の特徴の違い
・プレートの移動方向と，移動速度の求めかた
・世界のプレート分布と地震分布の関係

4 地震

・正断層，逆断層，横ずれ断層の地盤の動き
・震源距離の求めかた（大森公式）
・3つの観測点の震源距離から震源の位置を決定する方法
・マグニチュードと震度の違い
・日本列島で起こる3つのタイプの地震の特徴

5　火山と火成岩

・火山噴火のメカニズムと火山の特徴
・世界のプレート分布と火山分布の関係
・鉱物や火成岩の名称と特徴

頻出用語と解きかたのコツ

・地球の全周：約4万km
・地球の全周x〔km〕の測定法：弧の長さl〔km〕と中心角$\theta°$の比例式から求める

$\theta°$：l〔km〕＝360°：x〔km〕　より，

$$x=\frac{360l}{\theta}$$

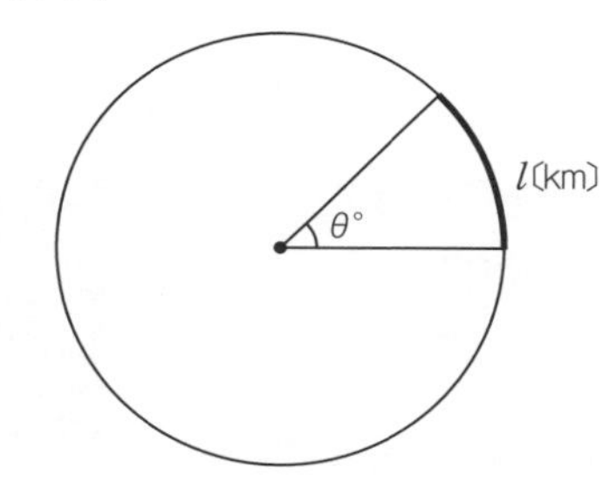

・大森公式：$D=kT$
（D：震源距離，T：初期微動継続時間，k：比例定数）
・マグニチュード：地震によって放出されるエネルギーの大きさであり，1大きくなるとエネルギーは約32倍，2大きくなると1000倍になる
・震度：揺れの強さの強度であり，0～7の10階級
・岩石の密度：密度〔g/cm^3〕＝岩石の質量〔g〕÷岩石の体積〔cm^3〕

知識問題だけでなく，計算問題もよく出題される単元です。どちらにも対応できるよう対策していきましょう！

SECTION 2で学ぶこと

大気と海洋

エネルギー収支や飽和水蒸気量の計算問題がよく出題されます。大気の大循環や低気圧に関する知識もしっかり覚えましょう。

各THEMEの必修ポイント

1　大気の構造

・大気の組成

・地表から対流圏・成層圏・中間圏・熱圏の境界までの高さ

図1　株式会社フォトライブラリー

図2　イメージナビ株式会社

図3　イメージナビ株式会社

図1：エベレスト（高度8848 m）は対流圏，図2・3：流星の発光（高度約100 km）や国際宇宙ステーションが存在する（高度約400 kmくらい）のは熱圏

2　地球のエネルギー収支

・太陽放射と地球放射の違い

・エネルギー収支の計算方法

・温室効果の原理

3　地球表層の水と雲の形成

・飽和水蒸気量と湿度の関係

・低気圧と高気圧の特徴

4　大気の大循環

・低緯度，中緯度，高緯度の風の特徴

・温帯低気圧と熱帯低気圧の違い

5　海水の運動

・海水の塩類組成と塩分
・海洋の鉛直構造（表層混合層，水温躍層，深層）の特徴
・海流が流れる原理
・海水の深層循環の特徴

頻出用語と解きかたのコツ

・大気の組成：窒素（N_2）：酸素（O_2）＝4：1
※二酸化炭素（CO_2）は0.04％で徐々に増加している
・エネルギー収支の計算：
吸収するエネルギーの合計＝放出するエネルギーの合計
・飽和水蒸気量のグラフの見かた
①相対湿度の計算：A点の相対湿度h〔％〕，T〔℃〕の飽和水蒸気量P〔g/m³〕，T〔℃〕の水蒸気量Q〔g/m³〕とすると，

$$\frac{Q}{P}\times 100 = h$$

②露点：水蒸気から水滴が生じ始める温度
A点の露点はt〔℃〕

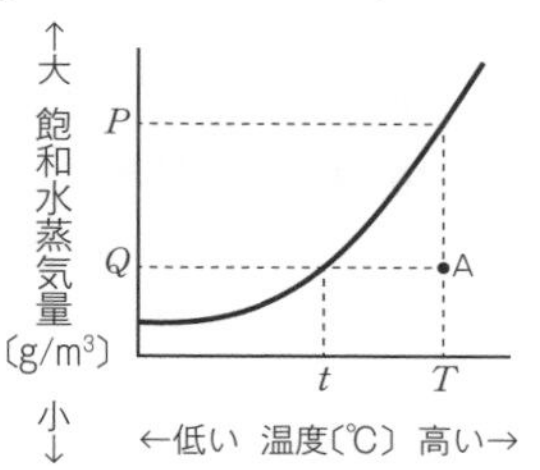

・海水の塩分：3.5％＝35‰（パーミル）
海水1000 g中に塩類は35 g含まれている
・海水の塩類組成：塩化ナトリウム（NaCl）＞塩化マグネシウム（$MgCl_2$）

計算問題は慣れが大切です。本書に掲載されている過去問を使って対策していきましょう。

SECTION 3で学ぶこと

宇宙と太陽系

知識問題の出題が多い単元です。宇宙の始まりの元素変化や銀河系の特徴，太陽のエネルギー源や表面の様子などをおさえましょう。

各THEMEの必修ポイント

1 宇宙の誕生と宇宙の姿

- 宇宙の元素の作られかた
- 宇宙の始まりから現在の姿になるまでの進化の過程
- 銀河系の3つの構造と大きさ

2 太陽の誕生

- 太陽の誕生から現在の姿になるまでの進化の過程
- 太陽の大きさ，表面の特徴および，エネルギー源
- 太陽の自転周期の求めかた

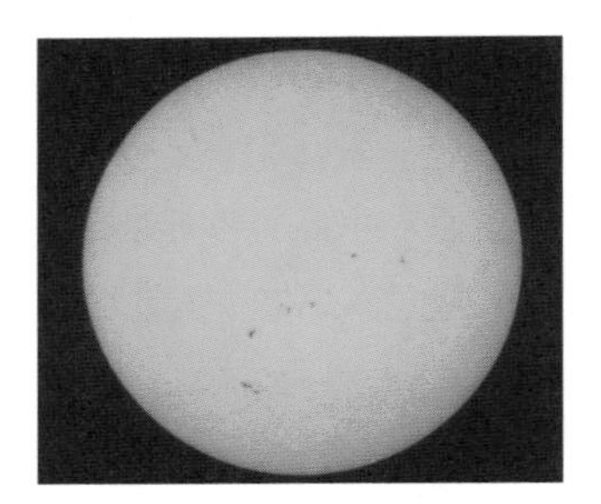

太陽　イメージナビ株式会社

3 太陽系の天体と誕生

- 太陽系の誕生と現在の姿になるまでの進化の過程
- 地球型惑星と木星型惑星の違い
- 各惑星の特徴
- 衛星や小惑星，彗星などの特徴

月　イメージナビ株式会社

頻出用語と解きかたのコツ

・ビッグバン：138億年前に起こり，水素やヘリウムが生成された
・銀河系：バルジ，円盤部，ハローの3つの領域に分かれる
・等級：星の明るさのめやすで小さいほど明るい
　明るさは1等級差で約2.5倍，5等級差で100倍
・距離：1天文単位は太陽－地球間の平均距離，1光年は光が1年間に進む距離
　例）海王星の平均距離：30天文単位
　　　銀河系の直径：15万光年
・太陽の自転周期：黒点の動きから推定する
・地球型惑星：水星，金星，地球，火星
　おもに表層に岩石，深部に金属が分布する
・木星型惑星：木星，土星，天王星，海王星
　表層に水素やヘリウム，深部に岩石や氷が分布する
・小惑星：おもに火星と木星の軌道の間に分布
・太陽系外縁天体：海王星軌道の外側に分布

金星　イメージナビ株式会社

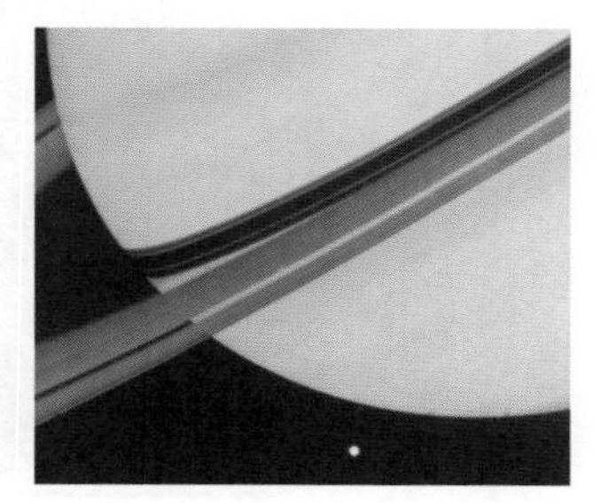
土星　イメージナビ株式会社

地球型惑星と木星型惑星の違いを問う問題は頻出です。正確に知識を身につけていきましょう。

SECTION 4 で学ぶこと

地表の変化と古生物の変遷

図を利用した問題が頻出！　流速と粒径の関係図や地層の対比，地質断面図など，いろいろな図の読み取りかたをおさえましょう。

各THEMEの必修ポイント

1　堆積岩と地層の形成

・風化の原理（物理的風化と化学的風化）
・流速と砕屑物の侵食・運搬・堆積の関係
・堆積岩の名称と特徴

2　地殻変動と変成岩

・変成岩の名称と特徴
・火成岩・堆積岩・変成岩の循環

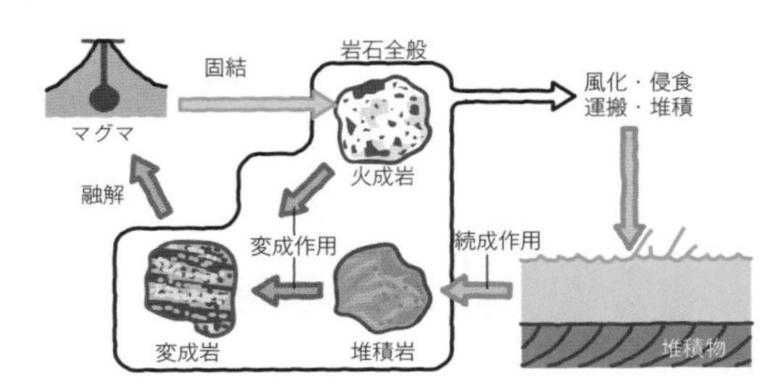

岩石の循環

・地層どうしの関係（整合，不整合）
・堆積構造（級化層理，クロスラミナなど）

3　地質年代の区分

・化石の種類（示準化石，示相化石など）
・地質断面図による新旧関係の読み取り
・地質柱状図による地層の対比の読み取り

4 古生物の変遷

・先カンブリア時代，古生代，中生代，新生代の年代やできごと
・大気の成分や気温などの地球環境の変化

頻出用語と解きかたのコツ

・流速と粒径の関係図：侵食・運搬・堆積領域の関係を読み取る
・不整合：形成される過程と判別方法を把握する
・地質断面図：断層・不整合・貫入・示準化石などから時代の新旧関係を読み取る
・地質柱状図：示準化石や火山灰層の分布から，地層を対比する。

例）

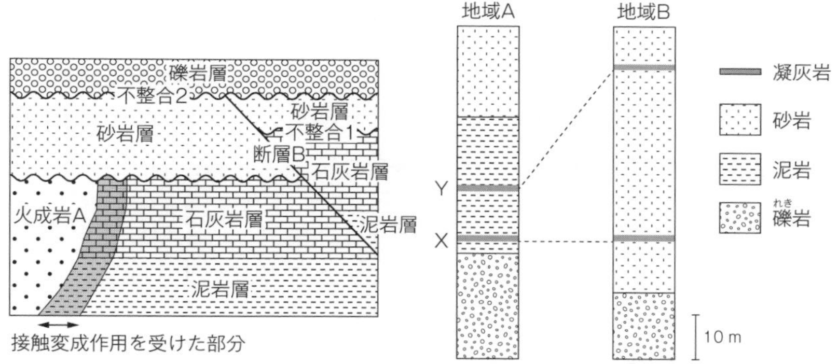

図1　ある地域の地質断面の模式図
地質断面図
（2020年共通テスト追試験）

図2　地域Aと地域Bの地層の柱状図
地質柱状図
（2023年共通テスト本試験）

・地球の誕生：約46億年前
・地質年代：先カンブリア時代（46億～5.4億年前），古生代（5.4億～2.5億年前），中生代（2.5億～6600万年前），新生代（6600万年前～現在）

堆積岩，地球の歴史に関係した知識問題も頻出です。
きちんと理解して覚えるようにしてくださいね。

SECTION 5 で学ぶこと

地球の環境

天気図や平均気温の経年変化を示すグラフの読み取りがよく問われます。図の読み取りに慣れておきましょう。

各THEMEの必修ポイント

1 大気と海洋の相互作用

・水循環の収支
・エルニーニョ現象とラニーニャ現象

2 日本の天気

・日本の春夏秋冬の天気図からの気象状況の読み取り
・低気圧，高気圧の等圧線の向きからの風向の読み取り

3 日本の自然災害

・溶岩流，火砕流，火山泥流，火山灰の降下などの火山災害
・液状化現象，津波などの地震災害
・高潮，強風，大雨，洪水など気象災害
・緊急地震速報，ハザードマップに関連する防災・減災

4 地球環境問題

・地球温暖化・酸性雨・オゾン層破壊の原因物質，その影響と対策
・水汚染，大気汚染，ヒートアイランドなどの環境問題
・環境や災害に関する時間的，空間的なスケール（新傾向）
・正のフィードバックと負のフィードバック（新傾向）

頻出用語と解きかたのコツ

・天気図：日本の天気図を見て，天気の変化を読み取る

例）台風は，はじめは北上し，その後，日本付近の上空を吹く風の影響で，西から東に向かって移動する（d→c→b→a）

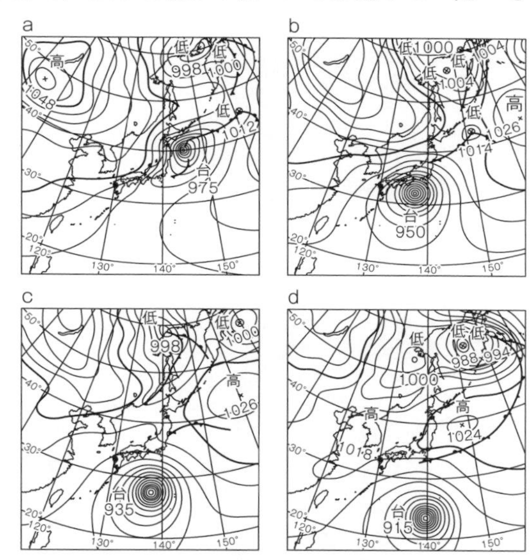

図1　台風が日本に接近した際の，順不同に並べた連続する4日分の天気図

（2024年共通テスト本試験）

・低気圧や高気圧の移動速度：速度v〔km/時〕，時間T〔時間〕，距離L〔km〕とすると，

$$v=\frac{L}{T}$$

・地球環境問題：経年変化のグラフを読み取る

メディアなどを通して環境問題に関する知識を深める

・ハザードマップ：自分が住んでいる地域のハザードマップのチェックを行い，見かたに慣れておく

自然災害や地球環境問題では，身近な題材が多いです。メディアを利用して知識を深めることが大切です。

きめる!
KIMERU SERIES
読むだけで点数アップ!
地学基礎要点集

SECTION 1
地球とその活動

1．大昔の人が地球の形を推定した手段としては，船が海上から陸地に近づくとき山の[ア]から見え始める，[イ]のときの影の形，南北に移動すると北極星の[ウ]が異なることなどがある。

1．ア 山頂
イ 月食
ウ 高度

2．紀元前230年ころに[ア]は，二地点間の距離と二地点の太陽の[イ]の差を利用して，地球の全周の長さを求めた。

2．ア エラトステネス
イ 南中高度

3．地表面上における緯度差$x°$に対する子午線の弧の長さを，低緯度と高緯度で比較すると，高緯度のほうが低緯度よりも[ア]い。

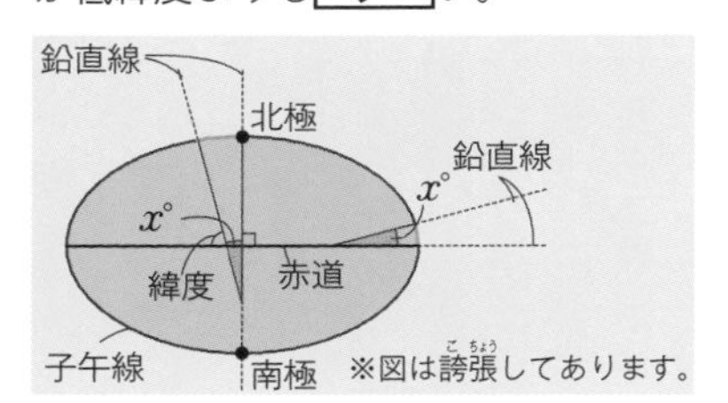

3．ア 長

4．地球の形と大きさに最も近い回転楕円体を[ア]とよび，地球の平均半径は約[イ]kmである。赤道半径をa，極半径をbとすると偏平率は[ウ]と表せ，地球の偏平率は約[エ]である。

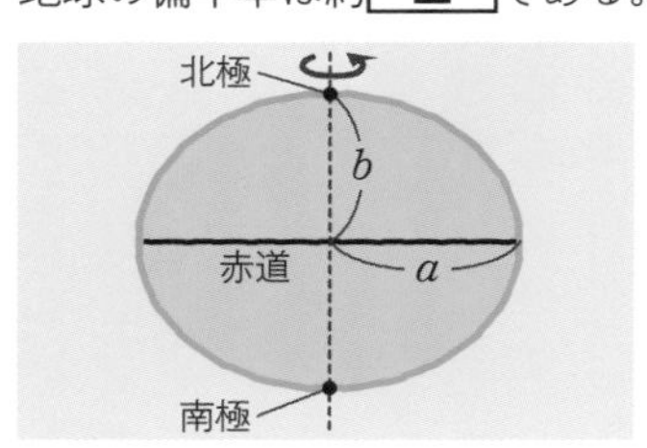

4．ア 地球楕円体
イ 6400
ウ $\frac{a-b}{a}$
エ $\frac{1}{298}$ $\left(\frac{1}{300}\right)$

5. 海と陸の面積比は［ア］で，陸地では高度［イ］m，海底では水深［ウ］mに広い面積が存在する。

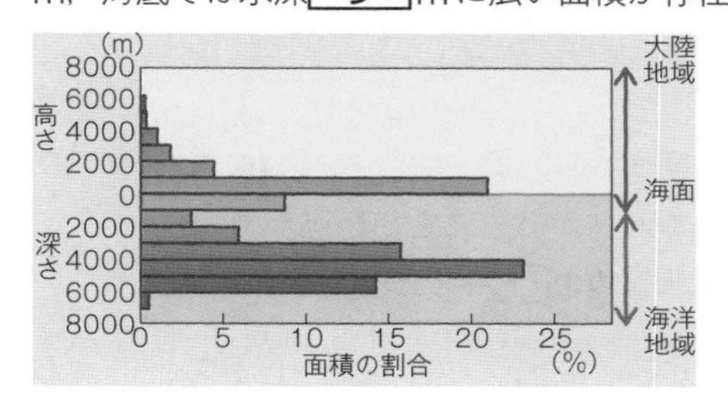

5. ア 7：3
イ 0～1000
ウ 4000～5000

6. 地球内部は層構造をなしており，構成物質の違いによって，表面から［ア］，［イ］，［ウ］の3層に区分される。［ウ］は液体の［エ］と固体の［オ］に分かれる。

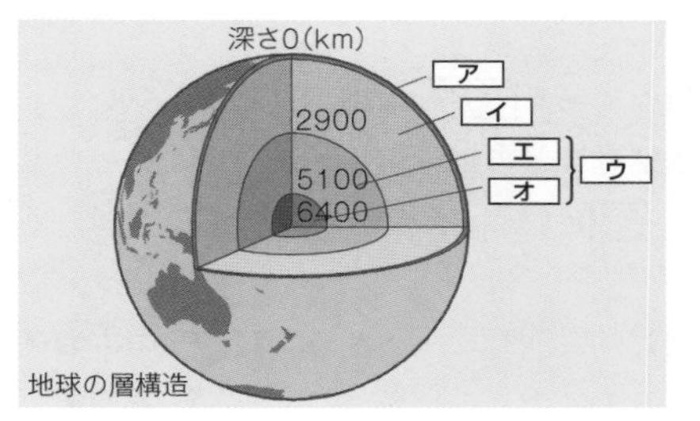

地球の層構造

6. ア 地殻
イ マントル
ウ 核
エ 外核
オ 内核

7. 地殻の構成元素は，多い順に［ア］，［イ］，［ウ］，Feである。また，大陸地殻の上部は［エ］質岩石，下部は［オ］質岩石，海洋地殻は［カ］質岩石から構成されている。大陸地殻の厚さは，海洋地殻よりも［キ］い。

7. ア O
イ Si
ウ Al
エ 花こう岩
オ 玄武岩
カ 玄武岩
キ 厚

8. マントルは地殻の下層にあり，深さ約［ア］kmまでの領域である。マントルは構成する岩石の違いから，上部マントルと下部マントルに区分されており，その境界までの深さは約［イ］kmである。上部マントルは［ウ］質岩石から構成されている。

8. ア 2900
イ 660
ウ かんらん岩

9. 核は外核と内核に区分されており，その境界までの深さは約［ア］kmである。核のおもな構成元素は［イ］である。

9. ア 5100
イ Fe（鉄）

10. 地球表層部は硬さ（流動のしやすさ）の違いによって，硬い領域である［ア］と，やわらかい領域である［イ］に区分される。［ア］は十数枚の［ウ］に分割されている。

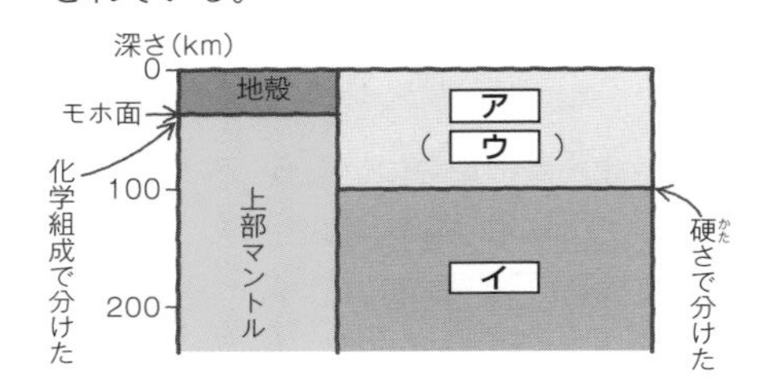

10. ア リソスフェア
イ アセノスフェア
ウ プレート

11. 地球表面を覆う十数枚の硬い岩盤である［ア］の相対的な運動によって，地震や火山活動などの地学現象を統一的に説明する考えかたを［イ］という。

11. ア プレート
イ プレートテクトニクス

12. プレート境界は，プレートの相対的な運動によって特有の地形が形成される。プレートの拡大する境界には海底に［ア］，陸上に［イ］が形成される。プレートの収束する境界には，海底に［ウ］や［エ］，陸上に［オ］や［カ］，プレートのすれ違う境界には［キ］が形成される。

12. ア 中央海嶺
イ 地溝帯
ウ・エ 海溝，トラフ
オ・カ 島弧，大山脈
キ トランスフォーム断層

13. 地下深部に固定されたマグマ源を［ア］とよび，ハワイ島は［ア］の直上に形成された火山島である。ハワイ島から続く火山島や海山の形成された年代は，ハワイ島から離れるほど［イ］くなる。［ア］から続く火山島や海山の並ぶ方向から，［ウ］の過去の移動方向がわかる。

13. ア ホットスポット
イ 古
ウ プレート

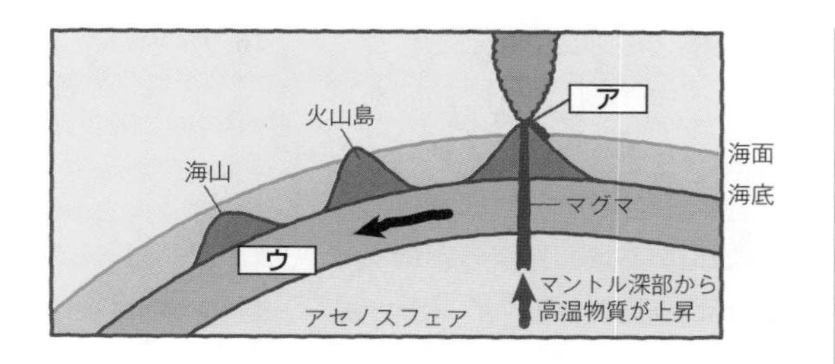

14. マントル運動について，大規模な柱状の上昇流を［ア］とよび，高温で密度の［イ］部分が上昇流を形成する。［ア］が地表付近に達する場所ではハワイ島のような［ウ］が形成され，火山が形成される。

14. ア プルーム
イ 小さい
ウ ホットスポット

15. 上盤が下盤に対して相対的にずり下がっている断層を［ア］とよび，地盤に［イ］力がはたらいて形成される。上盤が下盤に対して相対的にずり上がっている断層を［ウ］とよび，地盤に［エ］力がはたらいて形成される。また，水平方向にずれている断層を［オ］とよぶ。

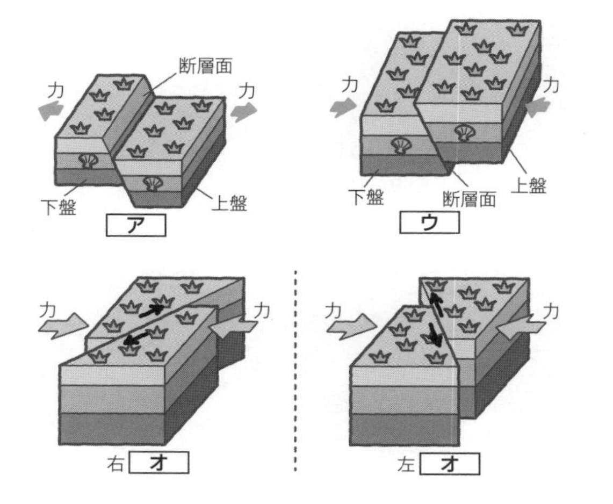

15. ア 正断層
イ 伸張
ウ 逆断層
エ 圧縮
オ 横ずれ断層

16. 本震後，本震が起こった周辺の地域で起こる小さな地震を［ア］とよび，その分布から［イ］の範囲を知ることができる。

16. ア 余震
イ 震源断層

17. 地震が発生したとき，岩盤の破壊が始まった地下の点を［ア］，［ア］の真上の地表の点を［イ］とよぶ。

17. ア 震源
イ 震央

18. P波とS波の到着時間の差を［ア］という。震源が浅い地震の場合，初期微動継続時間をT〔秒〕，震源距離をD〔km〕，比例定数をk〔km/秒〕とすると，大森公式は［イ］と表され，DとTは［ウ］する。

18. ア 初期微動継続時間
イ $D=kT$
ウ 比例

19. 震央の位置を決定するには，最低［ア］か所の観測地点で［イ］を求める必要がある。それぞれの地点で［イ］を半径とする円を描き，その［ウ］の交点が震央となる。

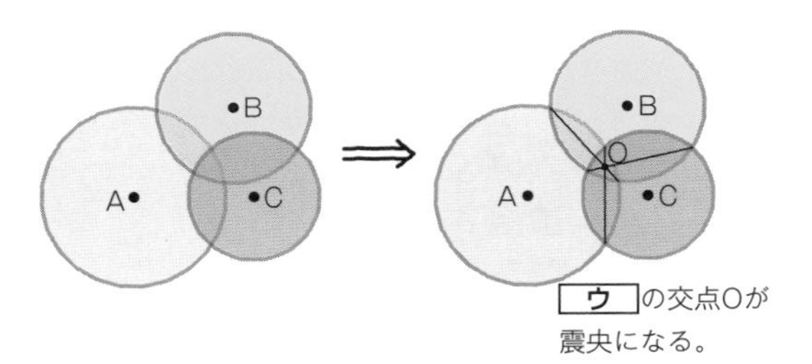

［ウ］の交点Oが震央になる。

19. ア 3
イ 震源距離
ウ 共通の弦

20. 各地点での地震の揺れの強さを［ア］で表し，日本では，［イ］階級に区分されている。地震の規模を表す数値を［ウ］という。［ウ］は地震の放出するエネルギーと関係があり，［ウ］が2大きくなると，地震の放出したエネルギーは［エ］倍，1大きくなると約［オ］倍になる。

20. ア 震度
イ 10
ウ マグニチュード
エ 1000
オ 32

21. 日本列島付近には[ア]枚のプレートが分布しており，日本海溝では海洋プレートである[イ]プレートが大陸プレートである[ウ]プレートの下に沈み込み，南海トラフでは海洋プレートである[エ]プレートが大陸プレートである[オ]プレートの下に沈み込んでいる。

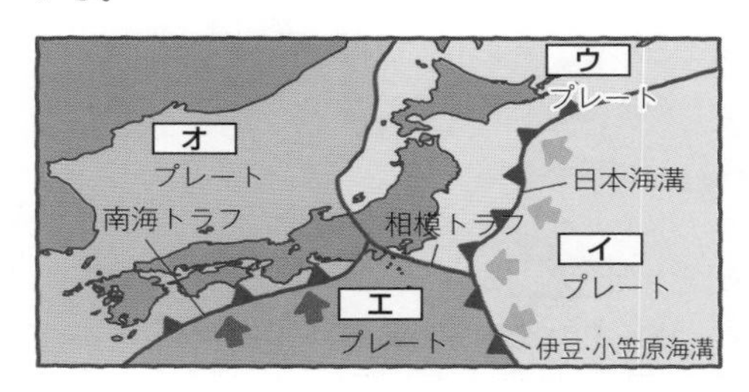

21. ア 4
イ 太平洋
ウ 北アメリカ
エ フィリピン海
オ ユーラシア

22. 日本列島のようなプレートが収束する境界では，震源の深さが100 kmを超える[ア]地震が発生し，震源の深さは太平洋側から日本海側に向かって[イ]くなる。海溝付近ではマグニチュードが8を超えるような[ウ]地震がくり返し発生する。日本列島全体に発生する震源の[エ]い地震は，内陸地殻内地震といい，[オ]断層が活動して起こることが多い。

22. ア 深発
イ 深
ウ プレート境界
エ 浅
オ 活

23. 火山ガスの主成分は[ア]である。火山砕屑物は粒径によって小さい順に[イ]，火山礫，火山岩塊に分類されている。また，マグマが地表に流れ出たものを[ウ]という。

23. ア 水蒸気
イ 火山灰
ウ 溶岩

24. SiO_2質量%が少ないマグマの粘性は［ア］く，大量の溶岩を流し出し，ハワイ島の火山のような傾斜が緩やかな［イ］火山が形成される。SiO_2質量%が多くなると溶岩と火山砕屑物をくり返し噴出して，富士山のような円錐形の［ウ］火山が形成される。さらにマグマの粘性が高くなると昭和新山のような，ドーム状に盛り上がった［エ］が形成される。また，大規模な噴火によって山体が陥没してくぼ地ができることがある。これを［オ］という。

24. ア 低
イ 盾状
ウ 成層
エ 溶岩ドーム
オ カルデラ

25. 原子が規則正しく配列した固体を［ア］といい，鉱物のほとんどは［ア］である。岩石をつくっている造岩鉱物の大部分は，O原子［イ］個とSi原子［ウ］個が結びついた［エ］のつながりが基本骨格となって，規則正しく配列し，結晶をつくっている。

25. ア 結晶
イ 4
ウ 1
エ SiO_4四面体

26. 火成岩の造岩鉱物のうち，斜長石，カリ長石，石英は，無色透明または白っぽい色をしており，［ア］鉱物とよばれる。かんらん石，輝石，角閃石，黒雲母は黒っぽい色をしており，［イ］鉱物とよばれおり，元素として［ウ］や［エ］を含んでいる。

26. ア 無色
イ 有色
ウ·エ Fe, Mg

27. 火成岩の造岩鉱物のうち，SiO_4四面体が独立して配列している鉱物は［ア］，酸素原子を2個共有してSiO_4四面体が鎖状に結合している鉱物は［イ］，酸素原子を2個または3個共有してSiO_4四面体が鎖状に結合している鉱物は［ウ］，酸素原子を3個共有してSiO_4四面体が平面的な網目状に結合している鉱物は［エ］，酸素原子を4個共有してSiO_4四面体が立体的な網目状に結合している鉱物は［オ］や［カ］である。

27. ア かんらん石
イ 輝石
ウ 角閃石
エ 黒雲母
オ 長石類（斜長石，カリ長石）
カ 石英

結晶ができる温度	← 高い			低い →
鉱物名	ア	イ	ウ	エ
SiO4四面体の結合様式				
特徴	各四面体は互いに結びついていない。	各四面体は2個の酸素原子を共有している。	各四面体は2個または，3個の酸素原子を共有している。	各四面体は3個の酸素原子を共有している。

：SiO_4四面体（▲で表記）　◉：金属イオン（Mg^{2+}，Fe^{2+}など）

28. マグマが地下深部で[ア]されてできた深成岩は[イ]組織，マグマが地表付近で[ウ]されてできた火山岩は[エ]組織を示す。[エ]組織は，大きな結晶の[オ]とガラスや小さな結晶からなる[カ]からできている。

28. **ア** ゆっくり冷却　**イ** 等粒状　**ウ** 急冷　**エ** 斑状　**オ** 斑晶　**カ** 石基

29. 火成岩の有色鉱物の占める割合（体積%）を[ア]という。ある深成岩の構成鉱物の体積%が，石英36%，カリ長石27%，斜長石28%，黒雲母9%であれば，[ア]は[イ]である。

29. **ア** 色指数　**イ** 9

30. 色指数が70～40までの火成岩は[ア]，40～20の火成岩は[イ]，20未満の火成岩は[ウ]である。また，色指数が大きいほど，SiO_2質量%は[エ]くなる。

30. **ア** 苦鉄質岩　**イ** 中間質岩　**ウ** ケイ長質岩　**エ** 小さ

31. 苦鉄質の深成岩の名称は［ア］，中間質の火山岩の名称は［イ］である。また花こう岩のおもな造岩鉱物は，無色鉱物では［ウ］，［エ］，［オ］，有色鉱物では［カ］である。

SiO$_2$(質量%)	45%	52%	66%	
色指数	(超苦鉄質岩)70	(苦鉄質岩) 40	(中間質岩) 20	(ケイ長質岩)
造岩鉱物 無色鉱物 有色鉱物	かんらん石	輝石	［ウ］ 角閃石	［オ］ ［エ］ ［カ］
火山岩		玄武岩	［イ］	デイサイト・流紋岩
深成岩	かんらん岩	［ア］	閃緑岩	花こう岩

31. ア　斑れい岩
イ　安山岩
ウ　斜長石
エ　カリ長石
オ　石英
カ　黒雲母

32. 火成岩の産状について，地下深くに貫入している大規模な深成岩体を［ア］，周囲の地層を切って板状に貫入している火成岩体を［イ］，地層に平行に貫入している火成岩体を［ウ］という。また，マグマが海中に流れ出すと［エ］溶岩といわれる独特の形状を示す岩体が形成される。

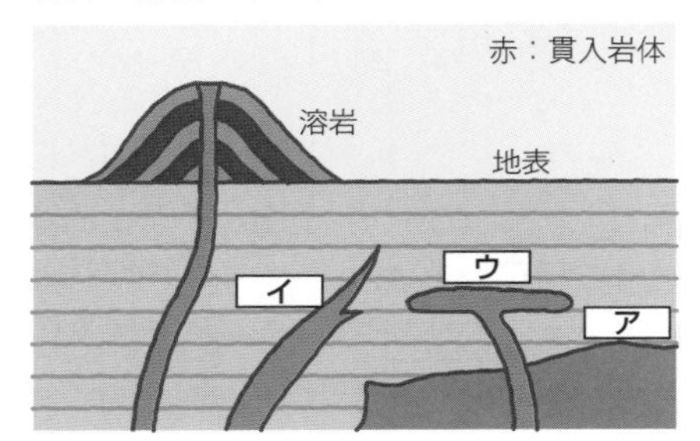

32. ア　底盤（バソリス）
イ　岩脈
ウ　岩床
エ　枕状

SECTION 2

大気と海洋

1．空気を構成する成分は，窒素が全体の約［ア］%，酸素は全体の約［イ］%である。三番目に多い成分は［ウ］である。

1．ア 80
イ 20
ウ アルゴン

2．地表における平均の大気圧は約［ア］hPaである。大気圧の大きさは［イ］の実験によって証明することができる。気圧は約［ウ］m上空に行くごとに$\frac{1}{2}$になる。

2．ア 1013
イ トリチェリ
ウ 5500

3．対流圏は，地上から高度約［ア］kmまでの領域で，高さとともに温度が［イ］している。その割合は平均して1 kmにつき約［ウ］℃である。対流圏と成層圏の境界を［エ］とよび，その高度は低緯度や夏季のほうが［オ］くなる傾向がある。

3．ア 11
イ 低下
ウ 6.5
エ 圏界面（対流圏界面）
オ 高

4．成層圏は，対流圏界面から高度約［ア］kmまでの領域で，対流圏界面付近を除いて，高さとともに温度は［イ］している。これは成層圏の［ウ］層が太陽からの［エ］を吸収し，発熱するからである。

4．ア 50
イ 上昇
ウ オゾン
エ 紫外線

5．中間圏は，成層圏界面から高度約［ア］kmまでの領域で，高さとともに温度が［イ］している。中間圏までは，大気の［ウ］はほぼ一定である。

5．ア 80～90
イ 低下
ウ 組成

6．熱圏は，中間圏界面よりも上の領域で，高さとともに温度は［ア］している。これは熱圏の大気が太陽からの［イ］や［ウ］を吸収し，発熱するからである。

6．ア 上昇
イ・ウ 紫外線，X線

7．太陽放射のうち最大のエネルギーは［ア］の波長の領域である。また，地球放射のうち最大のエネルギーは［イ］の波長の領域である。

7．ア 可視光線
イ 赤外線

8. 地球大気上端で太陽光線に垂直な1 m^2の平面が1秒間に受け取るエネルギー量は約［ア］W/m^2であり，これを［イ］という。

8. ア 1370
イ 太陽定数

9. 地球に入射する太陽エネルギーのうち，約［ア］割が大気や地表で反射され，約［イ］割が大気に吸収され，約［ウ］割が地表に吸収される。地球が受け取る太陽エネルギー量と地球が宇宙空間に放出するエネルギー量は［エ］。

9. ア 3
イ 2
ウ 5
エ 等しい

10. 暖まった地表は，大気や宇宙空間に赤外線を放射するほか，水蒸気の凝結などによる［ア］と，対流や伝導などの［イ］によって熱を大気に放出している。

10. ア 潜熱
イ 顕熱

11. 大気中の［ア］や［イ］は，太陽放射のうち［ウ］はほとんど吸収しないが，地表から放射された［エ］を吸収し，それを地表に向かって再放射するため，大気がない場合と比較して，より高温に保たれている。このはたらきを［オ］という。

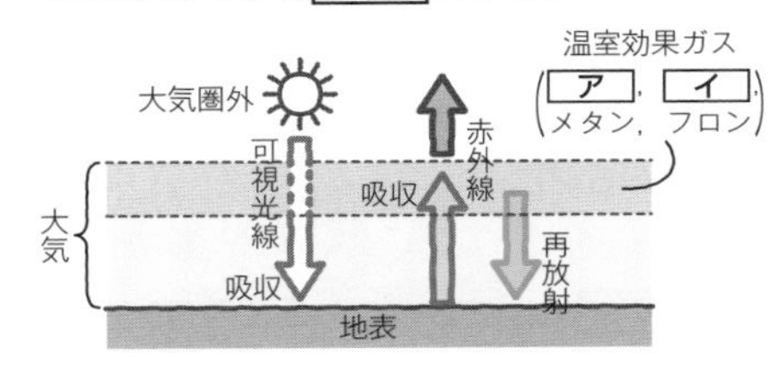

11. ア・イ 二酸化炭素，水蒸気
ウ 可視光線
エ 赤外線
オ 温室効果

12. 状態変化のうち，固体が液体に変化することを［ア］，液体が気体に変化することを［イ］といい，これらの場合，潜熱が［ウ］される。気体が液体に変化することを［エ］，液体が固体に変化することを［オ］といい，これらの場合，潜熱が［カ］される。固体が気体に変化することを［キ］，気体が固体に変化することを［ク］という。

12. ア 融解
イ 蒸発
ウ 吸収
エ 凝結
オ 凝固
カ 放出
キ 昇華
ク 凝華

13. 飽和水蒸気量(圧)は温度が低くなるほど，［ア］くなる。そのため，空気の温度が低くなると水蒸気から水滴が生じる。このときの温度を［イ］という。ある温度の空気の［イ］は，相対湿度が高いほど［ウ］い。

14. 雲は発生する高度や形状によって［ア］種類に分類される。雨雲としては垂直方向に［イ］付近まで発達する［ウ］と層状に広がる［エ］とがある。

15. ［ア］の中心には下降気流があり，北半球では［イ］まわりに風が吹き出す。［ウ］の中心には上昇気流があり，北半球では［エ］まわりに風が吹き込む。

16. 赤道から緯度30°付近の間に見られる大気の鉛直方向の循環を［ア］循環という。赤道付近で上昇した大気は圏界面付近で高緯度側に向かって移動し，緯度30°付近で下降して，［イ］を形成する。地表付近では低緯度に向かう風である［ウ］となって，赤道付近では空気が集まり，［エ］が形成される。［イ］と寒帯前線帯の間には［オ］が吹いている。上空の圏界面付近では，［オ］が［カ］方向に蛇行しながら地球をほぼ一周している。

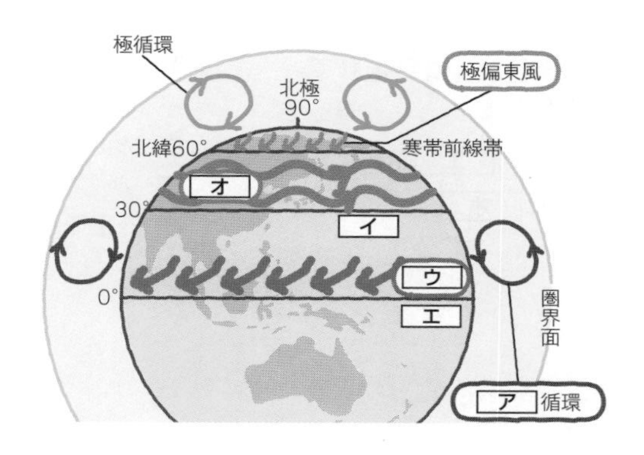

13. ア 少な
イ 露点
ウ 高

14. ア 10
イ 圏界面
ウ 積乱雲
エ 乱層雲

15. ア 高気圧
イ 時計
ウ 低気圧
エ 反時計

16. ア ハドレー
イ 亜熱帯高圧帯
ウ 貿易風
エ 熱帯収束帯
オ 偏西風
カ 南北

17. 北半球の温帯低気圧では[ア]側に温暖前線，[イ]側に寒冷前線をともなうことが多い。[ウ]気が[エ]気の上にのり上がって進む温暖前線にともなって，広い範囲に雨を降らせる雲を[オ]という。[エ]気が[ウ]気の下に潜り込んで進む寒冷前線にともなって，短時間に強い雨を降らせる雲を[カ]という。

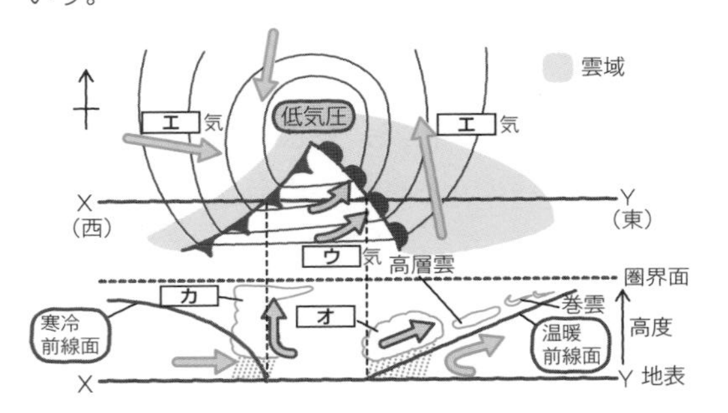

17. ア 南東
イ 南西
ウ 暖
エ 寒
オ 乱層雲
カ 積乱雲

18. 台風は水温が高い海上で多量の[ア]の供給を受けて発達する。台風は地表付近では，風が[イ]まわりに吹き込み，収束した空気は[ウ]気流となる。[ウ]気流の中で起こる[ア]の[エ]にともなう[オ]の放出により空気は暖められて，[ウ]気流はさらに強まる。

18. ア 水蒸気
イ 反時計
ウ 上昇
エ 凝結
オ 潜熱

19. 海水1 kg中に塩類は平均で約[ア]g含まれており，塩分は海域によって[イ]。塩類のうち質量%で最も多い成分は，[ウ]，その次は[エ]が多く，どの海域でも海水中の塩類の割合は[オ]。

19. ア 35
イ 変化する
ウ NaCl
エ $MgCl_2$
オ 一定である

20. 海洋は，水温の変化によって，表面から深海に向かって［ア］，［イ］，［ウ］の三層に区分される。中緯度の［ア］の厚さは夏季と冬季で変化し，［エ］のほうが厚い。［ウ］の水温は季節の変化はほとんどなく，およそ［オ］℃である。

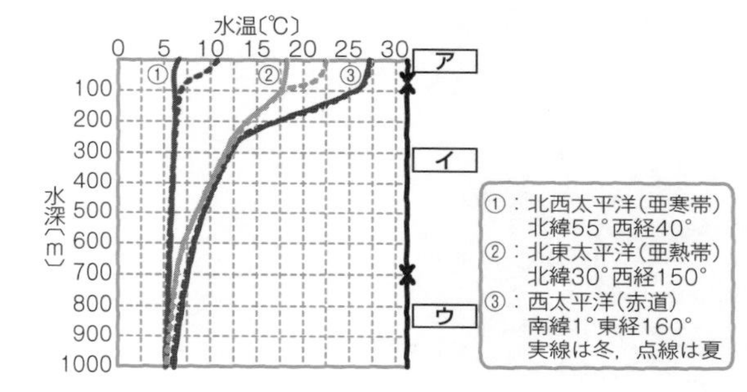

20. ア 表層混合層
イ 水温躍層
ウ 深層
エ 冬季
オ 0～4

21. 大気と海洋は熱の輸送をしており，熱の輸送を地球全体で見ると，［ア］緯度側から［イ］緯度側に輸送している。エネルギーの輸送量は緯度［ウ］°付近で最大になっている。

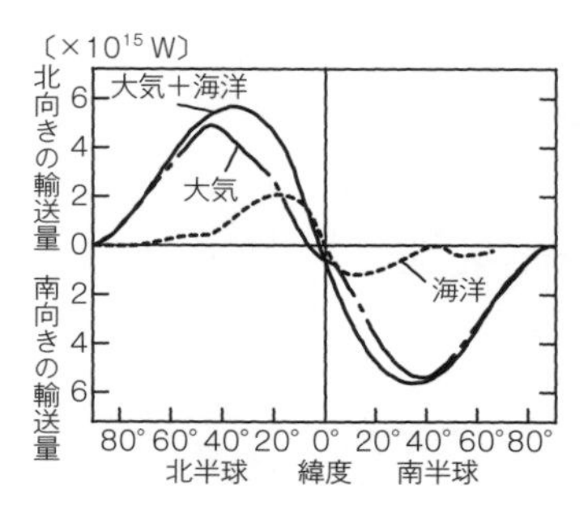

21. ア 低
イ 高
ウ 35

22. 海上を常に吹く風によって海流が生じる。北半球では海流は風の吹いていく方向からやや［ア］寄りに，南半球ではやや［イ］寄りに流れる。環流は，低緯度を吹く［ウ］と中緯度を吹く［エ］が原因となって生じ，北半球では［オ］まわり，南半球では［カ］まわりに流れる。日本付近を流れる［キ］は環流の一つである。

：海流の向き
北極
北緯60°
寒帯前線帯
［エ］
30°
亜熱帯高圧帯
北東［ウ］
0°
熱帯収束帯
南東［ウ］
30°
亜熱帯高圧帯
［エ］
60°
寒帯前線帯
南極

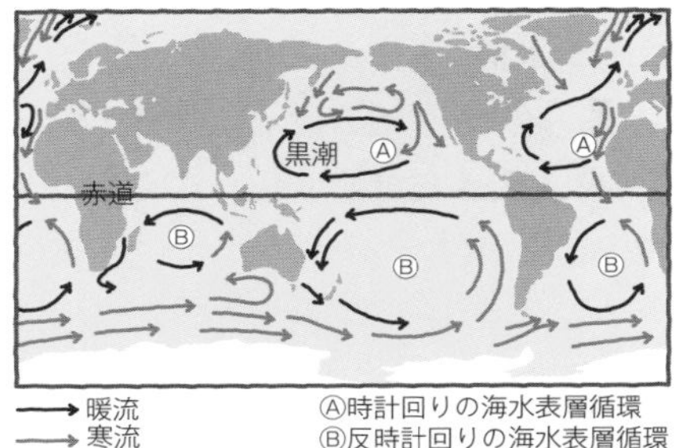

22. ア 右
イ 左
ウ 貿易風
エ 偏西風
オ 時計
カ 反時計
キ 黒潮

23. 深層の海水の起源は，高緯度の海域で海水の［ア］によって生成した［イ］温で［ウ］塩分の海水が沈み込んだものである。北大西洋の［エ］沖付近で生成した［オ］密度の海水が深海まで沈み込み，大西洋を［カ］して，南極海に至り，やがてインド洋や［キ］で上昇する。

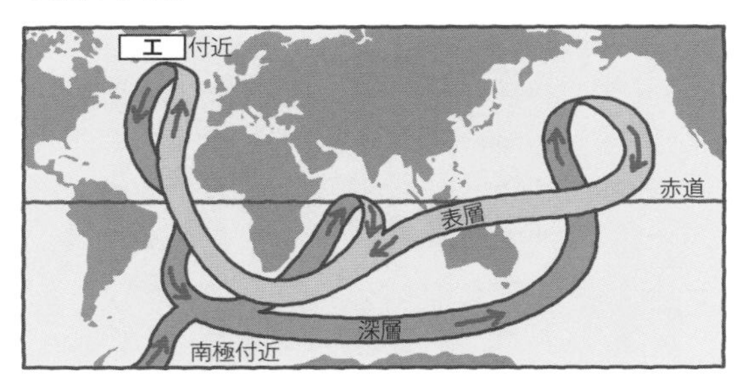

23. ア 結氷
イ 低
ウ 高
エ グリーンランド
オ 高
カ 南下
キ 北太平洋

SECTION 3
宇宙と太陽系

1． 宇宙は今から約［ア］年前に，高温で高密度の状態から誕生したと考えられている。このできごとを［イ］とよび，宇宙は現在も［ウ］し続けていると考えられている。宇宙の誕生後に電子や中性子，［エ］原子核（陽子）が形成され，その後，陽子と中性子が合体して，［オ］原子核が形成された。
ビッグバンから［カ］万年経過すると，水素原子核やヘリウム原子核に［キ］が結合して，水素原子やヘリウム原子ができ，［ク］の直進を妨げる［キ］がなくなったことによって，宇宙は見通せるようになった。このような現象を［ケ］という。

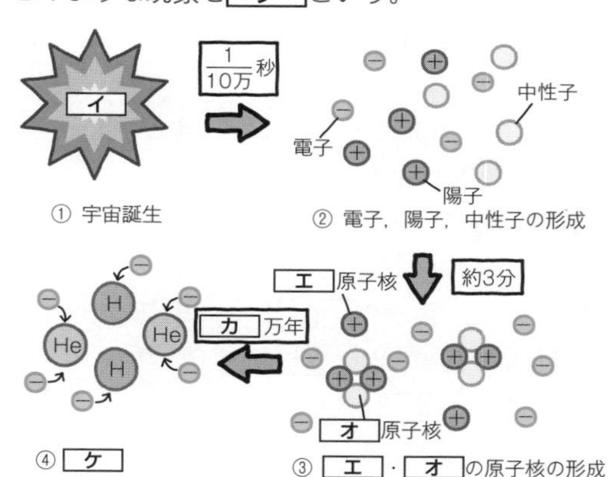

① 宇宙誕生
② 電子，陽子，中性子の形成
③ ［エ］・［オ］の原子核の形成
④ ［ケ］

1．ア 138億
イ ビッグバン
ウ 膨張
エ 水素
オ ヘリウム
カ 38
キ 電子
ク 光
ケ 宇宙の晴れ上がり

2. 銀河系は約［ア］個以上の恒星からなり，銀河系の中心部の恒星が多く集まった領域を［イ］という。太陽系は，銀河系の中心から約［ウ］光年離れた銀河系の［エ］に位置する。また，球状星団の分布する半径約［オ］光年の領域を［カ］という。

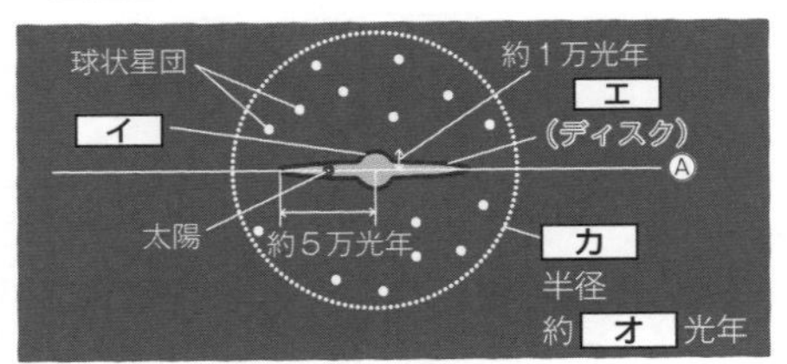

2. ア 1000億
イ バルジ
ウ 2.8万
エ 円盤部
オ 7.5万
カ ハロー

3. 星の明るさは等級で表され，5等級小さいと明るさは［ア］倍，1等級小さいと明るさは約［イ］倍である。

3. ア 100
イ 2.5

4. 星間雲は近くの明るい恒星からの光を受けると［ア］星雲として観察され，星間雲が背後の恒星や［ア］星雲を隠すと［イ］星雲として観察される。

4. ア 散光
イ 暗黒

5. 太陽は今から［ア］億年前に，星間雲から［イ］として誕生し，中心部で核融合反応が始まると［ウ］の段階に移行した。［ウ］は，水素が［エ］に変わる核融合反応によってエネルギーを放射している。現在の太陽は，［ウ］の段階である。

5. ア 46
イ 原始星
ウ 主系列星
エ ヘリウム

6. 太陽の表面温度は約［ア］K，質量は地球の約33万倍，半径は地球の約［イ］倍である。

6. ア 6000
イ 109

7. 可視光線で見られる太陽の表面を［ア］といい，その表面には低温の［イ］が現れることがある。［ア］のすぐ上層の大気を［ウ］，その外側の大気を［エ］という。

［エ］は、温度が100万K以上もある非常に希薄な電子やイオンのガスである。［エ］の外層部は，宇宙空間に広がっており，その一部は太陽から絶えず高速で流れ出している。これを［オ］という。

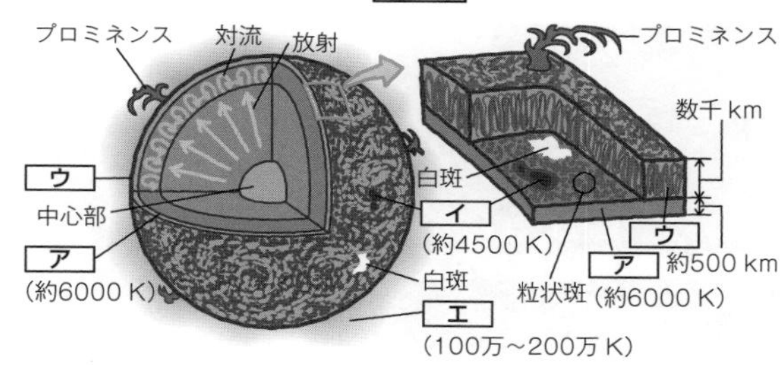

7. ア 光球
イ 黒点
ウ 彩層
エ コロナ
オ 太陽風

8. 太陽のエネルギー源は，水素原子核［ア］個からヘリウム原子核［イ］個が生成される［ウ］反応である。

8. ア 4
イ 1
ウ 核融合

9. 太陽は自転しており，それは太陽表面にある［ア］の動きからわかる。太陽の自転周期は［イ］緯度ほど短い。

9. ア 黒点
イ 低

10. 太陽系は太陽を中心に［ア］個の惑星が公転しており，最も太陽から遠い惑星である［イ］よりも外側には，［ウ］とよばれる天体群が存在する。さらに外側には［エ］とよばれる天体群が存在していると考えられている。

10. ア 8
イ 海王星
ウ 太陽系外縁天体
エ オールトの雲

11. 星間物質のうちガス成分である【ア】と【イ】，固体の成分である【ウ】などからなる星間雲が回転しながら収縮して，その中心部で原始太陽が形成された。原始太陽に取り込まれずに残った物質は赤道面に集中し，原始太陽のまわりに【エ】をつくった。【エ】の中では直径1～10 km 程度の【オ】が形成され，【オ】どうしが衝突・合体をくり返して，【カ】へ成長していった。

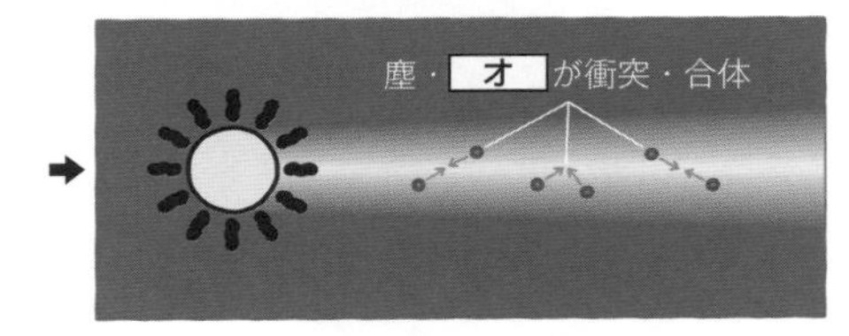

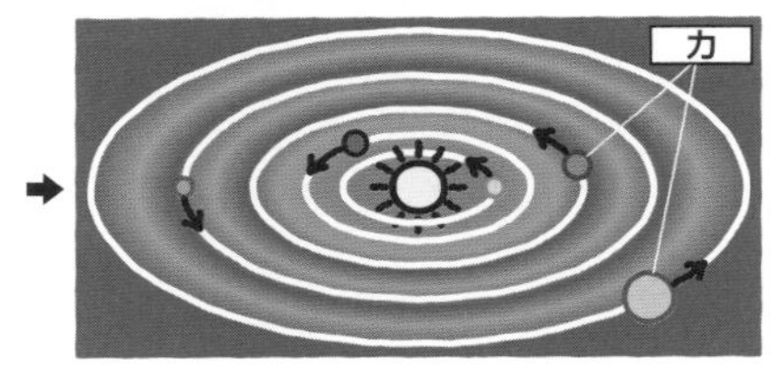

11. **ア・イ** 水素 ヘリウム
ウ 岩石（金属・氷）
エ 原始太陽系円盤
オ 微惑星
カ 原始惑星

12. 太陽系の惑星は，火星と木星の軌道の間にある【ア】帯よりも内側を公転する【イ】型惑星と，それよりも外側を公転する【ウ】型惑星に分類される。地球型惑星は木星型惑星と比較して，体積や質量は【エ】く，密度は【オ】い。また，衛星の数は【カ】く，自転周期は木星型惑星に比べて【キ】い。

12. **ア** 小惑星
イ 地球
ウ 木星
エ 小さ
オ 大き
カ 少な
キ 長

13. 地球型惑星は[ア]から構成される地殻とマントル，[イ]からなる核から構成されている。木星型惑星のうち，木星と土星は表面が厚いガスに覆われ，その下に液体の[ウ]分子や金属[ウ]，中心部に[エ]や[オ]からなる核から構成されている。天王星と海王星は，水・メタン・アンモニアからなる[カ]を多く含む。

①地球型惑星
水星　金星　地球　火星
5000 km
地殻([ア])　マントル([ア])　核([イ])

②木星型惑星
木星　土星　天王星　海王星
5万 km
●地球の大きさ
気体や液体[ウ]　金属[ウ]
水，メタンなどの[カ]　[エ・オ]の核

13. ア 岩石
イ 金属（鉄）
ウ 水素
エ・オ 岩石，氷
カ 氷

14. 太陽系の惑星のうち最大の大きさをもつ惑星は[ア]，最小の惑星は[イ]である。また，地球から観測することができる巨大なリングをもつ惑星は[ウ]である。

14. ア 木星
イ 水星
ウ 土星

15. 惑星のまわりを公転する天体を[ア]とよび，地球の唯一の[ア]は[イ]である。火星と木星の軌道の間には，数十万という数の[ウ]が存在する。彗星は[エ]やドライアイスなどからなり，太陽に近づくと，それらが蒸発して[オ]や[カ]が形成される。彗星は海王星の軌道より外側に存在する[キ]を起源とするものが多いと考えられている。

15. ア 衛星
イ 月
ウ 小惑星
エ 氷
オ・カ コマ，尾
キ 太陽系外縁天体

SECTION 4
地表の変化と古生物の変遷

1. 風化は，岩石が機械的な力で破壊される［ア］風化と，岩石を構成する鉱物が溶解したり変質したりする［イ］風化に分けることができる。［ア］風化は，温度変化による岩石を構成する鉱物の［ウ］のくり返しや岩石の隙間に入り込んだ水の［エ］による体積膨張がおもな破壊の原因である。［イ］風化は，水中に溶けている［オ］や酸素による化学変化によって，鉱物が変質する。石灰岩で構成されているような地域では［イ］風化によって，［カ］地形が形成されることがある。

1. ア 物理的
イ 化学的
ウ 膨張･収縮
エ 凍結
オ 二酸化炭素
カ カルスト

2. 砕屑物は粒径によって，$\frac{1}{16}$mm未満の［ア］，$\frac{1}{16}$～2 mmの［イ］，2 mm以上の［ウ］に分類される。

2. ア 泥
イ 砂
ウ 礫

3. さまざまな粒径の砕屑物が静止している場合，最も小さい流速で侵食され始める砕屑物は［ア］である。また，さまざまな粒径の粒子が運搬されている場合，最も大きな流速で堆積され始める粒子は［イ］である。

3. ア 砂
イ 礫

4. 河川の上流では流速が大きく，侵食が進んだ［ア］ができる。河川が山間部から平野に出るところには，流速が急に小さくなることから礫や砂が堆積して［イ］ができる。河口部には砂や泥が堆積した［ウ］ができる。

4. ア V字谷
イ 扇状地
ウ 三角州

5. 砕屑物が堆積すると，圧縮され粒子の間に［ア］や［イ］のなどの成分が沈殿して固結する［ウ］作用によって，堆積岩が形成される。

5. ア･イ $CaCO_3$，SiO_2
ウ 続成

6. 構成物が泥，砂，礫である堆積岩を[ア]，構成物が火山灰や火山礫などである堆積岩を[イ]という。生物の遺骸が集積してできた堆積岩を[ウ]，水中の成分が沈殿してできた堆積岩を[エ]という。[ウ]や[エ]のうち，石灰岩の主成分は[オ]，チャートの主成分は[カ]である。

6.ア 砕屑岩
イ 火山砕屑岩
ウ 生物岩
エ 化学岩
オ $CaCO_3$
カ SiO_2

7. 地層が逆転していなければ，新しい地層ほど上位にあるという法則を[ア]という。上下の地層が時間的に連続して堆積している場合を[イ]，上下の地層が不連続に堆積している場合を[ウ]という。

7.ア 地層累重の法則
イ 整合
ウ 不整合

8. 不整合面が形成された時は，地層が[ア]されたことを表す。不整合面の上下の地層が堆積した[イ]は異なることが多く，この面は凸凹しており，直上に[ウ]が存在することが多い。

8.ア 侵食
イ 時代
ウ 基底礫岩

9. 単層内で上位ほど粒径が小さくなる堆積構造を[ア]という。水や風の流れが強いところの堆積物では，本来の層理面に斜交する薄い葉理が発達することがある。これを[イ]といい，切っている葉理は，切られている葉理よりも形成時期が[ウ]い。砂層などの上面にできた波や水の流れの跡を[エ]といい，当時の水流の[オ]を知ることができる。

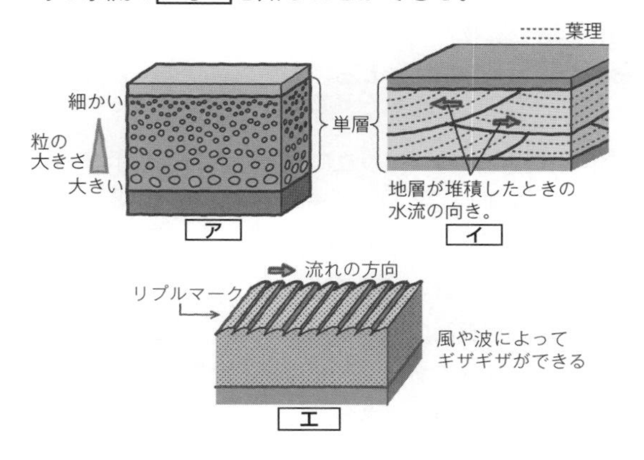

9.ア 級化層理（級化成層）
イ クロスラミナ（斜交葉理）
ウ 新し
エ リプルマーク（漣痕）
オ 向き

10. 地殻変動により地層が折れ曲がった構造を［ア］という。［ア］のうち，山のように折れ曲がった部分を［イ］，谷のように折れ曲がった部分を［ウ］という。これらは地層が水平方向から［エ］される力によって形成される。

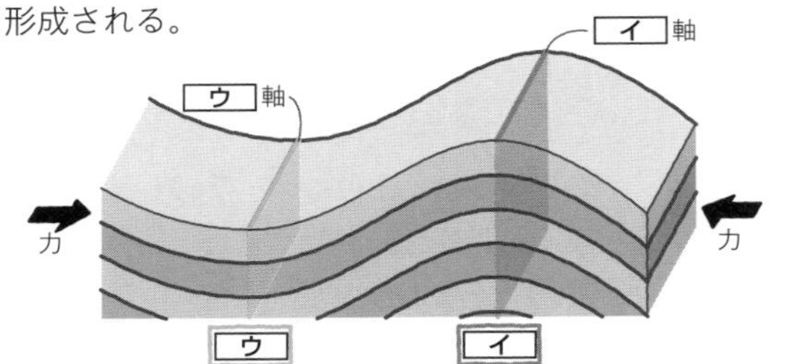

10. ア 褶曲
イ 背斜
ウ 向斜
エ 圧縮

11. 変成作用は，岩石が形成した条件と異なる高い［ア］や［イ］の下で，もとの岩石の鉱物や組織が［ウ］のまま変化する作用である。マグマが貫入することにより，その熱によって，周囲の岩石が変化することを［エ］変成作用という。造山帯の内部の深いところで高い圧力と熱によって，広範囲にわたって岩石が変化することを［オ］変成作用をいう。

11. ア·イ 温度，圧力
ウ 固体
エ 接触
オ 広域

12. 接触変成作用によって，泥岩は［ア］に，石灰岩は［イ］に変化する。岩石が広域変成作用を受けると，高い圧力の条件下では，鉱物が一方向に並ぶ組織である［ウ］が発達した［エ］が形成される。また，高い温度の条件下では，粗粒の有色鉱物と無色鉱物が交互に並んだ縞模様が特徴的な［オ］が形成される。

12. ア ホルンフェルス
イ 結晶質石灰岩(大理石)
ウ 片理
エ 片岩
オ 片麻岩

13. 地層が堆積した地質年代を推定するのに役立つ化石を［ア］化石という。進化の速度が［イ］く，種の生息期間が［ウ］く，かつ分布の［エ］いものが［ア］化石として適している。その化石を含む地層の堆積環境の推定に役立つ化石を［オ］化石といい，生息していた場所で化石となったものが有効である。例えば，暖かい水の澄んだ浅い海底を示す［カ］がある。

13. ア 示準
イ 速
ウ 短
エ 広
オ 示相
カ 造礁サンゴ

14. 断層が地層をずらしている場合，断層は地層よりも形成時期が[ア]い。地層に貫入した火成岩は，その周囲の地層よりも形成時期が[イ]い。不整合の関係で下位の地層を覆っている地層は，下位の地層よりも形成時期が[ウ]い。礫岩中に礫として含まれている岩石を供給した地層や岩体は，礫岩よりも形成時期が[エ]い。

14. ア 新し
イ 新し
ウ 新し
エ 古

15. 火山灰は火口から広範囲に分布することがあるため，互いに離れた地域の地層中に含まれる火山灰層や，それが続成作用を受けて生成した[ア]層は，構成鉱物などによって同一の噴出物であることがわかると，[イ]として，地層の対比に用いることができる。また，地層の対比には地層中に含まれる[ウ]化石を利用する場合もある。

15. ア 凝灰岩
イ 鍵層
ウ 示準

16. 地質年代は[ア]時代と顕生代に区分されている。[ア]時代は古い順に[イ]，[ウ]，[エ]の三つに，顕生代は古い順に[オ]，[カ]，[キ]の三つに区分されている。

16. ア 先カンブリア
イ 冥王代
ウ 太古代
エ 原生代
オ 古生代
カ 中生代
キ 新生代

17. 先カンブリア時代は，地球誕生の約[ア]年前から約[イ]年前までの時代である。古生代は約[イ]年前から約[ウ]年前までの時代で，脊椎動物では[エ]や[オ]が繁栄した。中生代は約[ウ]年前から約[カ]年前までの時代で，脊椎動物では[キ]が繁栄した。新生代は約[カ]年前から現在までの時代で，脊椎動物では[ク]が繁栄している。

17. ア 46億
イ 5.4億
ウ 2.5億
エ･オ 魚類，両生類
カ 6600万
キ 爬虫類
ク 哺乳類

18. 先カンブリア時代の冥王代は，地球表面が［ア］に覆われていたと考えられており，原始大気の主成分は［イ］や［ウ］であった。地球上の最古の岩石は，約［エ］年前の変成岩，最古の化石は，約［オ］年前の地層から発見された原核生物である。大気中の酸素は，生物の進化の過程で光合成を行う［カ］が約27億年前に出現し増加していったと考えられている。約21億年前には，核膜や細胞内に複雑な組織をもつ［キ］が出現した。約23 億年前と約7億前に地球は寒冷化して，［ク］が起こったと考えられている。約6億年前には，［ケ］とよばれる硬い組織をもたない大型の化石生物群が繁栄した。

19. 古生代の［ア］紀には，硬い組織をもつ多様な化石生物群である［イ］が出現した。脊椎動物である［ウ］も［ア］紀に出現した。［エ］紀には，植物の一種である［オ］が陸上に進出した。生物の陸上進出を可能にしたのは，大気上層に［カ］層が形成され，地表に届く太陽からの［キ］が減少したからである。脊椎動物である［ク］はデボン紀に出現し，古生代後半に栄えた。石炭紀には［ケ］植物が大森林を形成した。古生代末の［コ］紀には，地球環境が変化して大量絶滅が起こった。このとき絶滅した生物は，節足動物の［サ］や，古生代後期に繁栄した原生動物の［シ］などである。

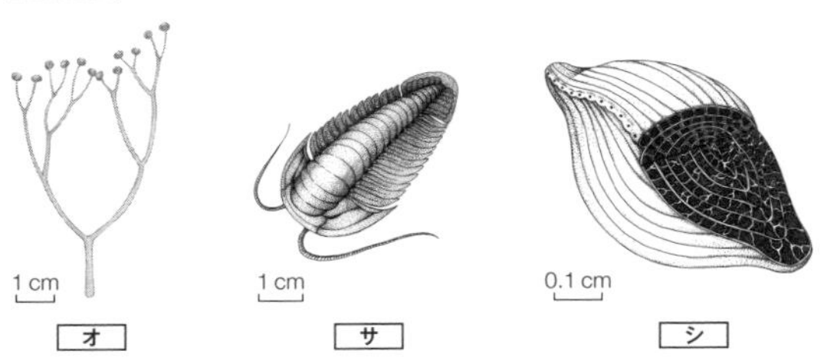

18.
- **ア** マグマ
- **イ・ウ** 二酸化炭素，水蒸気
- **エ** 40億
- **オ** 35億
- **カ** シアノバクテリア
- **キ** 真核生物
- **ク** 全球凍結（スノーボールアース）
- **ケ** エディアカラ生物群

19.
- **ア** カンブリア
- **イ** バージェス動物群
- **ウ** 魚類
- **エ** シルル
- **オ** クックソニア
- **カ** オゾン
- **キ** 紫外線
- **ク** 両生類
- **ケ** シダ
- **コ** ペルム
- **サ** 三葉虫
- **シ** フズリナ（紡錘虫）

20. 中生代の[ア]紀には恐竜や哺乳類が出現し，この時代には超大陸[イ]が分裂し，海では[ウ]などが繁栄した。ジュラ紀には植物では[エ]が繁栄し，恐竜から進化した[オ]が出現した。約6600万年前の[カ]紀末には巨大[キ]の衝突により，多くの中生代型の生物が絶滅した。

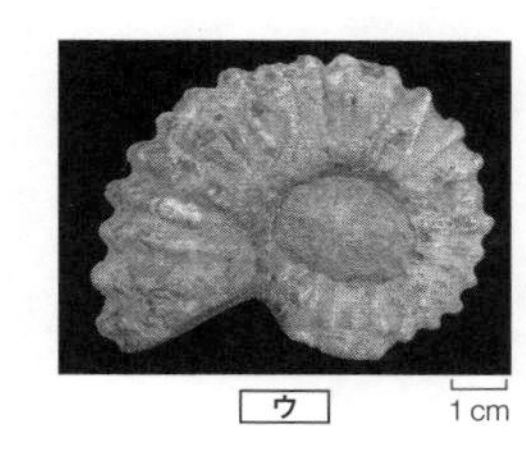

[ウ]　1 cm

20. ア 三畳（トリアス）
イ パンゲア
ウ アンモナイト
エ 裸子植物
オ 鳥類
カ 白亜
キ 隕石

21. 新生代のはじまりである[ア]紀には，海では有孔虫の一種である[イ]が繁栄した。次の[ウ]紀には，亜熱帯の河口付近では巻貝の仲間である[エ]，海辺では哺乳類の[オ]が繁栄した。また，約700万年前には最初の人類である[カ]が誕生した。次の[キ]紀は，氷河の時代であり，ゾウの仲間の[ク]が繁栄した。

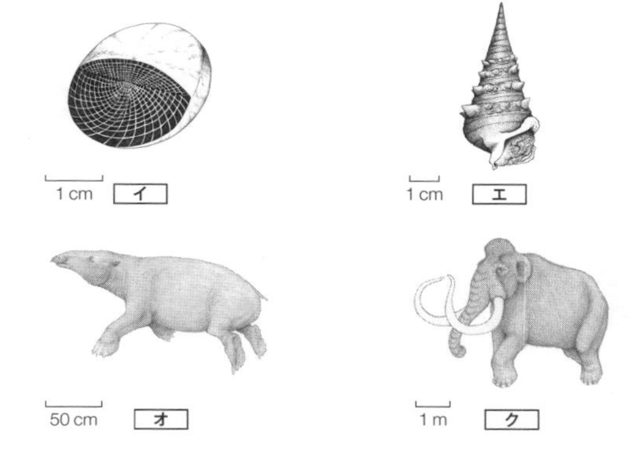

21. ア 古第三
イ カヘイ石
ウ 新第三
エ ビカリア
オ デスモスチルス
カ 猿人
キ 第四
ク マンモス

SECTION 5
地球の環境

1. 地球上の水で最も存在量が多いのは[ア]で，全体の約[イ]%を占める。淡水のうち，最も存在量が多いのは[ウ]，次いで[エ]である。

1.ア 海水
イ 97
ウ 氷河
エ 地下水

2. 数年に一度，[ア]風が弱まると赤道域の太平洋東部では湧昇流が弱まり，海水温が[イ]する[ウ]現象が発生する。[ウ]現象が発生すると，太平洋東部では平年よりも気圧が[エ]し，太平洋西部では気圧が[オ]する。[ウ]現象が発生すると，日本では夏は[カ]，冬は[キ]になりやすい。

2.ア 貿易
イ 上昇
ウ エルニーニョ
エ 低下
オ 上昇
カ 冷夏
キ 暖冬

3. 冬は大陸に発達した[ア]高気圧が張り出す[イ]の気圧配置になりやすく，[ア]高気圧から吹き出す季節風は[ウ]した性質をもつが，日本海をわたるとき，対馬海流からの[エ]と熱の供給を受けて変質し，日本海側に[オ]をもたらす。一方，太平洋側は[カ]となることが多い。

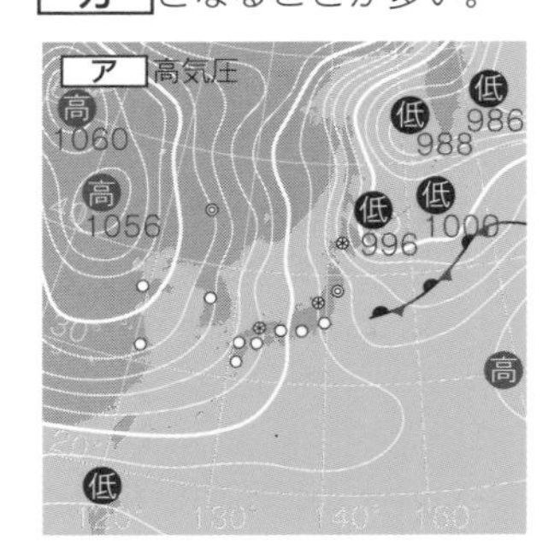

3.ア シベリア
イ 西高東低
ウ 寒冷で乾燥
エ 水蒸気
オ 降雪
カ 晴天

4．春一番は立春以降，最初に発達した［ア］低気圧が日本海を進み，強い南寄りの暖かい風が吹くことをいう。春は偏西風により，［イ］高気圧と［ア］低気圧が交互に日本列島上を通過し，周期的に天気が変化する。［イ］高気圧は［ウ］の性質をもち，この高気圧が日本列島を覆うと［エ］によって，夜半から明け方にかけて気温が低下することがある。

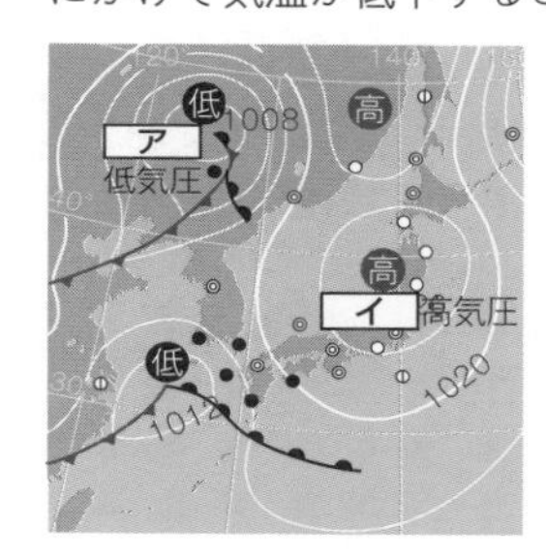

4．ア 温帯
イ 移動性
ウ 温暖で乾燥
エ 放射冷却

5．梅雨は日本列島の北に［ア］な性質をもつ［イ］高気圧，南に［ウ］な性質をもつ［エ］高気圧が張り出し，日本列島付近に［オ］前線ができて，雨の季節となる。梅雨の末期には，前線に向かって南から湿った空気が流れ込むと，発達した積乱雲が列状に並んで同じ場所を通過または停滞する［カ］が発生することがある。

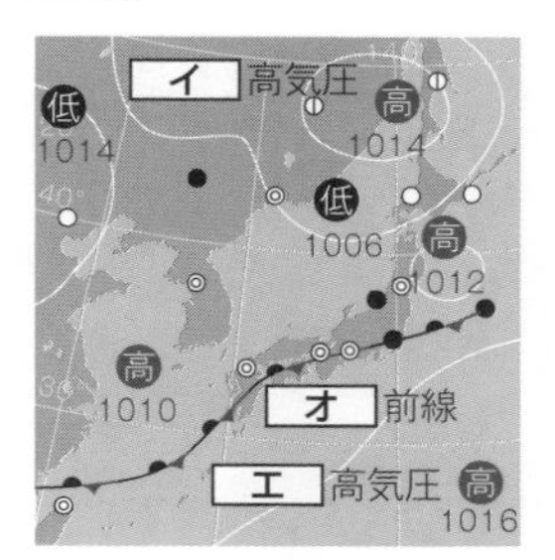

5．ア 寒冷で湿潤
イ オホーツク海
ウ 温暖で湿潤
エ 太平洋
オ 停滞（梅雨）
カ 線状降水帯

6．夏は太平洋上の［ア］高気圧の影響を受けて，［イ］寄りの風が吹き，暑い日が続く。内陸部では上昇気流による［ウ］が発達し，激しい雷雨が起こることがある。

6．ア 太平洋
イ 南
ウ 積乱雲

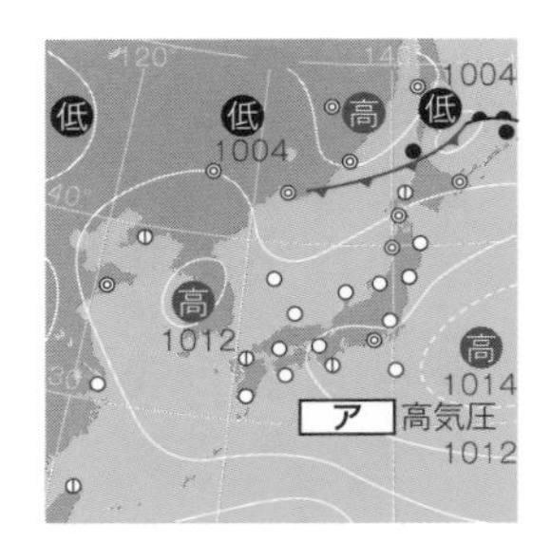

7. 夏の終わりごろになると［ア］高気圧が弱まり，［イ］が日本列島に近づくことが多くなる。［イ］は，大雨や風害，海水面が上昇する［ウ］により被害を発生させることがある。また日本列島付近に［エ］前線が停滞すると長雨が続く。

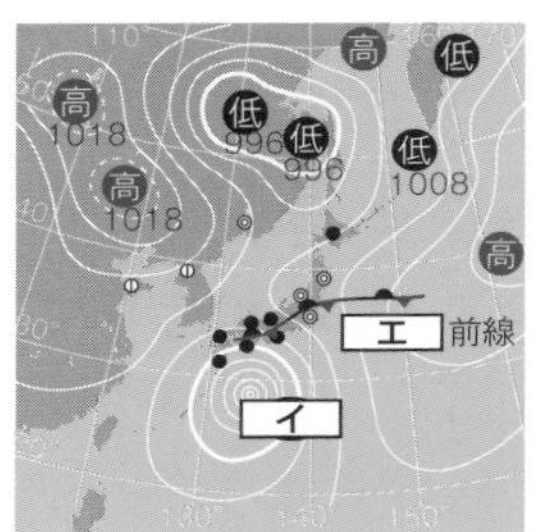

8. 高温の火山ガスと火山砕屑物が混じり合い，高速で山腹を流れ下る現象を［ア］，火山砕屑物に雨水や雪解け水が加わり，谷や川に沿って高速で流れ下る現象を［イ］という。また，噴火の可能性が高く，被害が出る可能性が高い火山では，被害範囲や避難場所などの情報を地図上に表した［ウ］が作成されている。

9. ［ア］が豊富な［イ］の地盤の場所では，地震動によって水を含んだ砂が吹き出したり，地盤が流動化したりする［ウ］が発生することがある。また，震源が浅くマグニチュードが大きい地震が海底で発生すると，海底の変動によって，［エ］が発生することがある。

7. ア 太平洋
イ 台風
ウ 高潮
エ 秋雨

8. ア 火砕流
イ 火山泥流
ウ ハザードマップ

9. ア 地下水
イ 砂
ウ 液状化現象
エ 津波

10. 地震の発生直後に，震源に近い地震計でとらえた［ア］波の観測データを解析して，各地に［イ］波の到達時刻や［ウ］を予測し，素早く知らせるしくみを［エ］という。［エ］は，震源が［オ］い場合，間に合わないことがある。

10. ア P
イ S
ウ 震度
エ 緊急地震速報
オ 近

11. 地球温暖化は，［ア］の使用などによる大気中の［イ］濃度の増加がおもな原因で，近年では平均気温が130年間におよそ［ウ］℃上昇している。地球温暖化が進むと氷雪の［エ］や海水面の［オ］などが起こる。

11. ア 化石燃料
イ 二酸化炭素
ウ 0.7
エ 減少
オ 上昇

12. ［ア］圏にあるオゾン層を破壊する原因物質は［イ］である。［イ］が分解されて生じた［ウ］原子が変化して，冬の南極上空の［エ］の表面で［ウ］分子となって蓄積される。そして，春になり，太陽光が当たり出すと，再び［ウ］原子が生成されて，オゾンを破壊する。オゾン層が破壊されると地表に到達する［オ］の量が増加する。南極上空に現れるとくにオゾン濃度が低い領域を［カ］という。

12. ア 成層
イ フロン
ウ 塩素
エ 極成層圏雲
オ 紫外線
カ オゾンホール

13. 酸性雨は，［ア］の使用によって発生する［イ］や［ウ］が雨水に溶けて酸性が強まることが原因である。

13. ア 化石燃料
イ・ウ 窒素酸化物，硫黄酸化物

14. 地球の環境において，最初の環境変化を強める方向に作用するはたらきを［ア］のフィードバック，弱める方向に作用するはたらきを［イ］のフィードバックという。

14. ア 正
イ 負

15. エルニーニョ現象と地震を比較した場合，時間スケールが長いのは［ア］，空間スケールが大きいのは［イ］である。

15. ア エルニーニョ現象
イ エルニーニョ現象

数値集

1. 地球の半径	1. 約6400 km
2. 地球の全周	2. 約40000 km
3. 地球の偏平率	3. $\frac{1}{298}$
4. 大陸地殻の厚さ	4. 30～60 km
5. 海洋地殻の厚さ	5. 5～10 km
6. 上部マントルと下部マントルの境界面の深さ	6. 約660 km
7. マントル－核境界面の深さ	7. 約2900 km
8. 外核－内核境界面の深さ	8. 約5100 km
9. マグニチュードが1大きくなるとエネルギーは何倍	9. 約32倍
10. マグニチュードが2大きくなるとエネルギーは何倍	10. 1000倍
11. 超苦鉄質岩と苦鉄質岩の境界の色指数	11. 約70
12. 苦鉄質岩と中間質岩の境界の色指数	12. 約40
13. 中間質岩とケイ長質岩の境界の色指数	13. 約20
14. 超苦鉄質岩と苦鉄質岩の境界のSiO_2質量%	14. 45%
15. 苦鉄質岩と中間質岩の境界のSiO_2質量%	15. 52%
16. 中間質岩とケイ長質岩の境界のSiO_2質量%	16. 66%
17. 地球の平均大気圧	17. 約1013 hPa
18. 対流圏の気温減率	18. 約0.65℃/100 m
19. 地球の大気組成	19. N_2:O_2＝4:1
20. 対流圏と成層圏の境界の高度	20. 約11 km
21. 成層圏と中間圏の境界の高度	21. 約50 km
22. 中間圏と熱圏の境界の高度	22. 約80～90 km

23. 海水の平均塩分	23. 約35‰
24. 宇宙の年齢	24. 約138億年
25. 宇宙の晴れ上がり	25. 宇宙誕生から約38万年後
26. 銀河系の円盤部の半径	26. 約5万光年
27. ハローの半径	27. 約7.5万光年
28. 太陽系の位置	28. 銀河中心から約2.8万光年
29. 1等級小さくなると明るさは何倍	29. 約2.5倍
30. 5等級小さくなると明るさは何倍	30. 100倍
31. 太陽の表面温度	31. 約6000 K
32. 太陽－地球間の平均距離	32. 1天文単位
33. 泥と砂の境界の粒径	33. $\frac{1}{16}$ mm
34. 砂と礫の境界の粒径	34. 2 mm
35. 地球の年齢	35. 約46億年
36. 冥王代と太古代の境界の年代	36. 40億年前
37. 太古代と原生代の境界の年代	37. 25億年前
38. 先カンブリア時代と古生代の境界の年代	38. 約5.4億年前
39. 古生代と中生代の境界の年代	39. 約2.5億年前
40. 中生代と新生代の境界の年代	40. 約6600万年前
41. 新第三紀と第四紀の境界の年代	41. 約260万年前
42. 現在の二酸化炭素濃度	42. 約0.04%

②